全国高职高专教育"十二五"规划教材

电气控制与PLC 理论与实训教程

主　编　潘小波　吴彩林
副主编　柳传武　夏兴国　刘　娟
　　　　宁平华　缸明义　张　奇
　　　　袁传信

东南大学出版社
·南京·

图书在版编目(CIP)数据

电气控制与 PLC 理论与实训教程 / 潘小波，吴彩林主编. —南京 ：东南大学出版社，2013. 8
ISBN 978-7-5641-4445-6

Ⅰ. ①电… Ⅱ. ①潘… ②吴… Ⅲ. ①电气控制—教材 ②plc 技术—教材 Ⅳ. ①TM571. 2 ②TM571. 6

中国版本图书馆 CIP 数据核字(2013)第 185501 号

电气控制与 PLC 理论与实训教程

出版发行：东南大学出版社
社　　址：南京市四牌楼 2 号　邮编：210096
出 版 人：江建中
网　　址：http://www. seupress. com
经　　销：全国各地新华书店
印　　刷：南京玉河印刷厂
开　　本：787mm×1092mm　1/16
印　　张：17. 25
字　　数：405 千字
版　　次：2013 年 9 月第 1 版
印　　次：2013 年 9 月第 1 次印刷
印　　数：1—3000 册
书　　号：ISBN 978-7-5641-4445-6
定　　价：32. 00 元

本社图书若有印装质量问题，请直接与营销部联系。电话(传真)：025—83791830

前言

《电气控制与 PLC 理论与实训教程》是一本在企业专家全程参与的情况下，由学校老师和企业工程师联合编写的教材。

整个课程的教学内容划分为 21 个具体的任务，从第一个任务开始循序渐进，难度依次加深，涉及知识面依次加宽，但各个任务之间又有平行的知识层次。整个课程内容分为基本型(60%)、提高型(30%)、创新型(10%)3 个层次，以电气控制与 PLC 控制技术应用能力训练为主线，融入维修电工中、高级工的考试大纲，理论联系实际，充分体现了高等职业教育的应用特色和能力本位，突出人才应用能力及创新素质的培养，内容丰富，实用性强。介绍工厂目前广泛应用的电气控制与可编程控制器控制系统。从技术和工程应用的角度出发，为适应不同层次、不同专业的需要，全书从电气控制与三菱 FX PLC 的认识及使用、系统的组成、控制线路程序的设计与调试、功能指令与特殊功能模块的使用及 PLC 工程应用等多个方面出发，系统地介绍了电气控制与 PLC 及其应用技术理论和实训内容。本书突出了工程实践能力的培养，可用作学生的理论与实训、课程设计与毕业设计教材。

该教材是由马鞍山职业技术学院电气工程系潘小波、吴彩林、柳传武、夏兴国、刘娟、宁平华、缸明义、张奇、袁传信和马钢三钢轧大 H 型钢电气维修分厂和马鞍山矿山设计院股份有限公司的工程师联合编写。全书由潘小波和吴彩林老师统稿，任务 1、2、4、7 由柳传武老师编写，任务 3、5、6、8 由夏兴国老师编写，任务 9、10、11、12 由潘小波老师编写，任务 13、16、19 由缸明义老师编写，任务 14、17、21 由刘娟老师编写，任务 15、18、20 由宁平华老师编写，张奇和袁传信老师校订，企业工程师审核。在此，向两位企业专家和参加编写的所有老师表示感谢，向所有对本教材的编写提供宝贵意见的企业专家表示感谢。

《电气控制与 PLC 理论与实训教程》可作为高职高专和应用型本科院校电气自动化技术、生产过程控制自动化、汽车电子技术、机电一体化技术、数控应用技术等相关专业的教材，维修电工中、高级工的辅助教材和短期培训的教材。

编写过程中，不可避免地有遗漏和疏忽之处，请广大同行和同学谅解，并提出宝贵意见。

教材编写组
2013.7.1

目 录
CONTENTS

任务 1　安全用电与常用电工工具

1.1　任务目标

1. 实验室的安全用电常识；
2. 学习常用电工工具的使用。

1.2　实训设备

任务所需实训设备和元器件：

1. 十字、一字螺丝刀各一把；
2. 数字万用表 1 只；
3. 简易剥线钳一把；
4. 维修电工实训台：包括电源、交流接触器、按钮、低压断路器、熔断器、热继电器等；
5. 三相异步电机 2 台；
6. 导线若干。

1.3　相关知识

随着科技的发展、工业自动化程度越来越高，电气控制技术也在不断更新，但是由于继电接触器控制系统目前在很多场合仍然有广泛的应用，而且它是学习可编程控制器控制系统的基础，所以学习掌握继电接触器控制系统的安全用电常识与常用仪表工具的使用是我们学习这门课程的基础。下面首先来认识实验室的安全用电常识。

模块 1　实验室安全用电常识

安全用电知识是关于如何预防用电事故及保障人身、设备安全的知识。在电气控制实验中，要使用各种工具、电子仪器等设备，同时还要接触危险的 400 V 左右的电压，如果不掌握必要的安全知识，操作中缺乏足够的警惕，就可能发生人身、设备事故。触电甚至可直接导致人员伤残、死亡。所以必须在了解触电对人体的危害和造成触电原因的基础上，掌握一些安全用电知识，做到防患未然。

1. 实验室电气事故种类

(1) 直接接触触电

①单相触电。即人体接触一根相线,电流经人体流入零线或流入大地而引起的触电。

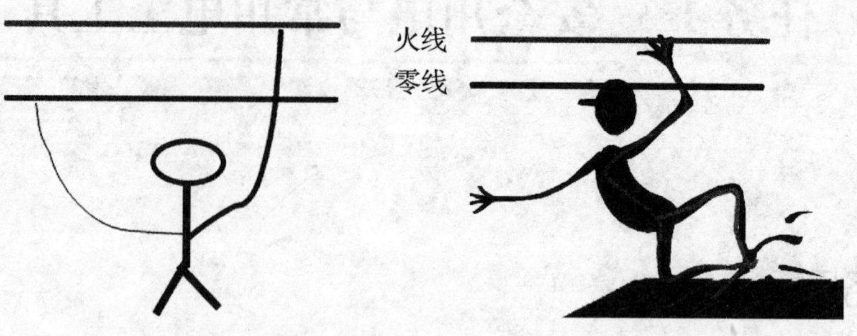

(a) 电流经人体流入零线　　(b) 电流经人体流入大地

图 1-1　单相触电

②双相触电。即人体同时接触带电的任何两相电源。

图 1-2　双相触电

(2) 间接接触触电

当电气设备的绝缘在运行中发生故障而损坏时,电气设备本来在正常工作状态下不带电的外露金属部件呈现危险的对地电压。当人体触及这些金属部件时,就构成间接触电。

(3) 剩余电荷触电

电气设备的相间绝缘和对地绝缘都存在电容效应,由于电容器具有储存电荷的性能,因此在刚断开电源的停电设备上,都会保留一定量的电荷,称为剩余电荷。如此时有人触及停电设备,就可能遭受剩余电荷电击。

(4) 感应电压触电

由于带电设备的电磁感应和静电感应作用,能使附近的停电设备上感应出一定的电位,其数值的大小取决于带电设备电压的高低、停电设备与带电设备两者平行接近的距离、几何形状等因素。

(5) 静电触电

静电电位可高达数万伏至数十万伏,可能发生放电,产生电气火花,引起爆炸、火灾,也能造成对人体的电击伤害。

2. 造成电器灾害的主要因素

(1) 线路短路

由于线路安装不正确或使用不当，导致绝缘层破损，火线与零线相碰。如导线被金属铁钉磨破，过墙、过楼板导线被挤压、擦伤、受潮等而引起的短路。短路时，电流比正常时大出几十倍，电流在短时间内将产生大量的热量，温度急剧上升使绝缘层起火或引燃可燃物而造成事故。

(2) 线路超负荷供电

供电线路铺设时容量考虑不足，或增加了负载，使导线超负荷过热而引起事故。

(3) 插头、插座容量考虑不足

安装时插头、插座容量考虑不足，使插头、插座过负荷工作，或者由于插座不够用，随便买个活动的排插使用，因容量不足而发热引起事故。

(4) 接头接触不良，造成接头处跳火

如线路中导线的接头、导线与开关的接头、插头与导线的连接处、插座与导线连接处等未接牢固，或长期使用后腐蚀氧化，使接触电阻增大，就有可能引起接头处跳火，使接头处发热而引起事故。

(5) 保险丝选用过粗或用铜丝代替保险丝而引起事故

如果不按标准而选用过粗的保险丝，一旦线路过负荷或短路，保险丝不能熔断，电路就不能被切断起到保护作用而引起事故。

(6) 空开或漏电保护器选用不当

由于空开容量选择不正确，或者漏电保护器选用的是低劣产品，致使出现故障不跳闸而引起事故。

3. 用电安全的基本要求和方法

(1) 用电安全的基本要求

①建立健全的实验室规章制度。严格按照高校电类实验室相关要求，建立完善的实验室管理制度。

②实验室要有专门管理机构，设置专门管理人员。所有实验室要有专人专管，负责实验室的正常运行和维护。

③定期和不定期的安全检查。实验室管理员要根据具体使用情况，定期和不定期进行安全检查。

④安全教育和培训。所有管理、维护和使用实验室的教师、学生等相关人员必须先经过安全教育和培训才可以进入实验室。

⑤组织事故分析。如发生安全事故，必须对事故开展多方面、多层次的分析，找出事故原因，吸取事故教训，制定防止事故发生的措施。

⑥建立安全资料档案。安全技术资料档案是做好安全工作的重要依据，应该注意收集、分类归档和保存。如各种图纸、设备使用说明书、技术规范、检查记录等。

(2) 检查供电线路安全状况

①要定期检查供电线路安全状况。开关和熔断器是否装在火线上，开关、插座及电器周围是否有易燃物，供电线路是否有供电隐患等。

②必须安装漏电保护器作为末级漏电保护，额定漏电动作电流不应大于30 mA。额定漏电动作时间应小于0.1 s。这样遇触电或火灾时就能在最短的时间内切断电源。

③检查三孔插座接线是否正确。插座顶端是否有接地保护线，插座左侧为零线，右侧为火线，是否有错。防止外线改动使火线与零线接反。

④检查保护接地线。保护接地线的线径不低于相线线径，并常检查接地电阻是否小于4 Ω。

⑤选用合格的三孔插座和活动插座板。一定要选用经过国家质量认证的合格产品。还要特别注意，活动插座板其线径较细，只适合连接功率小的电器。插座要经常检查，看看是否有烧焦变形的迹象，发现异常就要立即更换，不能延误。

⑥漏电保护器要经常试跳，以防止工作不正常。

⑦不要在原线路上私拉乱接线路，或随意接插大功率用电器。

⑧禁止不接插头就将裸头导线直接插入插座中使用。

(3) 使用电器的安全措施

①经常检测电器外壳是否带电。用测电笔检测时先要确认测电笔是好的，因为测电笔氖管损坏时，就会将有电误判为无电。

②电器设备应可靠地接地，以便电器设备发生碰壳接地时漏电保护器能迅速切除，同时也是预防剩余电荷触电、感应电压触电、静电触电的好方法。

③电器在使用时，人员不能离开电器并注意电器运行状况，一旦有异常声响、气味、打火、冒烟等现象出现时，就要立即关机停止使用，待查明原因、排除故障后再继续使用。

④进实验室要穿绝缘鞋，下雨天带的雨伞、各种吃的零食、喝的饮料禁止带入实验室，电器的周围要铺绝缘垫，特别是经常使用或容易漏电的电器要铺绝缘垫，以防止触电。

⑤电器使用完毕要随手切断电源，拔下电源插头。禁止用拉导线的方法拔下电源插头。

⑥搬动或维修电器时一定要先拔掉电源插头后，方可进行。

⑦做好电器设备的超前维修工作。要定期检修电器设备，从中发现问题并及时处理，把一切事故隐患消灭在萌芽状态。

⑧教育学生养成不用手掌摸电器的好习惯，更不能用湿手去接触电器、电线。平时要注意用电器防潮、防霉、防热、防尘，尤其是暑假后一定要在使用前对各类电器作检查和干燥处理。

⑨实验室要配置不导电的灭火剂，如喷粉灭火机使用的二氧化碳、四氯化碳或干粉灭火剂等，以防带电灭火时触电。在学生出入拥挤的楼道及有险情的地方要安装应急灯。

⑩严格按照实验规范操作，使用安全电压以上的电源需经过教师允许后方可通电。

4. 触电危害与触电急救

(1) 电流对人体的伤害类型

电流通过人体时，电流的热效应将导致肌体烧伤、炭化；使肌体体液或其他组织发生分解，从而导致各种组织结构和成分遭到严重破坏；使人的神经组织或其他组织受到损伤，从而使人产生不同程度的刺麻、酸痛、打击感，并伴有不由自主的肌肉收缩、心慌、惊恐等症状，伤害严重时会出现心律不齐、昏迷、心跳呼吸停止直至死亡的严重后果。电流对人体的伤害包括电伤与电击两种类型。

①电伤是指电流的热效应、化学效应、机械效应及电流本身作用造成的人体伤害。电伤会在人体皮肤表面留下明显的伤痕，常见的有灼伤、电烙伤和皮肤金属化等，属于非致命的伤害。

②电击是指电流通过人体内部，造成人体内部器官的伤害。电击使人致死的原因：一是流过心脏的电流过大、时间过长，造成心脏停止工作而死亡；二是电流过大，使人窒息而死亡。其中第一种致人死亡的比例最高。在触电事故中，电击和电伤常会同时发生。

(2) 电击伤害的影响因素

①电流大小对电击伤害程度的影响

不同大小的电流通过人体时，往往有各种不同的感觉。电流越大，反应越明显。对于工频交流电，按通过人体反应的程度不同，可分为以下三级：

a　感知电流

感知电流是指人体能够感觉，但不对人体造成伤害的电流。不同的人，感知电流也不同，一般女性比男性敏感一点，成年女性平均感知电流 0.7 mA，成年男性平均感知电流1.1 mA。

b　摆脱电流

摆脱电流是指人触电后能够自主摆脱电源的电流。摆脱电流通过人体时，会产生疼痛、心律障碍感。成年女性平均摆脱电流是 10.5 mA，最小摆脱电流是 6 mA，成年男性平均摆脱电流是 16 mA，最小摆脱电流是 9 mA。

c　致命电流

致命电流是指较短时间内危及人生命的电流。在电流不超过数百毫安的情况下，电击致死的主要原因是电流引起心室颤动或窒息造成的。因此，可以认为引起心室颤动的电流即为致命电流。一般成年女性最小平均致命电流为 30 mA，成年男性最小平均致命电流是 36 mA。

②电流作用时间对电击伤害程度的影响

人体电流作用时间越长，越易引起心室颤动，电击危险性就愈大。据统计，触电后 1 min 开始急救，90%有良好的效果，触电后 6 min 开始急救 10%有良好的效果，而触电后12 min 开始急救希望微乎其微。

触电保护器的一个主要指标就是额定断开时间与电流的乘积小于 30 mA·s。实际产品一般额定动作电流 30 mA，动作时间 0.1 s，故小于 30 mA·s，可有效防止触电事故。

③电流的类型对电击伤害程度的影响

电流的种类不一样对人体的伤害也不一样，工频电流的危害性大于直流电、高频电流、冲击电流等，因为交流电主要是麻痹破坏人体运动、神经系统，一般难以自主摆脱。通常认为 50～60 Hz 的交流电对人最危险。

④电流路径

电流流过人体不同部位，对人体造成的伤害不同。电流通过头部可使人立即昏迷，严重时会造成大脑不可逆转性损伤；电流通过心脏会引起心室颤动，甚至心跳停止；电流通过脊髓可能导致瘫痪；电流通过中枢神经或相关部位，会引起中枢神经强烈失调而导致死亡。

由此可见，从左手到胸部，电流流经心脏，路径最短，是最危险的；从手到手、从手到脚也是很危险的电流路径；从脚到脚是危险性较小的电流路径，但容易造成摔伤、坠落等二次伤害。

⑤人体电阻

人体电阻是因人而异的，一般认为成年人皮肤电阻比未成年人要高，干燥时可能达到 100 kΩ 以上，而皮肤表面有汗或水时可降到 1 kΩ，体内电阻更低，甚至到 300 Ω 左右。人体对电流的敏感程度受到很多因素影响：如接触电压、电流路径、接触面积、温度、压力、皮肤是否完好、潮湿、脏污等。

⑥安全电压

安全电压是指人体无防护措施时，接触带电体而不被电伤或电击。一般根据不同环境，工频安全电压分为以下几种等级：在干燥、洁净、无导电介质裸露的环境中安全电压 42 V、一般环境下安全电压为 36 V、潮湿的环境下 24 V、密闭的金属容器内 12 V、水下 6 V 等几种。

(3) 触电急救

人体触电后，会出现神经麻痹、呼吸中断、心跳停止等现象，但这并不是真的死亡，有可能是假死。这时要首先对触电者脱离电源，然后要迅速并且持久地抢救。曾经有触电者经过几个小时抢救而生还的记录。

①脱离电源方法

人体触电后由于肌肉痉挛，使触电者很难自行摆脱电源。帮助触电者尽快脱离电源是极其重要的一步，也是能否救活触电者的关键因素。具体做法分以下几种情况：

a　快速断开电源开关或拔掉电源插头。但要注意，切断电源是否会带来更大的事故。

b　如无法切断电源，或切断电源开关将导致更大的事故，救护人员可以想办法用各种绝缘物体做工具拉开触电者或挑开电线，使触电者脱离电源。常见的绝缘物体有干燥的木棍、木板、绝缘手套、干燥的衣服等。

c　如触电者被电线缠绕或紧握电线，可用绝缘工具将电线从两头切断，同时要防止带电的电线再次落到施救者身上。切不可用剪刀、金属手柄的刀具去切断电线。

d　触电者位置较高时，确保触电者脱离电源后，不造成触电者二次摔伤事故，一般可采取干燥木板垫住或软网兜等接住。

e　对于高压触电事故，首先应通知电力部门停电，或者由有资格从事高压工作的相关人员采用相应电压等级的绝缘工具，使触电者脱离电源。

②现场急救措施

触电者脱离电源后，应当根据触电者的具体情况，迅速对症救护，并派人通知医院。现场主要的救护方法有人工呼吸法和胸外心脏挤压法。具体情况如下：

a　触电者自主意识清醒，触电后果不严重，只是心慌、四肢发麻无力或眩晕等，此时应保持触电者在通风的环境中静卧休息 1～2 h，让其自己慢慢恢复正常，注意观察并拨打急救电话。

b　触电者已失去知觉，但心脏跳动和呼吸还在进行，此时应使触电者舒适、安静地平卧，周围保持空气畅通，解开衣扣以利呼吸。如果天气寒冷，应注意保暖。同时迅速拨打急救电话。如触电者情况进一步恶化，出现呼吸困难等情况，要随时准备人工呼吸或胸外心脏挤压急救。

c　触电者伤势严重，已停止呼吸或心跳，或者呼吸和心跳都已经停止，应立即进行人工呼吸法（如图 1-3）和胸外心脏挤压法（如图 1-4）。同时迅速拨打急救电话。

急救人员要尽快开始急救并坚持进行到底，不能坐等医生到来。在送往医院的途中也不能停止急救。

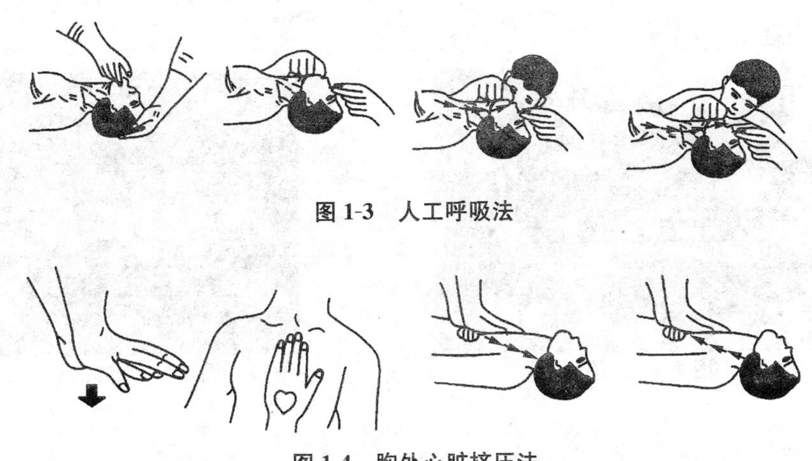

图 1-3　人工呼吸法

图 1-4　胸外心脏挤压法

在实施人工呼吸和胸外心脏挤压法之前，必须迅速地将触电者身上妨碍呼吸的衣领、上衣扣、裤带等解开；同时取出口中的假牙、血块、黏液等异物，使呼吸道畅通。

人工呼吸是呼吸停止后应用的最有效方法，简单易学：

a) 使触电者鼻孔（或嘴）紧闭，急救人员深吸一口气后紧贴触电者的嘴（或鼻孔）向内吹气 2 s。

b) 吹完一次，立即离开，并松开触电者的鼻孔（或嘴），让其自行呼气 3 s。

c) 不断重复 a)、b)直到恢复自主呼吸。如急救小孩应小口吹气，防止肺泡破裂。

胸外心脏挤压法是心脏停止跳动最常用的方法，效果明显，具体方法如下：

a) 急救人员跪在触电者一侧或腰部两侧，两手相迭，用手掌根部放在触电者心脏上方。

b) 垂直向下用力挤压，成人每秒钟一次，每分钟压 60 次为宜，每次应向下压陷 3～4 cm。

c) 挤压后掌根迅速放松，可以不离开胸部，让触电者胸部自动复原。

d) 重复 a)、b)、c)过程直到恢复心跳。

当然心跳和呼吸是相互关联的，一般心跳停止了呼吸也会很快停止，同样道理，呼吸停止了心跳也会很快停止。因此一般急救都是两种方法同时使用，一般一人人工呼吸，另一人心脏挤压。要是现场只有一人，两种方法交换使用，每吹气2～3次，挤压30～40次。

模块2　常用电工工具

1. 电烙铁

电烙铁，如图1-5，是电子制作和电器维修必需工具，主要用途是焊接元件及导线，按结构可分为内热式电烙铁和外热式电烙铁，按功能可分为焊接用电烙铁和吸锡用电烙铁，根据用途不同又分为大功率电烙铁和小功率电烙铁。本实习选用的是20 W内热式斜面型的电烙铁，内阻大约1.5 kΩ。使用前要将烙铁头上的镀铬层锉掉并涂上锡。焊锡丝，如图1-6，是由一定比例的铅锡合金包裹松香辛丝而成，为适应不同的焊接要求，有不同的直径，应根据焊点的大小选用。

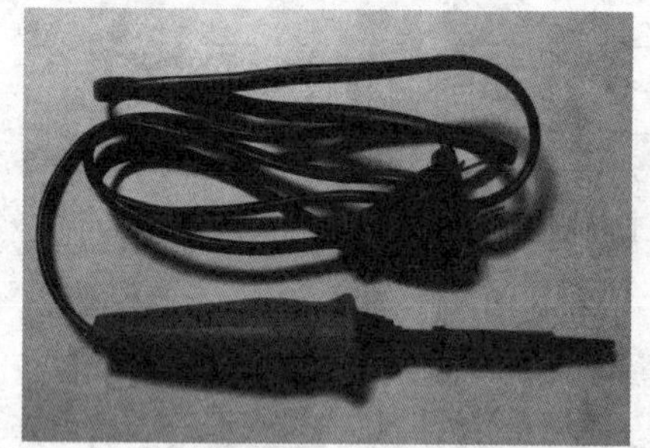

图1-5　电烙铁

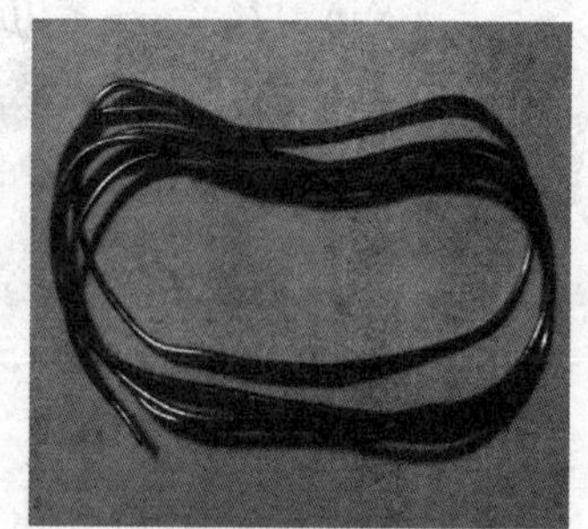

图1-6　焊锡丝

2. 拆装工具

斜口钳、剪刀、十字起、一字起、镊子等用于紧固和拆卸各种螺钉，安装或拆卸元件。如图1-7，从左到右依次排列。

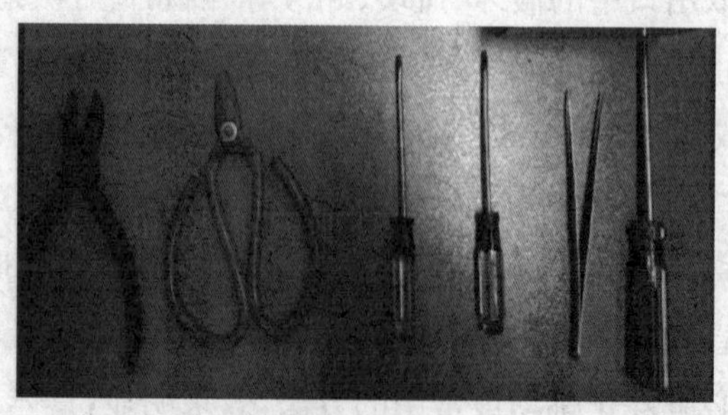

图1-7　拆装工具

3. 万用表

图 1-8 指针万用表

图 1-9 数字万用表

问题一:万用表分数字万用表和指针万用表两种,如图 1-8、1-9。两种万用表功能相同,那么有了指针万用表为什么还要使用数字万用表呢?它们有什么区别呢?

主要有以下几个方面的区别:

(1) 显示方式:数字万用表直接用数字显示测量结果很直观,而指针万用表还需要读数。

(2) 内阻对电路的影响:我们可能注意到,测量某些芯片时会标明采用指针型表的型号,这是因为不同型号的指针表内阻不同,测量的结果不一样。而数字表内阻很大,通常不需要标明所使用的万用表型号。

(3) 测量精度:数字万用表内阻很大,无读数误差,所以测量精度比指针表高得多。

(4) 方便性:数字表所有挡位都具有自动调零功能。不像指针式万用表在使用欧姆挡时,每次都需要手动调零,否则会影响测量结果。用数字表测量电压、电流时,不用像指针万用表那样考虑表笔的正负极性,如果测量极性相反,会在测量数值前显示一个"—"。另外数字万用表没有像指针式万用表那样的指示系统,所以体积小、重量轻、不怕磁。

(5) 数字表可以用来测量交流电流,而一般的指针表是无法做到的。

(6) 数字表有蜂鸣挡,可以用声音提示线路的通断,而不必像指针表那样需要查看指针的指示。

问题二:为什么说指针式万用表只适合于模拟电路,数字表只适合于数字电路?难道指针表不能用于数字电路?

这只是个大概说法,因为指针式万用表内阻较小,在测量模拟电路时对电路影响较小,不会影响电路的正常工作。但是在测量数字电路时就可能影响电路的工作状态了。数字表内阻很大,对电路的影响很小,但灵敏度比指针表要差得多,不太适合在模拟电路中测量动态信号。

问题三:数字表的使用方法是怎样的?与指针表有什么不同?

数字表与指针表使用方法基本相同。根据测量需要插好表笔,选择量程,然后测量,等待屏幕显示的数字稳定后,显示的结果即为最终测量结果。与指针表相比,主要是使用欧姆挡时不需要调零,测量时表笔不需要区分正负极性,但是要先打开电源开关。数字表的表笔插孔有四个,分别是:公共端孔、电压/电阻公用孔、毫安孔、20 安孔。

问题四:测量时红、黑表笔怎样使用呢?

数字表一般采用电压电阻共用一插孔、电流占用两个插孔的设计。其中黑表笔固定插在公共端(COM孔),在一般的测量中红表笔插到电压/电阻公用孔,只有在测量交流、直流电流时，红表笔要根据测量的范围选择插入毫安孔还是20安孔。

数字表的具体测量使用方法：

(1) 数字表测量直流电压。先把黑表笔插到公共端，红表笔插到电压/电阻公用孔，然后估算测量值，选择合适挡位；不能估算时，先选择最大挡位。打开万用表电源开关，把表笔并接在测量点两端，等屏幕数字稳定后，读取的数字即为测量结果。

(2) 电阻、电流测量。测量电阻、电流的方法大致相同，只是测量电流时要把红表笔插入毫安孔或20安孔，然后把万用表串接在电路中，其他基本一样。

(3) 二极管、蜂鸣挡的使用。二极管、蜂鸣挡通常都做在一起，用来测量二极管压降，同时在测量的两点间短路时用声音报警。把数字表切换到这个挡位，万用表使用内部电池为电源，从公共端和电压/电阻公用孔输出一个额定的电压和电流，具体数值随万用表型号的不同而不同，当两表笔间的电阻小于30 Ω时，内部蜂鸣器开始鸣叫。因此可以用这个挡位测量电路的通断，不断地重复使用可以检查整个线路。

测量二极管时，挡位调到蜂鸣挡，打开万用表电源开关，短接红、黑表笔，发出蜂鸣声，屏幕数字小于3表示正常。用两表笔分别接触二极管两端，当红表笔接二极管正极，黑表笔接负极时，测量的数值即为二极管正向压降数值，正常在200～700间。如测量数值为502，就表示正向压降为0.502 V。

(4) 电容档的使用。首先根据测量电容的容量选择合适的挡位，打开万用表电源开关，把电容插到专用的电容测量孔上，等待屏幕读数稳定后读数即可。

问题五：数字表的使用有哪些注意事项？

(1) 和指针表一样，在路测量电阻时要断电，如果有电容要先放电，测量时不能用手同时接触电阻两端，以免影响测量结果。

(2) 使用数字表测量时，要等待屏幕数字稳定。尤其是在路测量时，因内阻太大，需要等待的时间长，应交换测量两端，以测量数值较大的作为电阻值。如测量值与电阻标称值相差很大，需要把电阻拆下或焊下一只引脚再次测量。

(3) 使用数字表要注意节电。数字表使用内置9 V电池供电，只要屏幕有显示，就表示一直在工作，尤其是使用二极管、蜂鸣挡时耗电最大，虽然大多数数字表都有自动休眠功能，但是我们还是要养成随手关掉电源的习惯。

(4) 数字表不用时最好把挡位开关切换到交流最高档，避免下次使用时没有切换挡位直接测量，从而发生损坏万用表的情况。

(5) 数字表不怕电磁的干扰，但是应避免高温和阳光直射。

(6) 不管是数字表还是指针万用表，都不允许在测量时更换量程。要断电切换，否则可能烧坏挡位开关，烧坏万用表内部元件，并有可能影响电路正常工作，甚至损坏相关元件。

(7) 使用数字表电阻或蜂鸣挡时，数字表内部电源会从两表笔间输出一个直流电压和电流，其中红表笔是高电压，黑表笔是低电压。要注意不能把红、黑表笔长时间接触，那样容易使内部电源很快没电。

1.4　实训内容和步骤

1. 实训内容和控制要求

对数字万用表的认识和测量。

2. 实训步骤及要求

(1) 认识数字万用表

认识数字万用表电源开关、熟悉数字表的红黑表笔、各插孔功能、各挡位开关名称及功能。

(2) 使用数字万用表

①用数字万用表测量电阻：分别测量电机线圈内阻、接触器线圈内阻、热继电器线圈内阻。

②用数字表测量交流电源电压。

③用数字表蜂鸣挡测量线路的通断。

将所有测量数据绘制成表格，写成实验报告。

3. 注意事项

(1) 进行所有测量前要先转换到挡位开关，再打开电源。

(2) 测量电阻和蜂鸣挡时，要断开电源。

(3) 每次读数时等待屏幕数据稳定时再读。

(4) 测量电压时注意安全，不要接触到表笔金属。

(5) 用完万用表后关掉电源。

4. 思考与讨论

(1) 万用表测电阻为什么不能带电？

(2) 万用表用蜂鸣挡测量有些线圈时为什么不蜂鸣？

(3) 万用表测量交流电压时，红、黑表笔交换测量，读数会变吗？

1.5　任务考核

任务考核标准见下表。

表1-1　任务考核标准

考核项目	考核内容	配分	考核要求及评分标准	得分
态度	听讲、思考、动手	40	课堂是否认真听讲记笔记，是否主动思考积极回答问题，是否积极动手操作	
实训报告	实训报告完成情况	30	报告内容20分，思考题10分	
安全文明意识	能否正确使用工具，是否有不当操作	20		
团队协作精神	小组成员积极协作情况	10		
实际总得分				

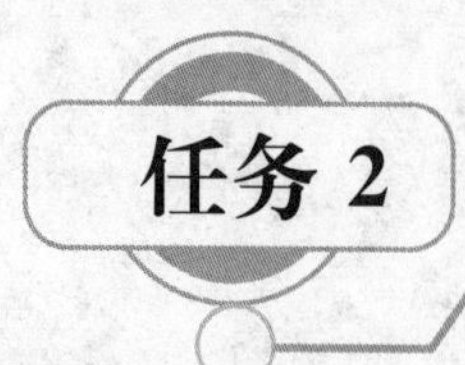

任务 2　低压电器的认识

2.1 任务目标

1. 了解低压电器的概念，认识接触器。
2. 认识常用低压电器的一般结构和工作原理。
3. 掌握常用低压电器的正确使用和测量方法。

2.2 实训设备

任务所需实训设备和元器件：

1. 十字、一字螺丝刀各一把；
2. 数字万用表 1 只；
3. 简易剥线钳一把；
4. 维修电工实训台：包括电源、交流接触器、按钮、低压断路器、熔断器、热继电器等；
5. 导线若干。

2.3 相关知识

随着社会的进步和发展，各种低压电器的使用越来越普遍。在工业环境下低压电器一般是指交流 1 200 V、直流 1 500 V 以下，用来控制和保护用电设备的电器。各种不同功能的低压电器组合在一起，就可以实现各种不同的控制功能。

模块 1　认识低压电器

1. 电器的定义

电器：在电路中以实现对电路或非电对象的切换、控制、检测、保护、变换和调节为目的的设备。

低压电器：用于交流 1 200 V(1000 V)、直流 1 500 V(1 200 V)级以下的电路中起通断、保护、控制或调节作用的电器产品。

高压电器：交流 1 200 V (1000 V)以上、直流 1 500 V(1 200 V)以上。

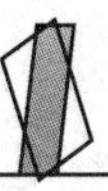

2. 电器的分类

对于低压电器的分类，不同的人、站在不同的角度产生的分类结果也完全不同，常见的分类方法有按用途来分和按操作方式来分。

(1) 按应用场所提出的不同要求以及所控制的对象，可以分为低压配电电器和低压控制电器两大类。

低压配电电器包括刀开关、组合开关、熔断器和断路器等，主要用于低压配电系统及动力设备中。对这类电器的主要技术要求是分断能力强，限流效果好，动、热稳定性能好。

低压控制电器包括接触器、继电器、电磁铁等，主要用于电力拖动与自动控制系统中。对这类电器的主要技术要求是有一定的通断能力，操作频率要高，电器和机械寿命要长。

(2) 按低压电器的动作方式，可分为自动切换电器和非自动切换电器两大类。自动切换电器是依靠电器本身参数的变化或外来信号的作用，自动完成接通或分断等动作，如接触器、继电器等。

非自动切换电器主要依靠外力(如手控)直接操作来进行切换，如按钮、刀开关等。

(3) 按低压电器的执行机构，可分为有触点电器和无触点电器两大类。

有触点电器具有可分离的动触点和静触点，利用触点的接触和分离来实现电路的通断控制。

无触点电器没有可分离的触点，主要利用半导体元器件的开关效应来实现电路的通断控制。

(4) 按用途还可分低压主令电器、低压保护电器和低压执行电器。

低压主令电器：用于发送控制指令的电器，在控制系统中用于发布命令，使控制系统启动运行、停止或改变控制系统的运行状态。对这类电器的主要技术要求是操作频率要高，抗冲击，电器的机械寿命要长。如：按钮、主令开关、行程开关(限位开关)等。

低压保护电器：用于对电路和用电设备进行保护的电器。对这类电器的主要技术要求是有一定的通断能力，可靠性要高，反应要灵敏。如：熔断器、热继电器、电压和电流继电器等。

低压执行电器：用于完成某种动作和传动功能的电器。如：电磁铁、电磁离合器等。

3. 低压电器的主要技术数据

(1) 额定电流

额定电流是指根据电器的具体使用条件确定的电流值，它和额定电压、电网频率、额定工作制、使用类别、触点寿命及防护等级等因素有关，同一开关电器可以对应不同使用条件以规定不同的工作电流值。

(2) 额定电压

额定电压是指在规定条件下，能保证电器正常工作的电压值，通常是指触点的额定电压值。有的电磁机构的控制电器还规定了电磁线圈的额定工作电压。

(3) 操作频率及通电持续率

操作频率是指电器正常工作时的最大通断能力，一般以每小时多少次来衡量。主要是因为交流接触器吸引线圈在接通电的瞬间有很大的启动电流，如果操作频繁，容易引起线圈过热，所以限制每小时的接电次数。通电持续率就是指电器的有载时间与工作周期之比（工作周期是每一次操作中的有载时间与无载时间之和），常用百分数表示。操作频率、通电持续率都表示电器的通断能力，从而决定了不同的使用场合必须使用相适应的电器。

（4）机械寿命和电气寿命

控制电器的机械寿命是电器在无电流情况下不需要修理或更换零件的操作次数；电气寿命是指按所定使用条件不需要修理或更换零件的负载操作次数。

4. 选择低压电器的注意事项

在选择时首先考虑安全原则，其次是经济性。另外，在选择低压电器时还应注意以下几点：

（1）了解电器的正常工作条件；

（2）了解电器的主要技术性能；

（3）明确控制对象及使用环境；

（4）明确相关的技术数据。

5. 低压电器的型号表示法

国产常用低压电器的全型号组成形式如图 2-1 所示。

6. 低压电器的产品标准

低压电器产品标准的内容通常包括产品的用途、适用范围、环境条件、技术性能要求、试验项目和方法、包装运输的要求等，它是厂家和用户制造和验收的依据。

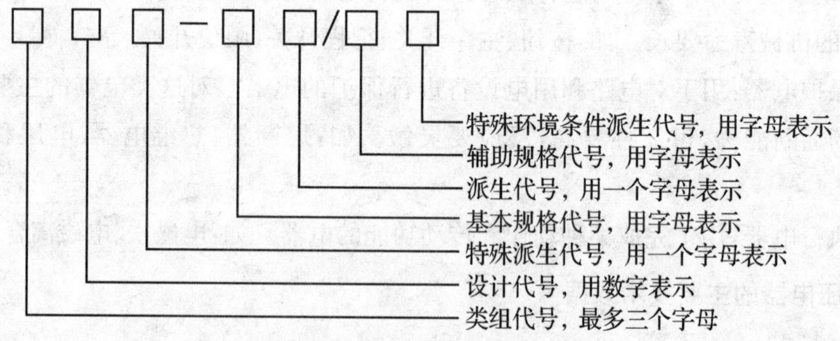

图 2-1 低压电器的全型号图

7. 常用术语

（1）通断时间

从电流开始在开关电器的一个极流过瞬间起，到所有极的电弧最终熄灭瞬间为止的时间间隔。

(2) 燃弧时间

电器分断过程中，从触头断开(或熔体熔断)出现电弧的瞬间开始，至电弧完全熄灭为止的时间间隔。

(3) 分断能力

电器在规定的条件下，能在给定的电压下分断的预期分断电流值。

(4) 接通能力

开关电器在规定的条件下，能在给定的电压下接通的预期接通电流值。

(5) 通断能力

开关电器在规定的条件下，能在给定的电压下接通和分断的预期电流值。

(6) 短路接通能力

在规定条件下，包括开关电器的出线端短路在内的接通能力。

(7) 短路分断能力

在规定条件下，包括电器的出线端短路在内的分断能力。

(8) 操作频率

开关电器在每小时内可能实现的最高循环操作次数。

(9) 通电持续率

电器的有载时间和工作周期之比，常以百分数表示。

(10) 电(气)寿命

在规定的正常工作条件下，机械开关电器不需要修理或更换零件的负载操作循环次数。

模块2 电磁式低压电器

1. 电磁式低压电器的结构和原理

(1) 电磁式低压电器

由感测部分(电磁机构)和执行部分(触头系统)两部分构成。

(2) 电磁机构组成

吸引线圈、铁芯、衔铁、铁轭、空气气隙，见图2-2。

触头根据常态可分为常开(动合)触头和常闭(动断)触头，吸引线圈分为直流型和交流型，吸引线圈也可分为串联型和并联型。

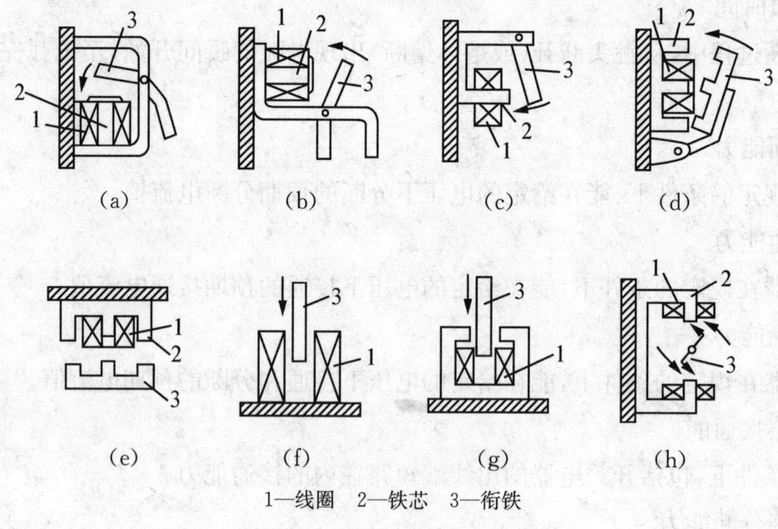

1—线圈　2—铁芯　3—衔铁

图 2-2　常用电磁机构的形式

2. 触头系统

触头是电磁式电器的执行部分，电器就是通过触点的动作来接通或断开被控制电路的，所以要求触头导电导热性能要好。

电接触状态：触头闭合并有工作电流通过时的状态，这时触头的接触电阻大小将影响其工作情况。接触电阻大时触头易发热，温度升高，从而使触头易产生熔焊现象，这样既影响工作的可靠性，又降低了触头的寿命。

触点接触形式：点接触、线接触、面接触，见图 2-3、图 2-4。

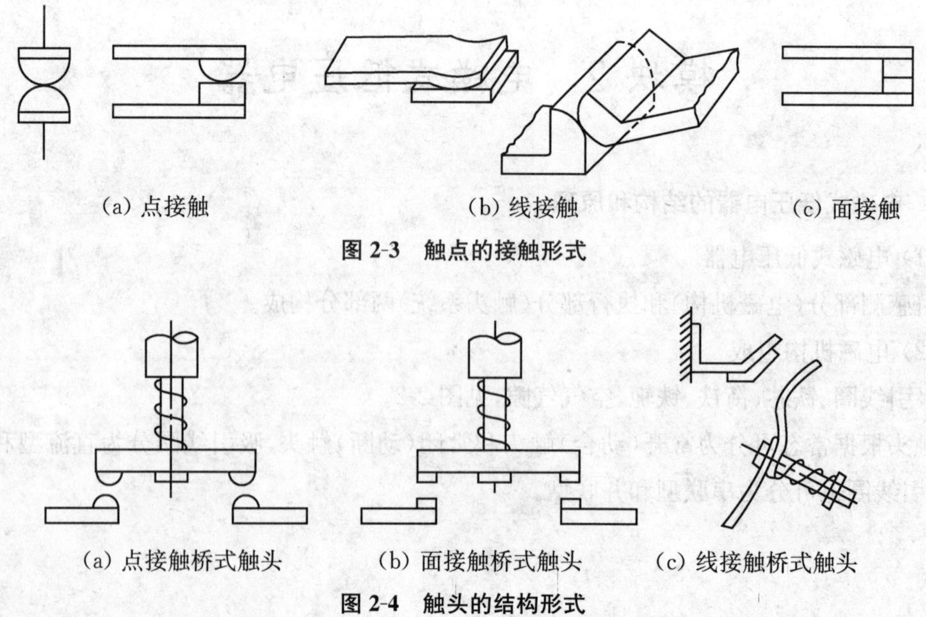

(a) 点接触　(b) 线接触　(c) 面接触

图 2-3　触点的接触形式

(a) 点接触桥式触头　(b) 面接触桥式触头　(c) 线接触桥式触头

图 2-4　触头的结构形式

接触电阻的理想情况见图 2-5。

触点闭合：接触电阻为零；触点断开：接触电阻无穷大。

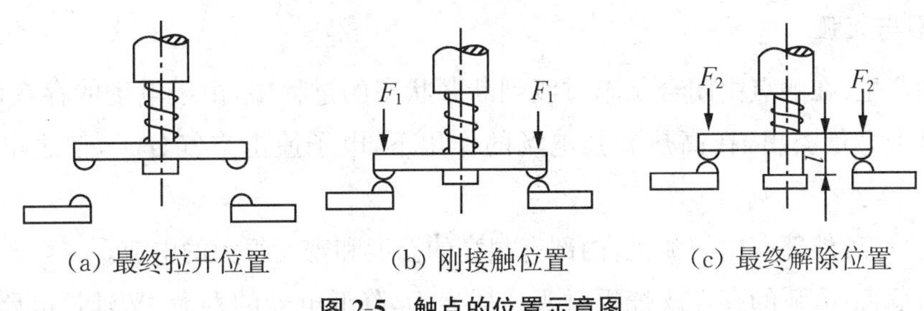

(a) 最终拉开位置　(b) 刚接触位置　(c) 最终解除位置

图 2-5　触点的位置示意图

触头的故障与维修

(1) 触头过热。触头通过电流会发热，其发热的程度与触头接触电阻有直接关系。动、静触头间的接触电阻越大，触头发热越厉害，以致使触头的温度上升而超过允许值，甚至将动、静触头熔焊在一起。造成触头过热的原因有以下几个方面：

① 触头接触压力不足。接触器使用日久，或由于受到机械损伤和高温电弧的影响，使弹簧变形、变软而失去弹性，造成触头压力不足；或触头磨损变薄，使动、静触头的终压力减小。这两种情况都使接触电阻增大，引起触头发热。遇到这种情况应重新调整弹簧或更换新弹簧。

② 触头表面接触不良。触头表面氧化或积垢均会使接触电阻增大，使触头过热。对于银触头，由于其氧化膜导电率和纯银不相上下，可不进行处理；对于铜触头，由于其氧化膜导电率使接触电阻大大增加，可用油光锉锉平或用小刀轻轻地刮去表面的氧化层，但要注意不能损伤触头表面的平整度。

如果触点有污垢，也会使触头接触电阻增大，解决的办法是用汽油或四氯化碳清洗干净。

③ 触头表面烧毛。触头接触表面被电弧灼伤烧毛，也会使接触电阻增大，出现过热。修理时，要用小刀或什锦锉整修毛面。整修时，不必将触头表面整修得过分光滑。因为过分光滑会使接触面减小，接触电阻增大。不允许用砂布或砂纸来整修触头毛面。

(2) 触头磨损。触头的磨损分为电磨损和机械磨损。电磨损是触头间电弧或电火花的高温使触头金属气化蒸发造成的；机械磨损是触头闭合时撞击以及触头接触面的相对滑动、摩擦造成的。

如果触头磨损很厉害，超行程不符合规定，则应更换触头。一般磨损到只剩下原厚度的 1/2～2/3 时，就需要更换触头。若触头磨损过快，应查明原因，排除故障。

(3) 触头熔焊。动、静触头表面被熔化后在一起而分断不开的现象，称为触头熔焊。一般来说，触头间的电弧温度可高达 3 000～6 000℃，使触头表面灼伤甚至烧熔，将动、静触头焊在一起，故障的原因大都是触头弹簧损坏，触头初压力太小，这就需要调整触头压力或更换弹簧；如果触头容量太小而产生熔焊，更换时应选容量大一些的电器；线路发生过载，触头闭合时通过电流太大，超过触头额定电流 10 倍以上时，也会使触头熔焊。触头熔焊后，只能更换触头。

3. 电弧与灭弧

电弧的产生：在触点由闭合状态过渡到断开状态的过程中，由于电场的存在，使触头表面的自由电子大量溢出，在高热和强电场的作用下，电子撞击空气分子，使之电离而产生电弧。

电弧的特点：外部有白炽弧光，内部有很高的温度和密度很大的电流。

电弧的危害：电弧的存在既烧损触头金属表面，降低电器的寿命，又延长电路的分断时间，所以必须迅速消除。

4. 灭弧原理和方法

(1) 常用灭弧原理

①迅速拉大电弧长度而降低单位长度电弧的电压；

②冷却。

(2) 常用灭弧方法

①电动力灭弧，见图 2-6。

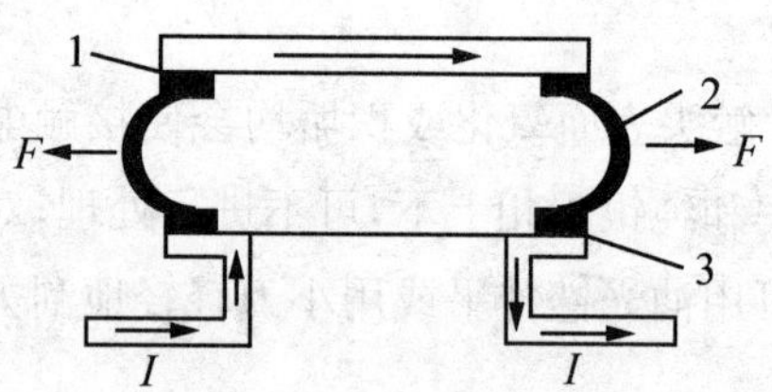

1—动触点　2—电弧　3—静触点

图 2-6　电动力灭弧

②磁吹式灭弧装置，见图 2-7。

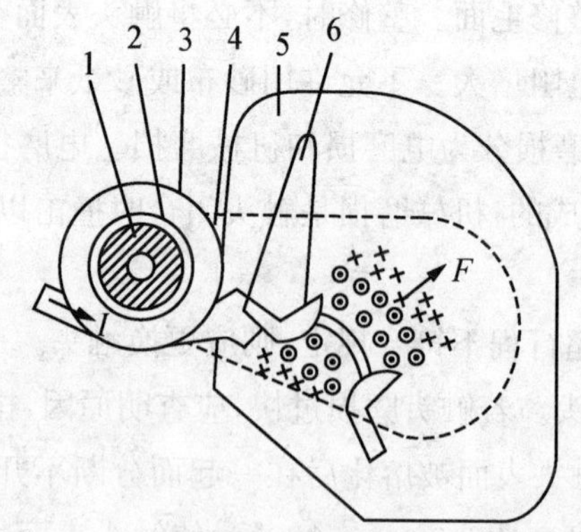

1—铁芯　2—绝缘管　3—吹弧线圈　4—导磁火片　5—灭弧罩　6—熄弧角

图 2-7　磁吹式灭弧装置

(3) 灭弧栅(栅片)灭弧,见图 2-8。

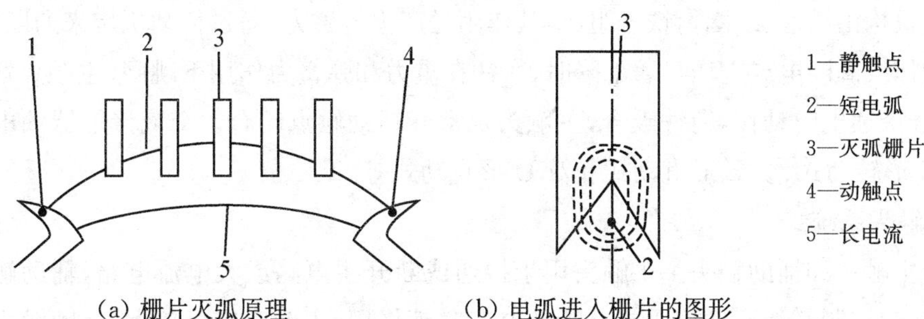

(a) 栅片灭弧原理　(b) 电弧进入栅片的图形

图 2-8 灭弧栅灭原理

5. 灭弧系统的故障及修理

当灭弧罩受潮、磁吹线圈匝间短路、灭弧罩炭化或破碎、弧角和栅片脱落时都可能引起不能灭弧或灭弧时间延长等故障。在开关分断时倾听灭弧的声音,如果出现微弱的"噗噗"声,就是灭弧时间延长的表现,需拆开检查;如系受潮,烘干后即可使用;如系磁吹线圈短路,可用旋凿拨开短路处;如系灭弧罩炭化,可以刮除积垢;如系弧角脱落,则应重新装上;如系栅片脱落或烧毁,可用铁片按原尺寸重做。

模块3 电磁式接触器

定义:用来自动地接通或断开大电流电路的电器。

作用:主要用于控制电动机、电焊机、电容器组等设备,具有低压释放的保护功能,适用于频繁操作和远距离控制,是电力拖动自动控制系统中最广泛的电气元件之一。

分类:交流接触器、直流接触器。

组成:触点系统、电磁机构、灭弧装置。

1. 接触器结构与工作原理

如图 2-9。

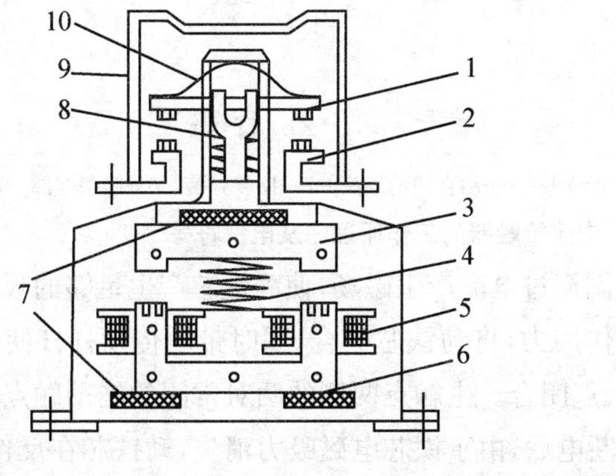

图 2-9 交流接触器的结构

（1）电磁机构

电磁机构由铁芯、线圈衔铁等组成，其作用是产生电磁力，通过传动机构来通断主、辅触头。当操作线圈断电或电压显著下降时，衔铁在重力和弹簧力作用下跳闸，主触点切断主电路；当其线圈通电时动作，衔铁吸合，主触头及常开辅助触点闭合。交流接触器的电磁铁常采用单U形转动式、双E形直动式和双U形直动式等。

（2）触头系统

分为主触头和辅助触头。主触头用于接通或断开主电路或大电流电路，辅助触头用于控制电路，起控制其他元件接通或分断及电气联锁作用；主触头容量较大，辅助触头容量较小，辅助触头结构上通常是常开和常闭成对的。

（3）灭弧装置

熄灭电弧的主要措施有：

① 迅速增加电弧长度（拉长电弧），使得单位长度内维持电弧燃烧的电场强度不够而使电弧熄灭。

② 使电弧与流体介质或固体介质相接触，加强冷却和去游离作用，使电弧加快熄灭。

电弧有直流电弧和交流电弧两类，交流电流有自然过零点，故其电弧较容易熄灭。交流接触器除了电动力灭弧外，还有灭弧罩防止电弧外溢，对人身和设备造成伤害。

（4）交流接触器

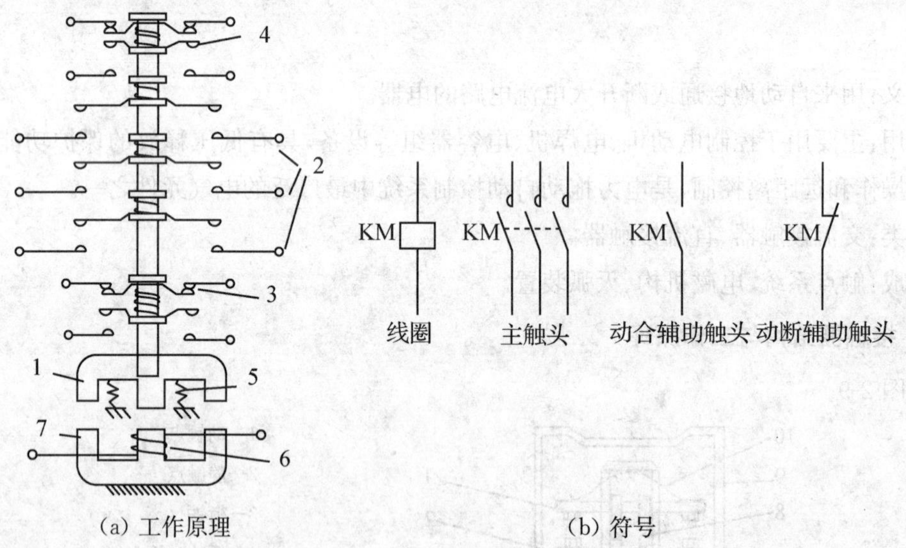

1—动铁芯　2—主触头　3—动断辅助触头　4—动合辅助触头　5—恢复弹簧　6—吸引线圈　7—静铁芯

图2-10　交流接触器的工作原理图及电气符号

在图2-10，当线圈通电后，线圈流过电流产生磁场，使静铁芯产生足够的吸力，克服反作用弹簧与动触点压力弹簧片的反作用力，将动铁芯吸合，同时带动传动杠杆使动、静触点的状态发生改变，其中三对常开主触点闭合。主触点两侧的两对常闭的辅助触点断开，两对常开的辅助触点闭合。当电磁线圈断电后，由于铁芯电磁吸力消失，动铁芯在反作用弹簧力的作用下释放，各触点也随之恢复原始状态。交流接触器的线圈电压在额定电压的85%～

105%时，能保证可靠工作。电压过高，磁路趋于饱和，线圈电流将显著增大；电压过低，电磁吸力不足，动铁芯吸合不上，线圈电流往往达到额定电流的十几倍。因此，电压过高或过低都会造成线圈过热而烧毁。

(5) 直流接触器

直流接触器用于控制直流供电负载和各种直流电动机，额定电压为直流 400 V 及以下，额定电流为 40～600 A，分为六个电流等级。直流接触器的结构主要由电磁机构、触头与灭弧系统组成。电磁系统的电磁铁采用拍合式电磁铁，电磁线圈为电压线圈，用细漆包线绕制成长而薄的圆筒状。直流接触器的主触头一般为单极或双极，有动合触头也有动断触头，其触点下方均装有串联的磁吹灭弧线圈。在使用时要注意，磁吹线圈在轻载时不能保证可靠的灭弧，只有在电流大于额定电流的 20%时磁吹线圈才起作用，见图 2-11。

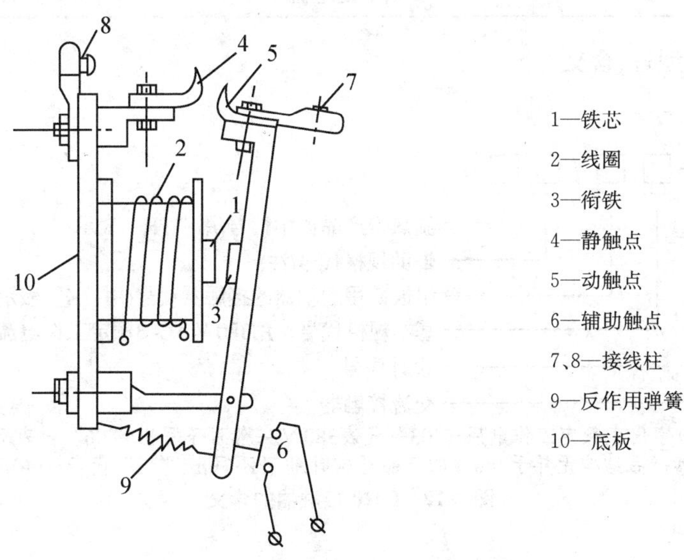

1—铁芯
2—线圈
3—衔铁
4—静触点
5—动触点
6—辅助触点
7、8—接线柱
9—反作用弹簧
10—底板

图 2-11　直流接触器工作原理图

2. 接触器的主要技术参数

(1) 额定电压(铭牌值)：指主触点的额定工作电压

直流有：24 V、48 V、110 V、220 V、440 V；

交流有：36 V、127 V、220 V、380 V。

(2) 额定电流(铭牌值)

主触点的额定电流；

线圈的额定电流。

(3) 机械寿命(1 000 万次以上)与电气寿命(100 万次以上)

(4) 操作频率：每小时的操作次数

一般：300 次/h、600 次/h、1 200 次/h

(5) 接通与分断能力

可靠接通和分断的电流值。

接通时：主触点不应发生熔焊；

分断时：主触点不应发生长时间燃弧。

(6) 接触器的使用类别，见表 2-1。

交流：AC1　AC2　AC3　AC4

直流：DC1　DC3　DC5

表 2-1　接触器的使用类别

类别	允许接通电流	允许分断电流
AC1、DC1	额定电流	额定电流
AC2、DC3、DC5	4 倍额定电流	4 倍额定电流
AC3	6 倍额定电流	额定电流
AC4	6 倍额定电流	6 倍额定电流

3. 接触器的型号、含义

(1) CJ20

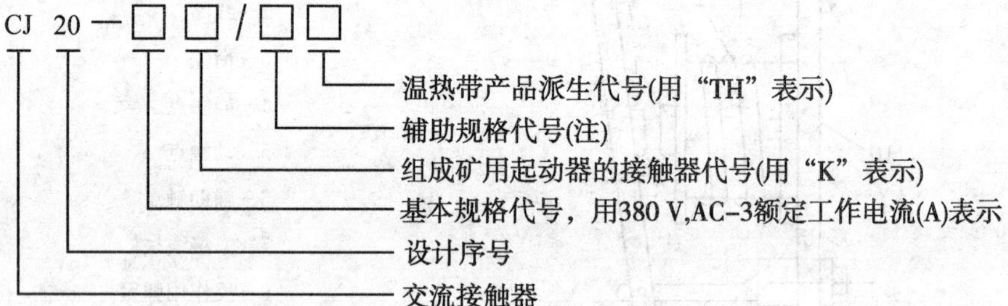

注:以数字代表额定工作电压:“03”代表380 V,一般可不写出;“06”代表660 V,如其产品结构无异于380 V的产品结构时,也可不写出;“11”代表1 140 V。

图 2-12　CJ20 接触器的含义

(2) CZ

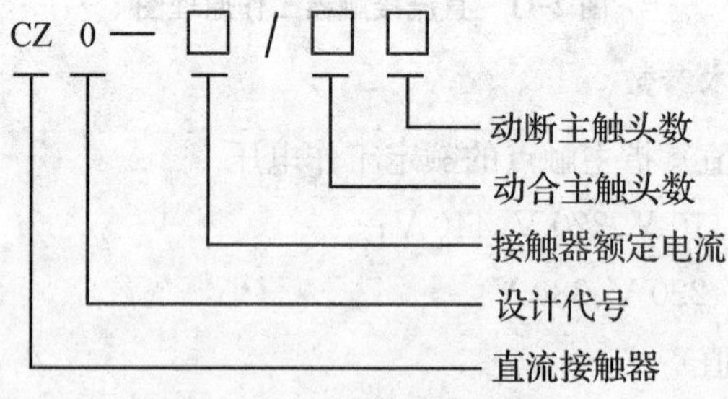

图 2-13　CZ 接触器的含义

4. 图形符号及文字符号

图 2-14　接触器的图形符号与文字符号

5. 接触器的选用

(1) 类型的选择：直流或交流接触器。

(2) 类别的选择：AC1～AC4、DC 系列等。

(3) 主触点额定电压的选择：大于等于负载额定电压。

(4) 主触点额定电流的选择：额定电流大于等于 1.3 倍负载额定电流。

(5) 线圈额定电压：当线路简单，使用电器较少时，可选用 220 V 或 380 V；当线路复杂、使用电器较多或在不太安全的场所时，可选用 36 V、110 V、127 V。

2.4　实训内容和步骤

1. 实训内容与控制要求

复杂的电器控制线路大多数都是由许多低压电器组成的。在设计和安装控制线路时，必须熟悉低压电器的外形结构及型号意义，并掌握其简单检查与测试方法。例如，交流接触器的测试电路如图 2-15 所示。

2. 实训步骤及要求

(1) 认识常用低压电器

根据图 2-15 中低压电器的实物，写出各电器的名称。

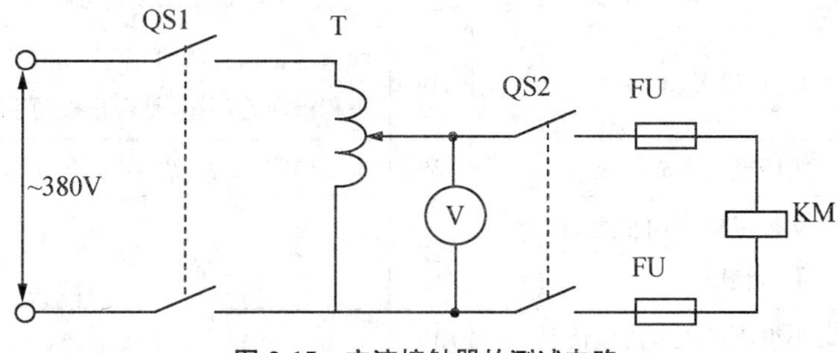

图 2-15　交流接触器的测试电路

(2) 对交流接触器的释放电压进行测试。

步骤如下：

①按照图 2-15 接线；

②闭合刀开关 QS1，调节调压器为 380 V；闭合 QS2，交流接触器吸合；

③转动调压器手柄，使电压均匀下降，同时注意接触器的变化，并在表 2-2 中记录数据。

表 2-2　数据记录

电源电压	开始出现噪声电压	接触器释放电压	释放电压/额定电压	最低吸合电压	吸合电压/电源电压

(3) 对交流接触器的最低吸合电压进行测试

从释放电压开始，每次将电压上调 10 V，然后闭合刀开关，观察接触器是否吸合。如此重复，直到交流接触器能可靠地吸合工作为止，记录数据填入表 2-2。

3. 注意事项

(1) 接线要求牢靠、整齐、清楚、安全可靠。

(2) 操作时要胆大、心细、谨慎，不允许用手触及电气元件的导电部分以免触电及意外损伤。

(3) 通电观察接触器动作情况时，要注意安全，防止碰触带电部位。

4. 思考与讨论

(1) 将电气设备不带电的金属部分接地的目的是什么？

(2) 低压开关电器动断、动合为什么采用桥式触头？

(3) 交流电磁式电器的铁芯上为什么要有分磁环？

2.5 任务考核

任务考核标准见表 2-3。

表 2-3　任务考核标准

考核项目	考核内容	配分	考核要求及评分标准	得分
态度	听讲、思考、动手	40	课堂是否认真听讲记笔记，是否主动思考积极回答问题，是否积极动手操作	
实训报告	实训报告完成情况	30	报告内容 20 分，思考题 10 分	
安全文明意识	能否正确使用工具，是否有不当操作	20		
团队协作精神	小组成员积极协作情况	10		
实际总得分				

任务3 启保停控制线路的安装接线

3.1 任务目标

1. 掌握接触器的拆装与维修，认识刀开关、转换开关、按钮、断路器（自动空气开关）等低压电器的一般结构。

2. 学会电气原理图的一般识读。

3. 根据电气原理图学会电气接线安装图的绘制。

4. 根据原理图、安装图合理分配电气元件，正确接线安装。

5. 学会启保停控制线路的接线安装。

6. 掌握启保停控制线路的常见故障现象，以及由故障现象分析原因。

3.2 实训设备

任务所需实训设备和元器件：

1. 十字、一字螺丝刀各一把；

2. 数字万用表1只；

3. 简易剥线钳一把；

4. 维修电工实训台：包括电源、交流接触器、按钮、低压断路器、熔断器、热继电器等；

5. 三相异步电机1台；

6. 导线若干。

3.3 相关知识

模块1 交流接触器的拆装与维修

1. 交流接触器的拆装

(1) 交流接触器的拆卸

①松开固定螺丝，取下底盖；

②取出静铁芯、铁架和缓冲弹簧；

③拔出线圈的接线头，取出线圈；

④取出反作用弹簧；

⑤拿下灭弧罩；

⑥取出动触桥上主触点片与压力弹簧；

⑦取出动触桥上辅助常开触点的静触点片，同时取出动触桥；

⑧取出动触桥上动触点片；

⑨松开螺丝，取下主触点的静触点片和辅助触点的静触点片。

(2) 交流接触器的组装

交流接触器的组装步骤与拆卸步骤正好相反，组装步骤如下：

①安装主触点的静触点片和辅助常闭触点的静触点片；

②安装好动触桥上辅助触点动触点片；

③把动触桥安装入接触器壳内、顶紧；将辅助常开触点静触点片插入并紧固；松开动触桥，使动触桥上的辅助常闭动触点片与辅助常闭静触点片接触紧密；

④安装主触点的动触点片和压力弹簧；

⑤安装灭弧罩；

⑥安装反作用弹簧；

⑦安装线圈并插好接线头；

⑧安装反冲弹簧和静铁芯架并放入静铁芯；

⑨安装底盖。

安装完成后压放几次动触桥，看看动触桥接触是否良好，动作是否灵敏。

2. 交流接触器的安装

(1) 安装注意事项

接触器安装前应该将铁芯端面的防锈油擦拭干净；接触器一般应安装在垂直的平面上，倾斜度不超过 5 度；安装孔螺丝应该有垫圈，拧紧螺丝，防止震动或松动；避免阳光直射、雨水淋湿以及杂物落入等。

(2) 接触器的安装

①安装前检查接触器的外观是否完好，是否有灰尘、油污以及各接线端子的螺丝是否完好无缺，触点架、动静触点是否同时动作等。

②检查接触器的线圈电压是否符合控制电压的要求，接触器的额定电压应不低于负载的额定电压，触点的额定电流应不低于负载的额定电流。

③安装接触器时，底面与安装面的垂直方向倾斜角度不应该大于 5 度，且应防止安装过程中有拆下的螺钉、垫片、螺母、线头等杂物掉入接触器内。

3. 接触器的维护

(1) 交流接触器所有触点不能涂油，防止短路时触点烧弧，损坏灭弧装置。

(2) 定期检查接触器零部件，要求可动部分灵活，紧固部分不松动，损坏部分及时更换

和修理。

(3) 检查外部环境是否有导电灰尘以及过大震动，表面是否有灰尘，通风是否良好。

(4) 检查负载电流是否在接触器额定值之内。

(5) 检查接线是否松动，触点是否发热。

(6) 检查正常工作时的振动情况，螺丝是否松动。

(7) 监听正常工作时是否有放电声等异常声响。

(8) 检查正常工作时动作信号与接触器工作状态是否一致。

(9) 检查接触器有无发热、绝缘老化等现象，防止发生短路现象。

(10) 检查灭弧罩等装置，经常要用小刀或布条除去灭弧罩内的黑烟和金属熔粒。

(11) 检查接触器吸合是否良好，触点有无异常现象。

(12) 定期检查触点磨损情况。磨损严重的需更换，有轻微烧伤的可用电工刀细细修刮，不可用锉刀，防止损坏触头。

(13) 定期检查接触器的绝缘情况，线圈间绝缘电阻应大于 10 MΩ。

(14) 有金属外壳的接触器经常检查接地是否良好。

(15) 灭弧罩取下后接触器不能通电工作，防止相间短路。

4. 接触器的常见故障与维修

(1) 电磁铁噪声大

可能的原因有电源电压过低、弹簧反作用力过、短路环断裂、铁芯端面有污垢、磁系统歪斜、铁芯不能吸平以及铁芯端面过多磨损等。

解决的方法：调整电压、调整弹簧、更换短路环、清刷铁芯端面、调整机械、更换铁芯等。

(2) 线圈过热或烧坏

可能的原因有电源电压过高、线圈额定电压与电源电压不符、操作频率过高、线圈由于机械损伤或有导电灰尘造成匝间短路、环境温度过高、空气潮湿度过大或有腐蚀性气体、交流铁芯极面不平等。

解决的方法：调整电源电压、更换线圈或接触器、选择合适的接触器、排除短路故障、更换线圈并保持清洁、改变安装位置或采取降温措施、采取防潮防腐蚀处理、清除极面或调换铁芯等。

(3) 接触器不释放或释放缓慢

可能的原因有触点弹簧压力过小、机械可动部分卡住或生锈歪斜、反力弹簧损坏、铁芯端面有油污或灰尘附着、铁芯剩磁过大、安装位置不正确、线圈电压不足、E 形铁芯寿命到期剩磁增大等。

解决的方法：调整触点弹簧压力、排除熔焊故障更换触点、排除故障修理零件、更换反力弹簧、清理铁芯端面、退磁或换铁芯、调整位置、调整线圈电压、更换铁芯等。

(4) 触点烧伤或熔焊

可能的原因有某项触点接触不好、触点压力过小、触点表面不平有金属颗粒、操作过快或电压过大、长期过载使用、触点断开力度不够、环境温度高或散热不好、触点过载能力过小、负载侧短路触点断开容量不够大等。

解决的方法:停车检修、调整弹簧压力、清理触点表面、更换大容量接触器、更换适合的接触器、更换接触器、降低接触器容量的使用、调整或更换触点、更换大容量电器等。

(5) 吸合不上或吸合不足

可能的原因有电源电压过低或波动过大、线圈断线或配线错位以及触点接触不良、线圈的额定电压和使用条件不符、衔铁或机械可动部分卡住、触点弹簧压力过大等。

解决的方法:调高电压、更换线路、检查线路、修理控制触点、更换线圈、消除卡住点、按要求调整触点参数等。

(6) 相间短路

可能的原因有互锁的接触器接线错误、接触器操作过快发生电弧短路、尘埃或油污使绝缘损坏、零件损坏、触点竞争等。

解决的方法:检查电气连锁与机械连锁、更换动作时间长的接触器、经常清理使其保持清洁、更换零件、增加防触点竞争电路等。

(6) 通电后不能闭合

可能的原因有线圈断电或烧坏、动铁芯或机械部分被卡住、转轴生锈或歪斜、操作回路电源容量不足、弹簧压力过大等。

解决的方法:修理或更换线圈、调整零件消除卡住现象、除锈或涂润滑油以及更换零件、增加电源容量、调整弹簧压力等。

(7) 灭弧罩损坏

可能的原因是意外损坏、老化损坏等。

解决的方法只有更换灭弧罩。

模块2 其他一些常用低压电器

1. 低压开关(低压隔离器)

常见的有刀开关、组合开关、转换开关等。刀开关是一种手动配电电器,可用作电路的隔离开关、小容量电路的电源开关和小容量电动机非频繁启动的操作开关,主要用来手动接通与断开交、直流电路。

(1) 刀开关

刀开关是手动电器中结构最简单的一种,被广泛应用于各种配电设备和供电线路,一般用来作为电源的引入开关或隔离开关,也可用于小容量的三相异步电动机不频繁地启动或停止。

在电力拖动控制线路中最常用的是由刀开关和熔断器组合而成的负荷开关。

负荷开关分为开启式负荷开关和封闭式负荷开关两种。

开启式负荷开关又称为瓷底胶盖刀开关，简称闸刀开关。适用于照明、电热设备及小容量电动机控制线路中，供手动不频繁地接通和分断电路，并起短路保护作用。

刀开关常用的产品有 HD11-HD14 和 HS11-HS13 系列刀开关；HK1、HK2 系列开启式负荷开关；HH3、HH4 系列封闭式负荷开关；HR3 系列熔断器刀开关等。

刀开关按极数划分有单极、双极与三极几种；其结构由由熔丝、触刀、触点座、操作手柄和底座组成。

①刀开关的型号及含义：

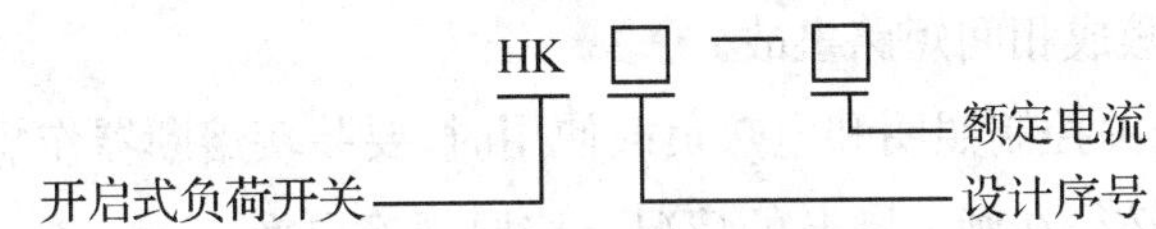

②刀开关的图形符号及文字符号如图 3-1 所示。

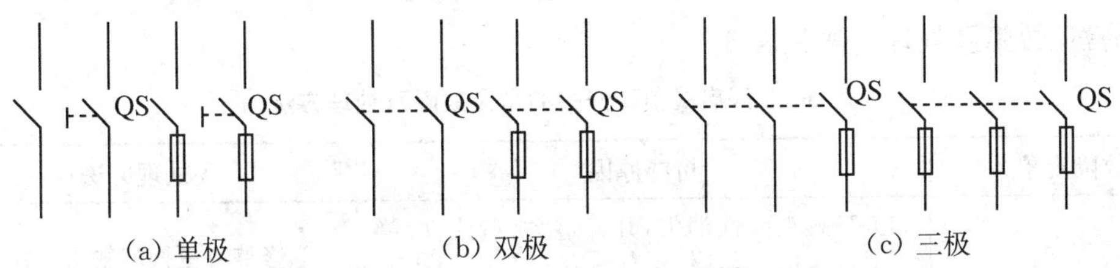

图 3-1　刀开关的图形、文字符号

③刀开关的结构与工作原理如图 3-2 所示。

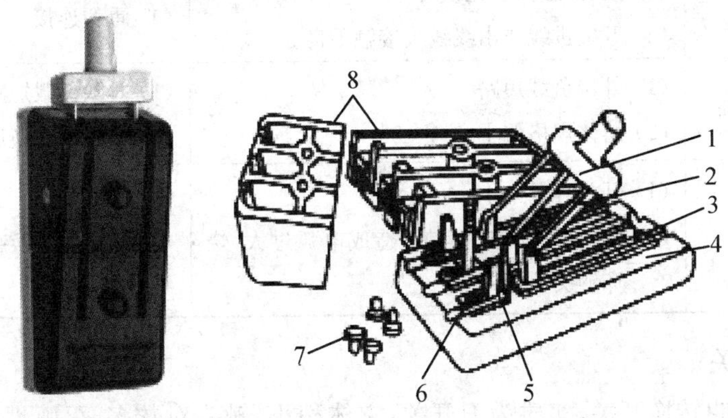

(a) 实物图　(b) 结构图

1—瓷质手柄　2—动触头　3—出线座　4—瓷底座　5—静触头　6—进线座　7—胶盖紧固螺钉　8—胶盖

图 3-2　HK 系列开启式负荷开关

④刀开关的选用

a　用于照明和电热负载时，选用额定电压 220 V 或 250 V，额定电流不小于电路所有负载额定电流之和的两极开关。

b　用于控制电动机的直接启动和停止时，选用额定电压 380 V 或 500 V，额定电流不小于电动机额定电流 3 倍的三极开关。

⑤刀开关的安装与使用

a　刀开关在安装时，手柄要向上，不得倒装或平装。只有安装正确，作用在电弧上的电动力和热空气的上升方向一致，才能促使电弧迅速拉长而熄灭。反之，两者方向相反电弧就不易熄灭，严重时会使触点及刀片烧灼，甚至造成极间短路。此外，如果倒装，手柄可能因自动下落而误动作合闸，将可能造成人身和设备的安全事故。

b　在安装使用铁壳开关时应注意安全，既不允许随意放在地上操作，也不允许面对着开关操作，以免万一发生故障，而开关又分断不下时铁壳爆炸飞出伤人。应按规定把开关垂直安装在一定高度处。开关的外壳应妥善地接地，并严格禁止在开关上方搁置金属零件，以防它们掉入开关内部酿成相间短路事故。

c　开启式负荷开关控制照明和电热负载使用时，要装接熔断器作短路和过载保护。

d　更换熔体时，必须在闸刀断开的情况下按原规格更换。

e　在分闸和合闸操作时，应动作迅速，使电弧尽快熄灭。

⑥常见故障及处理方法见表 3-1。

表 3-1　开启式负荷开关的常见故障及处理方法

故障现象	可能原因	处理方法
合闸后，开关一相或两相开路	(1) 静触头弹性消失，开口过大，造成动、静触头接触不良 (2) 熔丝熔断或虚连 (3) 动、静触头氧化或有尘污 (4) 开关进线或出线线头接触不良	(1) 修整或更换静触头 (2) 更换熔丝或紧固 (3) 清洁触头 (4) 重新连接
合闸后，熔丝熔断	(1) 外接负载短路 (2) 熔体规格偏小	(1) 排除负载短路故障 (2) 按要求更换熔体
触头烧坏	(1) 开关容量太小 (2) 拉、合闸动作过程慢，造成电弧过大，烧坏触头	(1) 更换开关 (2) 修整或更换触头，并改善操作方法

(2) 组合开关

组合开关又叫转换开关，实质为刀开关，它体积小，触头对数多，灭弧性能比刀开关好，接线方式灵活，操作方便，常用于交流 50 Hz、380 V 以下及直流 220 V 以下的电气线路中，非频繁地接通和分断电路、换接电源和负载以及控制 5 kW 以下小容量感应电动机的启动、停止和正反转。

种类有单极、双极、三极和四极等几种。

①组合开关的型号及含义

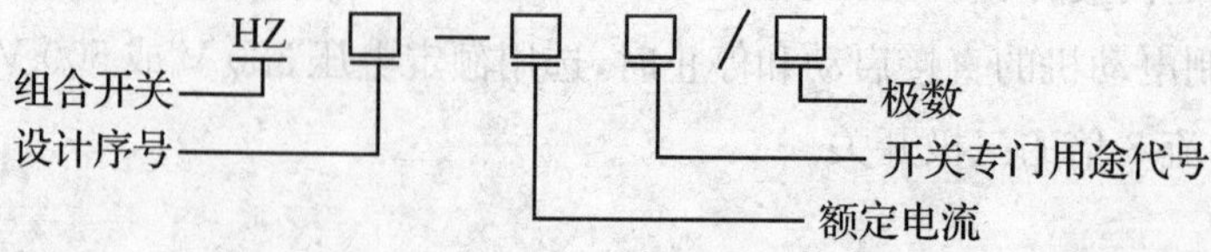

②外形、符号、内部结构，如图 3-3 所示。

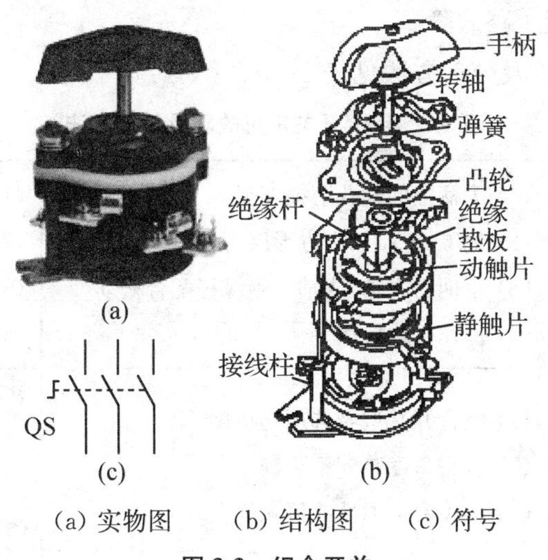

(a) 实物图　　(b) 结构图　　(c) 符号

图 3-3　组合开关

③组合开关的结构与工作原理

HZ10-10/3 的三对静触头分别装在三层绝缘垫板上，并附有接线柱，用于与电源及用电设备相接。动触头是由磷铜片(或硬紫铜片)和具有良好灭弧性能的绝缘钢纸板铆合而成，并和绝缘垫板一起套在附有手柄的方形绝缘转轴上。手柄和转轴能在平行于安装面的平面内，沿顺时针或逆时针方向每次转动 90 度。带动三个动触头分别与三对静触头接触或分离，实现接通或分断电器的目的。开关的顶盖部分是由滑板、凸轮、扭簧和手柄等构成的操作机构。由于采用了扭簧储能，可使触头快速闭合或分断，从而提高了开关的通断能力。

④组合开关的选用

组合开关应根据电源种类、电压等级、所需触头数、接线方式和负载容量进行选用。

a　用于照明或电热电路时，组合开关的额定电流应等于或大于电路中各负载电流的总和。

b　用于直接控制异步电动机的启动和正、反转时，开关的额定电流一般取电动机额定电流的 1.5～2.5 倍。

⑤组合开关的安装与使用

a　HZ10 系列组合开关应安装在控制箱(或壳体)内，其操作手柄最好在控制箱的前面或侧面。开关为断开状态时应使手柄在水平旋转位置。HZ3 系列组合开关外壳上的接地螺钉应可靠接地。

b　若需在箱内操作，开关最好装在箱内右上方，并且在它的上方不安装其他电器，否则应采取隔离或绝缘措施。

c　组合开关的通断能力较低，不能用来分断故障电流。用于控制异步电动机的正、反转时，必须在电动机完全停止转动后才能反向启动，且每小时的接通次数不能超过 15～20 次。

d　当操作频率过高或负载功率因数较低时，应降低开关的容量使用，以延长其使用寿命。

e　倒顺开关接线时，应将开关两侧进出线中的一相互换，并看清开关接线端标记，切忌接错，以免产生电源两相短路故障。

⑥组合开关常见故障及处理方法见表 3-2。

表 3-2　组合开关常见故障及处理方法

手柄转动后， 内部触头未动	(1) 手柄上的轴孔磨损变形 (2) 绝缘杆变形(由方形磨为圆形) (3) 手柄与方轴，或轴与绝缘杆配合松动 (4) 操作机构损坏	(1) 调换手柄 (2) 更换绝缘杆 (3) 紧固松动部件 (4) 修理更换
手柄转动后，动、静触头 不能按要求动作	(1) 组合开关型号选用不正确 (2) 触头角度装配不正确 (3) 触头失去弹性或接触不良	(1) 更换开关 (2) 重新装配 (3) 更换触头或清除氧化层或尘污
接线柱间短路	因铁屑或油污附着接线柱部，形成导电层，将胶木烧焦，绝缘损坏而形成短路	更换开关

(3) 自动空气开关

① 自动空气开关又叫低压断路器或自动空气断路器，又简称断路器。用于不频繁地接通和断开电路以及控制电动机的运行。

② 当电路中发生严重过载、短路及失压等故障时，能自动切断故障电路，有效地保护接在它后面的电气设备。

自动空气开关具有操作安全、安装使用方便、工作可靠、动作值可调、分断能力较高、兼顾用多种保护、动作后不需要更换组件等优点。

③ 自动空气开关按结构形式可分为塑壳式(又称装置式)、框架式(又称万能式)、限流式、直流快速式、灭磁式和漏电保护式等六类。

如图 3-4 所示为 DZ5-20 型自动空气开关。

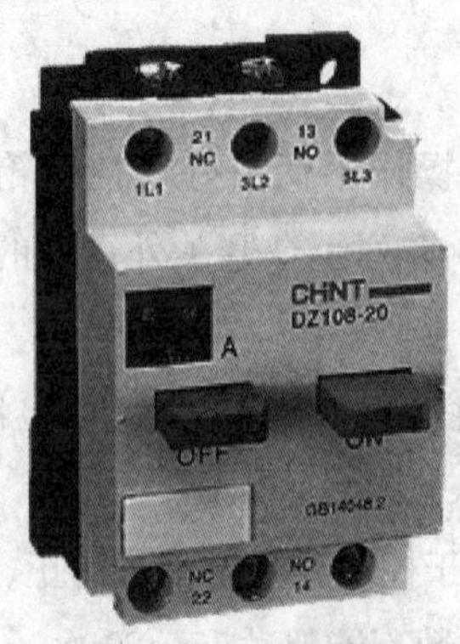

(a) DZ108-20 型实物图

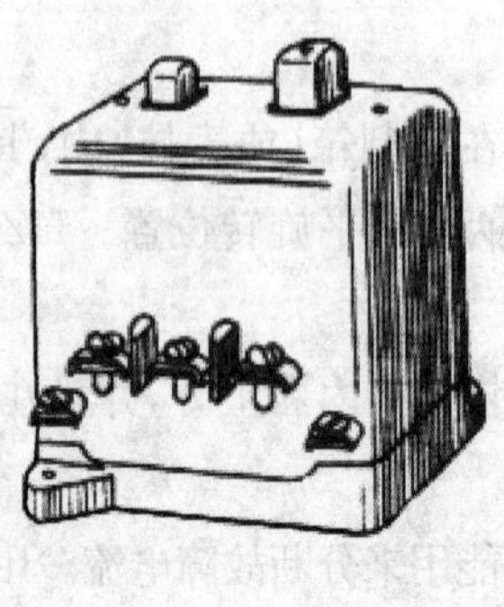

(b) DZ5-0 型外形

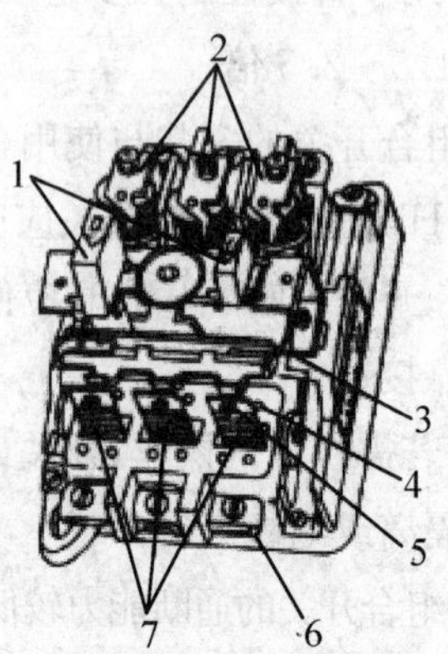

(c) DZ5-20 型结构

1—按钮　2—电磁脱扣器　3—自由脱扣器　4—动触头　5—静触头　6—接线柱　7—热脱扣器

图 3-4　DZ5-20 型自动空气开关

其型号及含义如下：

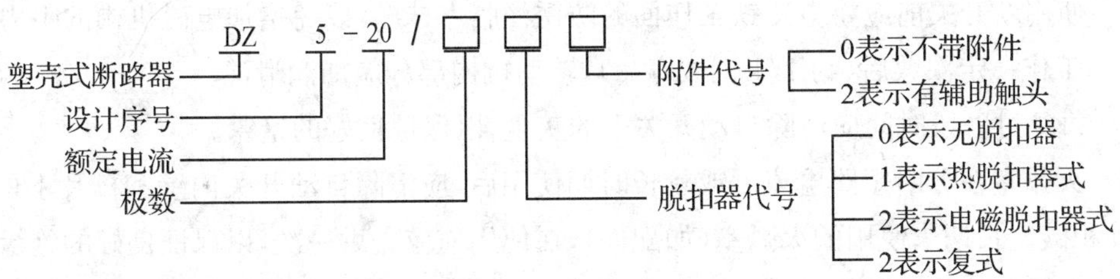

④低压断路器工作原理与符号

工作原理如图 3 - 5 所示，低压断路器在电路图中的符号如图 3-6 所示。需要手动分断电路时，按下分断按钮即可。

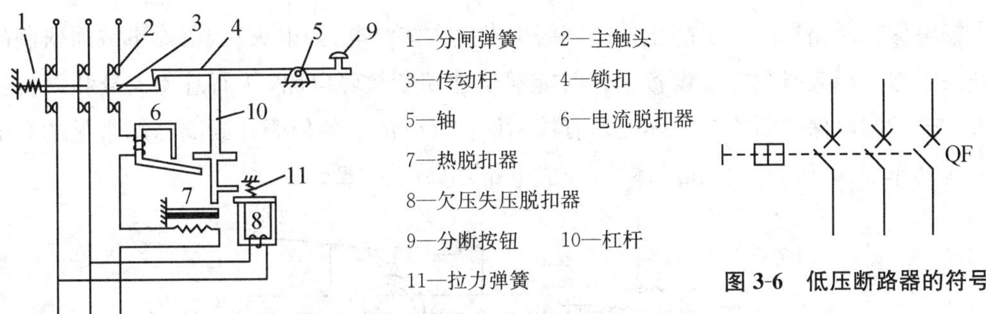

图 3-5　低压断路工作原理

图 3-6　低压断路器的符号

⑤低压断路器的一般选用原则

a　低压断路器的额定电压和额定电流应不小于线路的正常工作电压和计算负载电流。

b　热脱扣器的整定电流应等于所控制负载的额定电流。

c　电磁脱扣器的瞬时脱扣整定电流应大于负载正常工作时可能出现的峰值电流。用于控制电动机的断路器，其瞬时脱扣整定电流可按下式选取：

$$I_z \geqslant KI_{st}$$

式中，K 为安全系数，可取 1.5～1.7；I_{st} 为电动机的启动电流。

d　欠压脱扣器的额定电压应等于线路的额定电压。

e　断路器的极限通断能力应不小于电路最大短路电流。

⑥低压断路器的安装与使用

a　低压断路器应垂直于配电板安装，电源引线应接到上端，负载引线接到下端。

b　低压断路器用作电源总开关或电动机的控制开关时，在电源进线侧必须加装刀开关或熔断器等，以形成明显的断开点。

c　低压断路器在使用前应将脱扣器工作面的防锈油脂擦干净；各脱扣器动作值一经调整好，不允许随意变动，以免影响其动作值。

d　使用过程中若遇分断短路电流，应及时检查触头系统，若发现电灼烧痕，应及时修理或更换。

e　断路器上的积尘应定期清除，并定期检查各脱扣器动作值，给操作机构添加润滑剂。

⑦断路器的维护

a　使用新开关前应将电磁铁工作面的防锈油脂木抹净，以免增加电磁机构的阻力。

b　工作一定次数后（约 1/4 机械寿命），转动机构部分应加润滑油。

c　每经过一段时间应清除自动开关上的灰尘，以保护良好的绝缘。

d　灭弧室在分断短路电流后或较长时期使用后，应清除自动开关内壁和栅片上的金属颗粒和积碳。长期未使用的灭弧室（如配件），在使用前应先烘一次，以保证良好的绝缘。

e　自动开关的触点在使用一定次数后，如表面发现毛刺、颗粒等，应当修整，以保证良好的接触。当触点被磨损至原来厚度的 1/3 时，应考虑更换触点。

f　定期检查各脱扣器的电流整定值和延时以及动作情况。

⑧漏电保护断路器

漏电保护断路器是为了防止低压网络中发生人体触电、漏电火灾、爆炸事故而研制的一种开关电器。当人身触电或设备漏电时能够迅速切断故障电路，从而避免人身和设备受到危害。这种漏电保护断路器实际上是有检漏保护元件的塑料外壳式断路器。常见的有电磁式电流动作型、电压动作型和晶体管（集成电路）电流动作型。

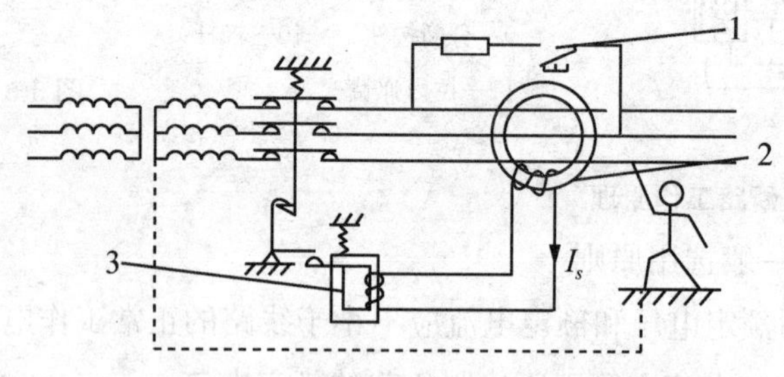

1—试验按钮　2—零序电流互感器　3—漏电脱扣器

图 3-7　电磁式电流动作型漏电保护断路器

电磁式电流动作型漏电保护断路器原理如图 3-7 所示。其结构是在一般的塑料外壳式断路器中增加一个能检测漏电流的感受元件（零序电流互感器）和漏电流脱扣器。主电路的三相导线一起穿过零序电流互感器的环形铁芯，零序电流互感器的输出端和漏电脱扣线圈相接，漏电脱口器的衔铁借永久磁铁的磁力被吸住，拉紧了释放弹簧。当电路正常工作时，零序电流互感器二次绕组无输出信号，漏电保护断路器不动作。当电路发生漏电和触电事故时，漏电或触电电流通过大地回到变压器的中性点，因而三相电流的三相电流相量和不为零，零序电流互感器的二次绕组中产生感应电流，只要此电流值达到漏电流保护断路器的动作值，漏电脱扣器释放弹簧的反力就会使衔铁释放，在脱扣器的冲击下，漏电保护器断开主电路。漏电保护断路器额定漏电动作电流为 30～100 mA，从零序电流互感器检测到漏电信号从而切断故障的全部动作时间一般在 0.1 s 内，能有效地起到漏电保护的作用。

⑨低压断路器的常见故障及处理见表3-3。

表3-3　低压断路器的常见故障及处理方法

故障现象	故障原因	处理方法
不能合闸	(1) 欠压脱扣器无电压或线圈损坏 (2) 储能弹簧变形 (3) 反作用弹簧力过大 (4) 机构不能复位再扣	(1) 检查施加电压或更换线圈 (2) 更换储能弹簧 (3) 重新调整 (4) 调整再扣接触面至规定值
电流达到整定值，断路器不动作	(1) 热脱扣器双金属片损坏 (2) 电磁脱扣器的衔铁与铁芯距离太大或电磁线圈损坏 (3) 主触头熔焊	(1) 更换双金属片 (2) 调整衔铁与铁芯距离或更换断路器 (3) 检查原因并更换主触头
启动电动机时断路器立即分断	(1) 电磁脱扣器瞬动整定值过小 (2) 电磁脱扣器某些零件损坏	(1) 调高整定值至规定值 (2) 更换脱扣器
断路器闭合后经一定时间自行分断	热脱扣器整定值过小	调高整定值至规定值
断路器温升过高	(1) 触头压力过小 (2) 触头表面过分磨损或连接不良 (3) 两个导电零件连接螺钉松动	(1) 调整触头压力或更换弹簧 (2) 更换触头或修整接触面 (3) 重新拧紧

2. 按钮

按钮是用人力操作，具有储能(弹簧)复位的主令电器。它的结构虽然简单，却是应用很广泛的一种电器，主要用于远距离操作接触器、继电器等电磁装置，以切换自动控制电路。

按钮的触头允许通过的电流较小，一般不超过5 A，因此一般情况下它不直接控制主电路的通断，而是在控制电路中发出指令或信号去控制接触器、继电器等电器，再由它们去控制主电路的通断、功能转换或电气联锁。

(1) 按钮的型号及含义

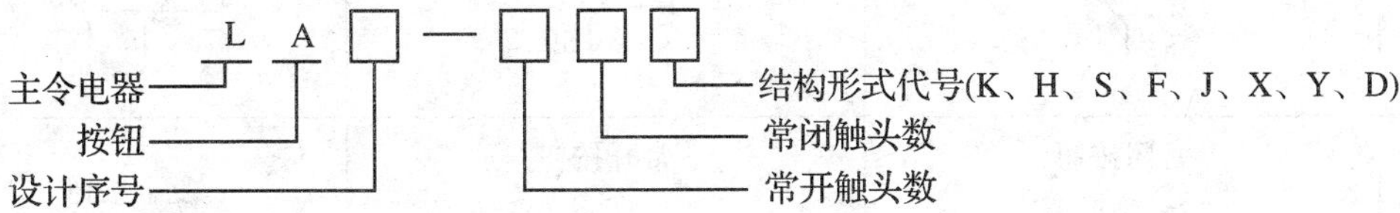

其中结构形式代号的含义为：

K—开启式，适用于嵌装在操作面板上；

H—保护式，带保护外壳，可防止内部零件受机械损伤或人偶然触及带电部分；

S—防水式，具有密封外壳，可防止雨水侵入；

F—防腐式，能防止腐蚀性气体进入；

J—紧急式，带有红色大蘑菇钮头(突出在外)，作紧急切断电源用；

X—旋钮式，用旋钮旋转进行操作，有通和断两个位置；

Y—钥匙操作式，用钥匙插入进行操作，可防止误操作或供专人操作；

D—光标按钮，按钮内装有信号灯，兼作信号指示。

（2）按钮的外形及结构

①按钮的外形如图 3-8 所示。

②按钮一般由按钮帽、复位弹簧、桥式动触头、静触头、支柱连杆及外壳等部分组成，如图 3-9 所示。

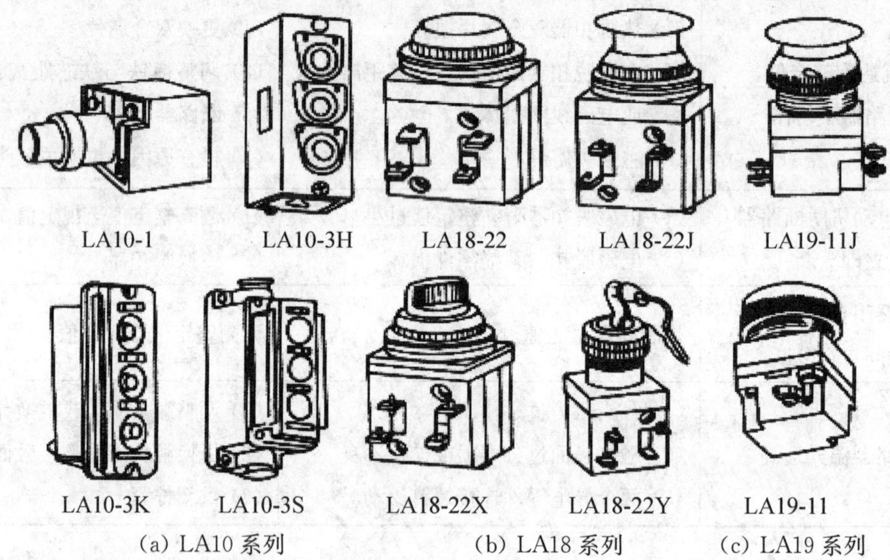

（a）LA10 系列　（b）LA18 系列　（c）LA19 系列

图 3-8　部分按钮的外形

结构	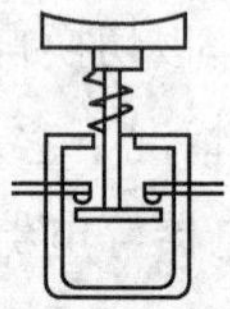	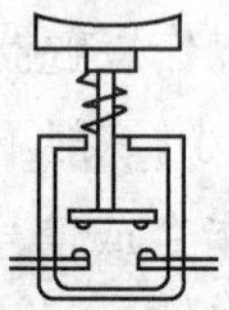	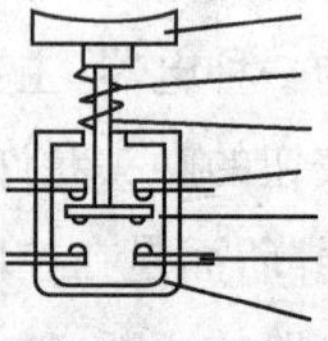 1 2 3 4 5 6 7
符号	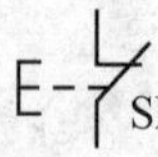 E-SB	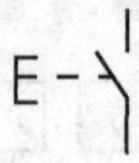 E-SB	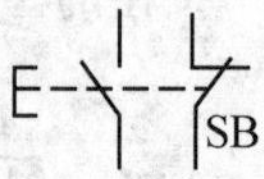 E-SB
名称	常闭按钮 （停止按钮）	常开按钮 （启动按钮）	复合按钮

1—钮帽　2—复位弹簧　3—支柱连杆　4—常闭静触头　5—桥式动触头　6—常开静触头　7—外壳

图 3-9　按钮的结构与符号

③按钮按静态（不受外力作用）时触头的分合状态，可分为常开按钮（启动按钮）、常闭按钮（停止按钮）和复合按钮（常开、常闭组合为一体的按钮）。

④常开按钮：未按下时，触头是断开的；按下时触头闭合；当松开后，按钮自动复位。

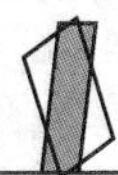

⑤常闭按钮：与常开按钮相反，未按下时，触头是闭合的；按下时触头断开；当松开后，按钮自动复位。

⑥复合按钮：将常开和常闭按钮组合为一体。按下复合按钮时，其常闭触头先断开，然后常开触头再闭合；而松开时，常开触头先断开，然后常闭触头再闭合。

(3) 按钮的区分

为了便于操作人员识别，避免发生误操作，生产中用不同的颜色和符号标志来区分按钮的功能及作用。按钮颜色的含义见表3-4。

表3-4　按钮颜色的含义

<table>
<tr><th>颜色</th><th>含义</th><th>说明</th><th>应用示例</th></tr>
<tr><td>红</td><td>紧急</td><td>危险或紧急情况时操作</td><td>急停</td></tr>
<tr><td>黄</td><td>异常</td><td>异常情况时操作</td><td>干预、制止异常情况
干预、重新启动中断了的自动循环</td></tr>
<tr><td>绿</td><td>安全</td><td>安全情况或为正常情况准备时操作</td><td>启动/接通</td></tr>
<tr><td>蓝</td><td>强制性的</td><td>要求强制动作情况下的操作</td><td>复位功能</td></tr>
<tr><td>白</td><td rowspan="3">未赋予特定含义</td><td rowspan="3">除急停以外的一般功能的启动</td><td>启动/接通(优先)
停止/断开</td></tr>
<tr><td>灰</td><td>启动/接通
停止/断开</td></tr>
<tr><td>黑</td><td>启动/接通
停止/断开(优先)</td></tr>
</table>

(4) 按钮的选择

①根据使用场合和具体用途选择按钮的种类

例如：嵌装在操作面板上的按钮可选用开启式；需显示工作状态的选用光标式；在非常重要处，为防止无关人员误操作宜用钥匙操作式；在有腐蚀性气体处要用防腐式。

②根据工作状态指示和工作情况要求，选择按钮或指示灯的颜色。例如：启动按钮可选用白、灰或黑色，优先选用白色，也允许选用绿色。急停按钮应选用红色。停止按钮可选用黑、灰或白色，优先用黑色，也允许选用红色。

③根据控制回路的需要选择按钮的数量，如单联钮、双联钮和三联钮等。

(5) 按钮的安装与使用

①按钮安装在面板上时，应布置整齐，排列合理，如根据电动机启动的先后顺序，从上到下或从左到右排列。

②同一机床运动部件有几种不同的工作状态时(如上、下、前、后、松、紧等)，应使每一对相反状态的按钮安装在一组。

③按钮的安装应牢固，安装按钮的金属板或金属按钮盒必须可靠接地。

④由于按钮的触头间距较小，如有油污等极易发生短路故障，所以应注意保持触头间的

清洁。

⑤光标按钮一般不宜用于需长期通电显示处，以免塑料外壳过度受热而变形，使更换灯泡困难。

(6) 按钮的常见故障及处理方法

表 3-5 按钮的常见故障及处理方法

故障现象	可能的原因	处理方法
触头接触不良	(1) 触头烧损 (2) 触头表面有尘垢 (3) 触头弹簧失效	(1) 修整触头或更换产品 (2) 清洁触头表面 (3) 重绕弹簧或更换产品
触头间短路	(1) 塑料受热变形，导致接线螺钉相碰短路 (2) 杂物或油污在触头间形成通路	(1) 更换产品，并查明发热原因，如灯泡发热所致，可降低电压 (2) 清洁按钮内部

3. 熔断器

熔断器广泛用于低压配电线路和电气设备中，主要起短路保护和严重过载保护的作用。它具有结构简单、使用维护方便、价格低廉、可靠性高等特点，是低压配电线路中的重要保护元件之一。熔断器的种类较多，常用的熔断器有瓷插式、螺旋式。

(1) 熔断器的结构

熔断器主要由熔体(俗称保险丝)、安装熔体的熔管和熔座三部分组成。在电路中用作短路保护。其中熔体是主要部分，它既是感测部分又是执行部分，是由低熔点的金属材料(如铅、锡、锌、铜、银及其合金等)制成的，串接于被保护的电路中。熔座是熔断器的底座，作用是固定熔管和外接引线。

(2) 熔断器的类型

当熔体采用低熔点的金属材料(如铅、锡、铅锡合金及锌)时，熔化时所需热量少，有利于过载保护；但它们的电阻系数较大，熔体截面积较大，熔断时产生的金属蒸气较多，不利于熄弧，故分断能力较低。像容量较小的照明电路和电动机的熔断器，一般是考虑它们的过载保护，宜采用这种类型的熔断器，如铅锌合金的 RC1A 系列熔断器。

当熔体采用高熔点的金属材料(如铝、铜和银)时，熔化时所需热量大，不利于过载保护，而且可能使熔断器过热；但它们的电阻系数低，熔体截面积较小，有利于熄弧，故分断能力较强。像大容量的照明电路和电动机，除过载保护外，还应考虑短路时的分断短路电流能力。若短路电流较大时，应选择熔体熔点较高、分断能力强的熔断器，其结构如图 3-10 所示。

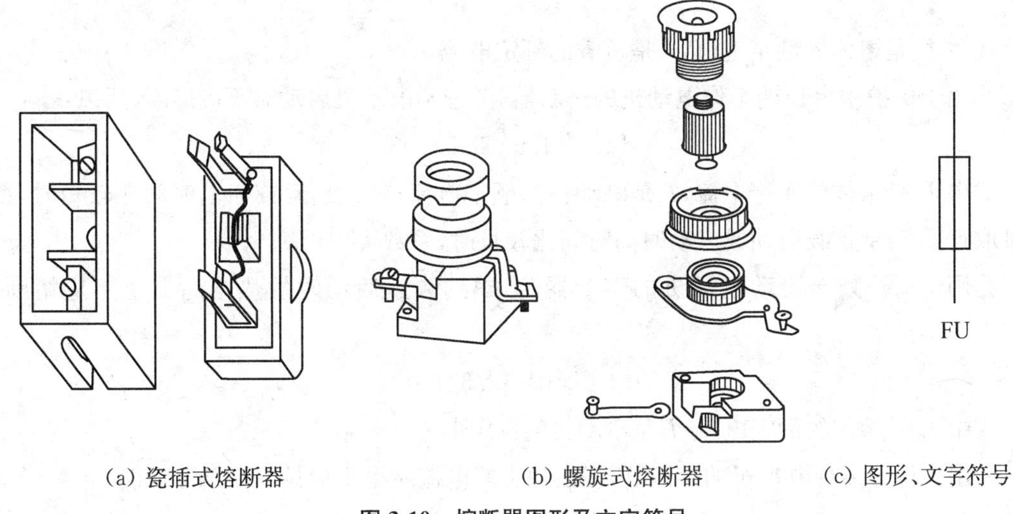

图 3-10　熔断器图形及文字符号

(3) 熔断器的保护特性曲线(安秒特性曲线)

如图 3-11,主要表现为反时限性即电流与动作的时间成反比。

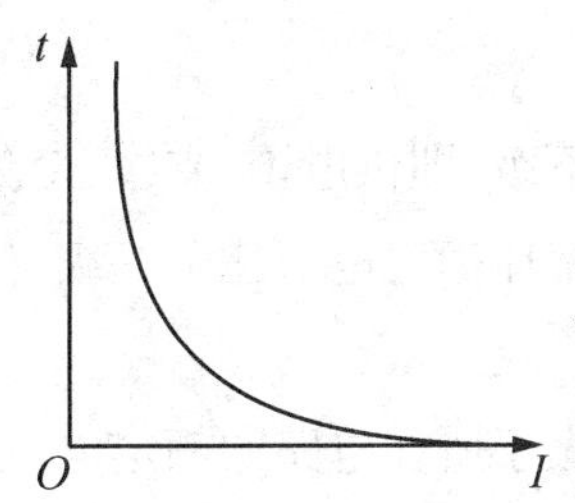

图 3-11　熔断器的保护特性曲线

(4) 型号的意义

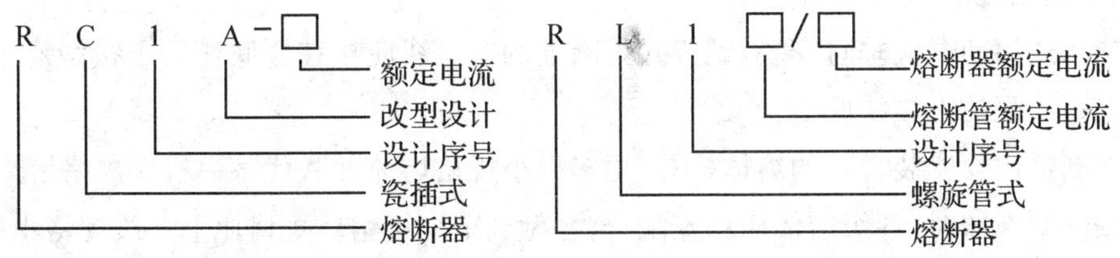

(5) 熔断器的主要参数

额定电压(熔断器长期工作和分断后能够承受的电压)、额定电流(熔断器长期工作时,设备部件温升不超过规定值时所能承受的电流)和极限分断能力(反应了熔断器分断短路电流的能力)。

熔断器的选择主要是选择熔断器的类型、额定电压、熔断器额定电流和熔体额定电流等。

(6) 熔断器的选用

熔体额定电流的选择:

①用于保护照明或电热设备的熔断器,因为负载电流比较稳定,所以:

$$I_{re} \geqslant I_e$$

式中 I_{re}是熔体的额定电流，I_e是负载的额定电流。

②用于保护单台长期工作电动机的熔断器，考虑到电动机启动时不应熔断，所以：

$$I_{re} \geqslant (1.5 \sim 2.5) I_e$$

式中 I_{re}是熔体的额定电流，I_e是电动机的额定电流；轻载启动或启动时间比较短时，系数可取近 1.5，带重载启动或启动时间时间比较长时，系数可取近 2.5。

③用于保护频繁启动电动机的熔断器，考虑到频繁启动时发热熔断器也不应熔断，所以：

$$I_{re} \geqslant (3 \sim 3.5) I_e$$

式中 I_{re}是熔体的额定电流，I_e是电动机的额定电流。

④用于保护多台电动机的熔断器，在出现尖峰电流时也不应熔断。通常，将其中容量最大的一台电动机启动，而其余电动机正常运行时出现的电流作为尖峰电流，所以：

$$I_{re} \geqslant (1.5 \sim 2.5) I_{emax} + \sum I_e$$

式中，I_{emax}为多台电动机中容量最大的一台电动机额定电流，$\sum I_e$为其余电动机额定电流之和。

⑤为防止发生越级熔断，上、下级（即供电干、支线）熔断器间应有良好的协调配合，为此应使上一级（供电干线）熔断器的熔体额定电流比下一级（供电支线）大 1 ～2 个级差。

熔断器额定电压的选择：

熔断器的额定电压应等于或大于所在电路的额定电压。

(7) 熔断器的安装与使用

①熔断器应完整无损，安装时应保证熔体的夹头以及夹头和夹座接触良好。并且有额定电压、额定电流值标志。

②插入式熔断器应垂直安装，螺旋式熔断器的电源线应接在瓷底座的下接线座上，负载线应接在螺纹壳的上接线座上。

③熔断器内要安装合格的熔体，不能用多根小规格熔体并联代替一根大规格熔体。

④安装熔断器时，各级熔体应相互配合，并做到下一级熔体规格比上一级规格小。

⑤安装熔丝时，熔丝应在螺栓上沿顺时针方向缠绕，压在垫圈下，拧紧螺钉的力应适当，以保证接触良好，同时注意不能损伤熔丝，以免减小熔体的截面积，产生局部发热而导致误动作。

⑥更换熔体或熔管时，必须切断电源。尤其不允许带负荷操作，以免发生电弧灼伤。

⑦对 RM10 系列熔断器，在切断过三次相当于分断能力的电流后，必须更换熔断管，以保证能可靠地切断所规定分断能力的电流。

⑧熔断器兼作隔离器件使用时应安装在控制开关的电源进线端；若仅作短路保护用，应安装在控制开关的出线端。

(8) 熔断器的常见故障及处理方法

表 3-6　熔断器的常见故障及处理方法

故障现象	可能原因	处理方法
电路接通瞬间、熔体熔断	熔体电流等级选择过小	更换熔体
	负载侧短路或接地	排除负载故障
	熔体安装时受机械损伤	更换熔体
熔体未见熔断，但电路不通	熔体或接线座接触不良	重新连接

模块 3　电气控制线路图的绘制原则及识图方法

电气控制系统图一般有三种。电路图（又称电气原理图）、电气安装接线图、电气元件布置图。电气控制系统图是由许多电气元件按一定要求连接而成的。为了表达生产机械电气控制系统的结构、原理等设计示意图，同时也为了便于电气系统的安装、调整、使用和维修，需要将电气控制系统中各电气元件的连接用一定的图形表达出来，这种图形就是电气控制系统图。

国家标准局参照国际电工委员会（IEC）颁布的有关文件，制定了我国电气设备的有关国家标准，如：

GB/T 6988-1986《电气制图》

GB 5094-85《电气技术中的项目代号》

GB/T 4728-1999～2005《电气简图用图形符号》

GB/T 7159-1987《电气技术中文字符号制定通则》

电气图示符号有图形符号、文字符号及回路标记等。

1. 图形符号

图形符号是绘制各类电气图的依据，是电气技术的工程语言。一个电气系统或者一种电气装置通常是由多种电气元件组成的，在主要以简图形式表达的电气控制线路图中，常常将各种电气元件的外形结构用一种简单的符号来表示，这种符号就叫做电气元件的图形符号。

2. 文字符号

在同一个系统或者同一个电气控制线路图上有可能出现同一种电气元件，所起的作用不同，但是图形符号又完全相同，如两个接触器。这时候仅仅根据图形符号不能区分电气元件，因此必须在该图形符号旁边标注不同的文字符号，以区别其名称、功能、状态、特征以及安装位置等。这样图形符号和文字符号相结合，就能使人们明白相同的电气元件所起的不同作用。

3. 电气控制线路图及其绘制原则

(1) 电气原理图

电气原理图是根据生产机械运动形式对电气控制系统的要求，采用国家统一规定的电气图形符号和文字符号，按照电气设备和电器的工作顺序，详细表示电路、设备或成套装置的全部基本组成和连接关系，而不考虑其实际位置的一种简图。

电气原理图也简称电路图。通过电路图，可详细地了解电路设备电气控制系统的组成和工作原理，并可在测试和寻找故障时提供足够的信息，同时电路图也是编制接线图的重要依据。

电气原理图一般包括主电路、控制电路以及辅助电路。主电路是设备的驱动电路，一般是指从电源到电机等大负载的电流所通过的路径，一般用粗黑线绘制，绘制在整张图的左边或上边；控制电路是指由继电器和接触器线圈、继电器的触点、接触器的辅助触点、按钮以及其他控制电器等电气元件组成的逻辑电路，能够实现所要求的各种控制功能；辅助电路一般包括照明电路、报警电路、信号电路以及保护电路等。一般控制电路和辅助电路用细实线绘制，一般绘制在整张图的右边或下边。

原理图是根据电路工作原理绘制的，在绘制原理图时，一般应遵循下列规则：

①电气控制电路原理图按所规定的图形符号、文字符号和回路标号进行绘制。

②电源电路画成水平线，三相交流电源相序 L1、L2、L3 自上而下依次画出，中线 N 和保护地线 PE 依次画在相线之下。直流电源的“＋”端画在上边，“－”端画在下边。电源开关要水平画出。

③主电路是指受电的动力装置及控制、保护电器的支路等，它是由主熔断器、接触器的主触头、热继电器的热元件以及电动机等组成。主电路通过的电流是电动机的工作电流，电流较大。主电路图要画在电路图的左侧并垂直于电源电路。

④辅助电路一般包括控制主电路工作状态的控制电路；显示主电路工作状态的指示电路；提供机床设备局部照明的照明电路等。它是由主令电器的触头、接触器线圈及辅助触头、继电器线圈及触头、指示灯和照明灯等组成。辅助电路通过的电流都较小，一般不超过 5 A。画辅助电路图时，辅助电路要跨接在两相电源线之间，一般按照控制电路、指示电路和照明电路的顺序依次垂直画在主电路图的右侧，且电路中与下边电源线相连的耗能元件(如接触器继电器的线圈、指示灯、照明灯等)要画在电路图的下方，而电器的触头要画在耗能元件与上边电源线之间。为读图方便，一般应按照自左至右、自上而下的排列来表示操作顺序。

⑤所有电路元件的图形符号，均按电器未接通电源和没有受外力作用时的状态绘制。促使触点动作的外力方向必须是：当图形垂直放置时为从左向右，即在垂线左侧的触点为常开触点，在垂线右侧的触点为常闭触点；当图形水平放置时为从上向下，即水平线下方的触点为常开触点，在水平线上方的触点为常闭触点。各电路元件采用平行展开画法，但同一电器的各元件采用同一文字符号标明。

⑥在原理图中的导线连接点均用小圆圈或黑圆点表示。

⑦在原理图上方将图分成若干图区，并标明该区电路的用途与作用；在继电器、接触器线圈下方列有触点表以说明线圈和触点的从属关系。

⑧电气控制电路原理图的全部电机、电气元件的型号、文字符号、用途、数量、额定技术数据，均应填写在元器件明细表内。

(2) 电气元件布置图

布置图是根据电气元件在控制板上的实际安装位置，采用简化的外形符号(如正方形、矩形、圆形等)绘制的一种简图。它不表达各电器的具体结构、作用、接线情况以及工作原理，主要用于电气元件的布置和安装。图中各电器的文字符号必须与电气原理图和电气安装接线图的标注相一致。

电气元件布置图详细绘制出电气设备零件安装位置。

绘制、识读电气元件布置图应遵循以下原则：

①在电气元件布置图中，机床的轮廓线用细实线或点画线表示，电气元件均用粗实线绘制出简单的外形轮廓。

②在电气元件布置图中，电动机要和被拖动的机械装置画在一起；行程开关应画在获取信息的地方；操作手柄应画在便于操作的地方。

③在电气元件布置图中，各电气元件之间，上、下、左、右应保持一定的间距，并且应考虑器件的发热和散热因素，应便于布线、接线和检修。

在实际中，电气原理图、电器安装接线图和电气元件布置图要结合起来使用。

(3) 电气安装接线图

用规定的图形符号，按各电气元件相对位置绘制的实际接线图叫安装接线图。安装接线图是实际接线安装的依据和准则。它清楚地表示了各电气元件的相对位置和它们之间的电气连接，所以安装接线图不仅要把同一个电器的各个部件画在一起，而且各个部件的布置要尽可能符合这个电器的实际情况，但对尺寸和比例没有严格要求。各电气元件的图形符号、文字符号和回路标记均应以原理图为准，并保持一致，以便查对。

不是在同一控制箱内和不是同一块配电屏上的各电气元件之间的导线连接，必须通过接线端子进行；同一控制箱内各电气元件之间的接线可以直接相连。

在安装接线图中，分支导线应在各电气元件接线端上引出，而不允许在导线两端以外的地方连接，且接线端上只允许引出两根导线。安装接线图上所表示的电气连接，一般并不表示实际走线途径，施工时由操作者根据经验选择最佳走线方式。

安装接线图上应该详细地标明导线及所穿管子的型号、规格等。

安装接线图要求准确、清晰，以便于施工和维护。如图 2-12 所示为 CW6132 型车床的电气控制系统接线图。

绘制、识读电气安装接线图应遵循以下原则：

①接线图中一般示出如下内容：电气设备和电气元件的相对位置、文字符号、端子号、导线号、导线类型、导线截面积、屏蔽和导线绞合等。

②所有的电气设备和电气元件都按其所在的实际位置绘制在图纸上，且同一电器的各元件根据其实际结构，使用与电气原理图相同的图形符号画在一起，并用点画线框上，其文字符号以及接线端子的编号应与电路图中的标注一致，以便对照检查接线。

③接线图中的导线有单根导线、导线组(或线扎)、电缆等之分,可用连续线和中断线来表示。凡导线走向相同的可以合并,用线束来表示,到达接线端子板或电气元件的连接点时再分别画出。在用线束来表示导线组、电缆等时可用加粗的线条表示,在不引起误解的情况下也可采用部分加粗。另外,导线及管子的型号、根数和规格应标注清楚。

模块4　电动机控制线路安装步骤和方法

安装电动机控制线路时,必须按照有关技术文件执行。并应适应安装环境的需要。电动机的控制线路包含电动机的启动、制动、反转和调速等,大部分控制线路采用各种有触点的电器,如接触器、继电器按钮等。控制线路可以比较简单,也可以相当复杂。但是,任何复杂的控制线路总是由一些比较简单的环节有机地组合起来的。因此,不同复杂程度的控制线路在安装时所需技术文件的内容也不同。对于简单的电气设备,一般可把有关资料归在一个技术文件里(如原理图),但该文件应能表示电气设备的全部器件,并能实施电气设备和电网的连接。

电动机控制线路安装步骤和方法如下:

1. 按元件明细表配齐电气元件,并进行检验

所有电气控制器件,至少应具有制造厂的名称或商标、型号或索引号、工作电压性质和数值等标志。若工作电压标志在操作线圈上,则应使装在器件上的线圈标志清晰可见。

2. 安装控制箱(柜或板)

控制板的尺寸应根据电器的安排情况决定。

(1) 电器的安排

尽可能组装在一起,使其成为一台或几台控制装置。只有那些必须安装在特定位置上的器件,如按钮、手动控制开关、位置传感器、离合器、电动机等,才允许分散安装在指定的位置上。

安放发热元件时,必须使箱内所有元件的温升保持在它们的容许极限内。对发热很大的元件,如电动机的启动、制动电阻等,必须隔开安装,必要时可采用风冷。

(2) 可接近性

所有电器必须安装在便于更换、检测方便的地方。

为了便于维修和调整,箱内电气元件的部位必须位于离地0.4～2 m之间。所有接线端子必须位于离地0.2 m处,以便于装拆导线。

(3) 间隔和爬电距离

安排器件必须符合规定的间隔和爬电距离,并应考虑有关的维修条件。

控制箱中的裸露、无电弧的带电零件与控制箱导体壁板间的间隙为:对于250 V以下的电压,间隙应不小于15 mm;对于250～500 V的电压,间隙应不小于25 mm。

(4) 控制箱内的电器安排

除必须符合上述有关要求外,还应做到:

①除了手动控制开关、信号灯和测量仪器外,门上不要安装任何器件。

②由电源电压直接供电的电器最好装在一起,使其与只由控制电压供电的电器分开。

③电源开关最好装在箱内右上方,其操作手柄应装在控制箱前面和侧面。电源开关上方最好不安装其他电器,否则,应把电源开关用绝缘材料盖住,以防电击。

④箱内电器(如接触器、继电器等)应按原理图上的编号顺序,牢固安装在控制箱(板)上,并在醒目处贴上各元件相应的文字符号。

⑤控制箱内电器安装板的大小必须能自由通过控制箱和壁的门,以便装卸。

3. 布线

(1) 选用导线

导线的选用要求如下:

①**导线的类型** 硬线只能用在固定安装于不动部件之间,且导线的截面积应小于 0.5 mm^2。若在有可能出现振动的场合或导线的截面积大于等于 0.5 mm^2 时,必须采用软线。

电源开关的负载侧可采用裸导线,但必须是直径大于 3 mm 的圆导线或者是厚度大于 2 mm的扁导线,并应有预防直接接触的保护措施(如绝缘、间距、屏护等)。

②**导线的绝缘** 导线必须绝缘良好,并应具有抗化学腐蚀的能力。在特殊条件下工作的导线,必须同时满足使用条件的要求。

③**导线的截面积** 在必须承受正常条件下流过的最大稳定电流的同时,还应考虑到线路允许的电压降、导线的机械强度和熔断器相配合。

(2) 敷设方法

所有导线从一个端子到另一个端子的走线必须是连续的,中间不得有接头。有接头的地方应加接线盒。接线盒的位置应便于安装与检修,而且必须加盖,盒内导线必须留有足够的长度,以便于拆线和接线。

敷线时,对明露导线必须做到平直、整齐、走线合理等要求。

(3) 接线方法

所有导线的连接必须牢固,不得松动。在任何情况下,连接器件必须与连接的导线截面积和材料性质相适应。

导线与端子的接线,一般一个端子只连接一根导线。有些端子不适合连接软导线时,可在导线端头上采用针形、叉形等冷压接线头。如果采用专门设计的端子,可以连接两根或多根导线,但导线的连接方式必须是工艺上成熟的各种方式。如:夹紧、压接、焊接、绕接等。这些连接工艺应严格按照工序要求进行。

导线的接头除必须采用焊接方法外,所有导线应当采用冷压接线头。如果电气设备在正常运行期间承受很大振动,则不许采用焊接的接头。

(4) 导线的标志

①导线的颜色标志。保护导线(PE)必须采用黄绿双色;动力电路的中线(N)和中间线(M)必须是浅蓝色;交流或直流动力电路应采用黑色;交流控制电路采用红色;直流控制电路采用蓝色;用作控制电路联锁的导线,如果是与外边控制电路连接,而且当电源开关断开仍带电时,应采用橘黄色或黄色;与保护导线连接的电路采用白色。

②导线的线号标志。导线线号的标志应与原理图和接线图相符合。在每一根连接导线的线头上必须套上标有线号的套管,位置应接近端子处。线号的编制方法如下:

主电路中各支路的线号,应从上至下、从左至右,每经过一个电气元件的线桩后,编号要递增,单台三相交流电动机(或设备)的三根引出线按相序依次编号为U、V、W(或用U1、V1、W1表示),多台电动机引出线的编号,为了不致引起误解和混淆,可在字母前冠以数字来区别,如1U、1 V、1W,2U、2 V、2W……在不产生矛盾的情况下,字母后应尽可能避免采用双数字,如单台电动机的引出线采用U、V、W的线号标志时,三相电源开关后的出线编号可为U1、V1、W1。当电路编号与电动机线端标志相同时,应三相同时跳过一个编号来避免重复。

控制电路与照明、指示电路。应从上至下、从左至右,逐行用数字来依次编号,每经过一个电气元件的接线端子,编号要依次递增。编号的起始数字,除控制电路必须从阿拉伯数字1开始外,其他辅助电路依次递增100作起始数字,如照明电路编号从101开始;信号电路编号从201开始等。

(5) 配线方法和要求

①控制箱(板)内部配线方法。一般采用能从正面修改配线的方法,如板前线槽配线或板前明线配线,较少采用板后配线的方法。

采用线槽配线时,线槽装线不要超过容积的70%,以便安装和维修。线槽外部的配线,对装在可拆卸门上的电器接线必须采用互连端子板或连接器,它们必须牢固固定在框架、控制箱或门上。从外部控制、信号电路进入控制箱内的导线超过10根,必须接到端子板或连接器件的过渡,但动力电路和测量电路的导线可以直接接到电器的端子上。

②控制箱(板)外部配线方法。除有适当保护的电缆外,全部配线必须一律装在导线通道内,使导线有适当的机械保护,防止液体、铁 和灰尘的侵入。

③对导线通道的要求。导线通道应留有余量,允许以后增加导线。导线通道必须固定可靠,内部不得有锐边和远离设备的运动部件。

导线通道采用钢管,壁厚应不小于1 mm,如用其他材料,壁厚必须有等效壁厚为1 mm钢管的强度。若用金属软管时,必须有适当的保护。当利用设备底座作导线通道时,无需再加预防措施,但必须能防止液体、铁和灰尘的侵入。

④通道内导线的要求。移动部件或可调整部件上的导线必须用软线。运动的导线必须支承牢固,使得在接线点上不致产生机械拉力,又不出现急剧的弯曲。

不同电路的导线可以穿在同一线管内,或处于同一个电缆之中。如果它们的工作电压不同,则所用导线的绝缘等级必须满足其中最高一级电压的要求。

为了便于修改和维修，凡安装在同一机械防护通道内的导线束，需要提供备用导线的根数为：当同一管中相同截面积导线的根数在3～10根时，应有1根备用导线，以后每递增1～10根增加1根。

4. 连接保护电路

电气设备的所有裸露导体零件（包括电动机、机座等），必须接到保护接地专用端子上。

(1) 连续性。保护电路的连续性必须用保护导线或机床结构上的导体可靠结合来保证。

为了确保保护电路的连续性，保护导线的连接件不得作任何别的机械紧固用，不得由于任何原因将保护电路拆断，不得利用金属软管作保护导线。

(2) 可靠性。保护电路中严禁用开关和熔断器。除采用特低安全电压电路外，在接上电源电路前必须先接通保护电路；在断开电源电路后才断开保护电路。

(3) 明显性。保护电路连接处应采用焊接或压接等可靠方法，连接处要便于检查。

5. 检查电气元件

安装接线前应对所使用的电气元件逐个进行检查，避免电气元件故障与线路错接、漏接造成故障混在一起。对电气元件的检查主要包括以下几个方面：

(1) 电气元件外观是否清洁、完整；外壳有无碎裂；零部件是否齐全、有效；各接线端子及紧固件有无缺失、生锈等现象。

(2) 电气元件的触点有无熔焊黏结、变形、严重氧化锈蚀等现象；触点的闭合、分断动作是否灵活；触点的开距、超程是否符合标准，接触压力弹簧是否有效。

(3) 低压电器的电磁机构和传动部件的动作是否灵活；有无衔铁卡阻、吸合位置不正等现象；新品使用前应拆开清除铁芯端面的防锈油；检查衔铁复位弹簧是否正常。

(4) 用万用表或电桥检查所有元器件的电磁线圈（包括继电器、接触器及电动机）的通断情况，测量它们的直流电阻并做好记录，以备在检查线路和排除故障时作为参考。

(5) 检查有延时作用的电气元件的功能；检查热继电器的热元件和触点的动作情况。

(6) 核对各电气元件的规格与图纸要求是否一致。电气元件先检查、后使用，避免安装、接线后发现问题再拆换，提高制作线路的工作效率。

6. 固定电气元件

按照接线图规定的位置将电气元件固定在安装底板上。元件之间的距离要适当，既要节省板面，又要方便走线和投入运行后的检修。固定元件时应按以下步骤进行：

(1) 定位。将电气元件摆放在确定好的位置，元件应排列整齐，以保证连接导线时做到横平竖直、整齐美观，同时尽量减少弯折。

(2) 打孔。用手钻在做好的记号处打孔，孔径应略大于固定螺钉的直径。

(3) 固定。安装底板上所有的安装孔均打好后，用螺钉将电气元件固定在安装底板上。

固定元件时，应注意在螺钉上加装平垫圈和弹簧垫圈。紧固螺钉时将弹簧垫圈压平即可，不要过分用力。防止用力过大将元件的底板压裂造成损失。

7. 按图连接导线

连接导线时,必须按照电气安装接线图规定的走线方位进行。一般从电源端起按线号顺序进行,先做主电路,然后做辅助电路。

接线前应做好准备工作,如按主电路,辅助电路的电流容量选好规定截面的导线;准备适当的线号管;使用多股线时应准备烫锡工具或压接钳等。

连接导线应按以下的步骤进行:

(1) 选择适当截面的导线,按电气安装接线图规定的方位,在固定好的电气元件之间测量所需要的长度,截取适当长短的导线,剥去两端绝缘外皮。为保证导线与端子接触良好,要用电工刀将芯线表面的氧化物刮掉;使用多股芯线时要将线头绞紧,必要时应烫锡处理。

(2) 走线时应尽量避免导线交叉。先将导线校直,把同一走向的导线汇成一束,依次弯向所需要的方向。走线应做到横平竖直、拐直角弯。走线时要用手将拐角弯成 90°的"慢弯",导线的弯曲半径为导线直径的 3～4 倍,不要用钳子将导线弯成"死弯",以免损坏绝缘层和损伤线芯。走好的导线束用铝线卡(钢筋轧头)垫上绝缘物卡好。

(3) 将成形好的导线套上写好的线号管,根据接线端子的情况,将芯线弯成圆环或直线压进接线端子。

(4) 接线端子应紧固好,必要时加装弹簧垫圈紧固,防止电气元件动作时因振动而松脱。接线过程中注意对照图纸核对,防止错接。必要时用试灯、蜂鸣器或万用表校线。同一接线端子内压接两根以上导线时,可以只套一只线号管;导线截面不同时,应将截面大的放在下层,截面小的放在上层。所使用的线号要用不易褪色的墨水(可用环己酮与龙胆紫调和)用印刷体工整地书写,防止检查线路时误读。

8. 检查线路和调试

连接好的控制线路必须经过认真检查后才能通电调试,以防止错接、漏接及电器故障引起的动作不正常,甚至造成短路事故。检查线路应按以下步骤进行:

(1) 核对接线。对照电气原理图、电气安装接线图,从电源开始逐段核对端子接线的线号,排除漏接、错接现象,重点检查辅助电路中容易错接处的线号,还应核对同一根导线的两端是否错号。

(2) 检查端子接线是否牢固。检查端子所有接线的接触情况,用手一一摇动,拉拔端子的接线,不允许有松动与脱落现象,避免通电调试时因虚接造成麻烦,将故障排除在通电之前。

(3) 万用表导通法检查。在控制线路不通电时,用手动来模拟电器的操作动作,用万用表检查与测量线路的通断情况。根据线路控制动作来确定检查步骤和内容;根据电气原理图和电气安装接线图选择测量点。先断开辅助电路,以便检查主电路的情况,然后再断开主电路,以便检查辅助电路的情况。主要检查以下内容:

①主电路不带负荷(电动机)时相间绝缘情况;接触器主触点接触的可靠性;正反转控制线路的电源换相线路及热继电器热元件是否良好,动作是否正常等。

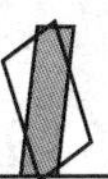

②辅助电路的各个控制环节及自锁、联锁装置的动作情况及可靠性；与设备的运动部件联动的元件(如行程开关、速度继电器等)动作的正确性和可靠性；保护电器(如热继电器触点)动作的准确性等情况。

(4) 调试与调整。为保证安全，通电调试必须在指导老师的监护下进行。调试前应做好准备工作，包括：清点工具；清除安装底板上的线头杂物；装好接触器的灭弧罩；检查各组熔断器的熔体；分断各开关，使按钮、行程开关处于未操作前的状态；检查三相电源是否对称等。然后按下述的步骤通电调试。

①空操作试验。先切除主电路(一般可断开主电路熔断器)，装好辅助电路熔断器，接通三相电源，使线路不带负荷(电动机)通电操作，以检查辅助电路工作是否正常。操作各按钮检查他们对接触器、继电器的控制作用；检查接触器的自锁、联锁等控制作用；用绝缘棒操作行程开关，检查它的行程控制或限位控制作用等。还要观察各电器操作动作的灵活性，注意有无卡住或阻滞等不正常现象；细听电器动作时有无过大的振动噪声；检查有无线圈过热等现象。

②带负荷调试。控制线路经过数次空操作试验动作无误后即可切断电源，接通主电路，带负荷调试。电动机启动前应先做好停机准备，启动后要注意它的运行情况。如果发现电动机启动困难、发出噪声及线圈过热等异常现象，应立即停机，切断电源后进行检查。

③有些线路的控制动作需要调整。例如，定时运转线路的运行和间隔时间；星形一三角形启动线路的转换时间；反接制动线路的终止速度等。应按照各线路的具体情况确定调整步骤。调试运转正常后，可投入正常运行。

模块 5　启保停控制线路

图 3-12 为三相笼形异步电动机“启保停”控制线路。它是一个常用的最简单的控制线路。由刀开关 QS、熔断器 FU1、接触器 KM 的主触头、热继电器 FR 的热元件与电动机 M 构成主电路。

启动按钮 SB2、停止按钮 SB1、接触器 KM 的线圈及其常开辅助触头、热继电器 FR 的常闭触头和熔断器 FU2 构成控制回路。启动时，合上 QS，引入三相电源。按下 SB2，交流接触器 KM 的吸引线圈通电，接触器主触头闭合，电动机接通电源直接启动运转。同时与启动按钮并联的接触器常开辅助触头闭合，当松开 SB2 时，KM 线圈通过本身辅助触点继续保持通电，从而保证了电动机连续运转。这种依靠接触器自身辅助触点保持线圈通电的电路，称为自锁或自保电路。辅助常开触点称为自锁触点。

当需要电动机停止运转时，可按下停止按钮 SB1，切断 KM 线圈电路，KM 常开主触头与辅助触点均断开，切断电动机电源电路和控制电路，电动机停止运转。

该电路可实现的保护环节有：

(1) **短路保护**　由熔断器 FU1、FU2 分别实现主电路和控制电路的短路保护。为扩大保护范围,在电路中熔断器应安装在靠近电源端,通常安装在电源开关下边。

(2) **过载保护** 由于熔断器具有反时限保护特性和分散性,难以实现电动机的长期过载保护,为此采用热继电器 FR 实现电动机的长期过载保护。当电动机出现长期过载时,串接在电动机定子电路中的双金属片因过热变形,致使其串接在控制电路中的常闭触头打开,切断 KM 线圈电路,电动机停止运转,实现了过载保护。

(3) **欠压和失压保护** 当电源电压由于某种原因严重欠压和失压时,接触器电磁吸力急剧下降或消失,衔铁释放,常开主触点与自锁触点断开,电动机停止运转。而当电源电压恢复正常时,电动机不会自行启动运转,避免事故发生。因此具有自锁的控制电路具有欠压与失压保护功能。

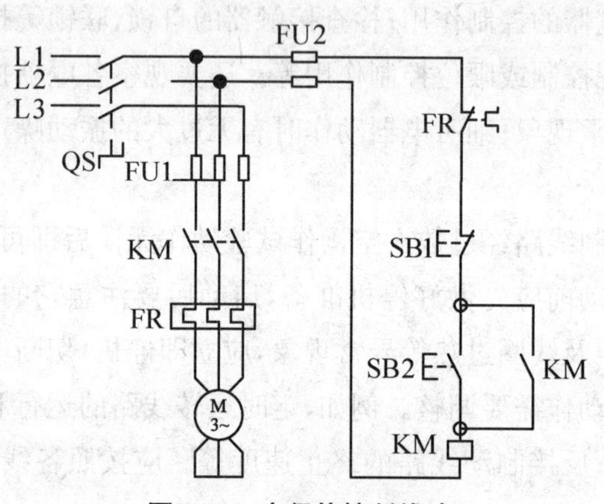

图 3-12 启保停控制线路

3.4 实训内容和步骤

1. 实训内容与控制要求

图 3-12 为三相异步电动机"启保停"控制实训线路。当合上电源开关 QS 时,电动机是不会启动运转的,因为这时接触器 KM 的线圈未通电,它的主触点处在断开状态,电动机 M 的定子绕组上没有电压。

启动:按下启动按钮 SB2→KM 线圈通电→KM 主触点闭合、动合触点闭合(辅助触点常开变常闭)→电机 M 启动运转。

保持:当松开按钮 SB2→KM 动合触点闭合自锁而线圈不失电→电动机 M 连续运转。

停止:按下停止按钮 SB1→KM 线圈失电→KM 主触点断开→电动机 M 停止运转。

这种只有当按下启动按钮电动机运转,松开启动按钮电动机 M 保持运转,只有按下停止按钮后电动机才停止运行的线路,称为"启保停"控制线路。

2. 实训步骤及要求

(1) 熟悉电气原理图 3-12,并绘制电气安装接线图,如图 3-13 所示。三相异步电动机"启保停"控制电气元件布置图如图 3-14 所示。

(2) 检查电气元件,并固定元件。

(3) 按电气安装接线图接线,注意接线要牢固,接触要良好,文明操作。

安装动力电路的导线采用黑色,控制电路采用红色,图 3-13 中实线表示明配线,虚线表示暗配线,安装后应符合要求。

(4) 检测与调试。接线完成后,检查无误,经指导教师检查允许后方可通电。

检查接线无误后,接通交流电源,合上开关 QS,此时电动机不转,按下按钮 SB2,电动机 M 即可启动,松开按钮 SB2 电动机保持运转,按下 SB1 电机停止运行。若出现电动机不能运转或熔丝熔断等故障,则应切断电源,分析和排除故障后使之正常工作。

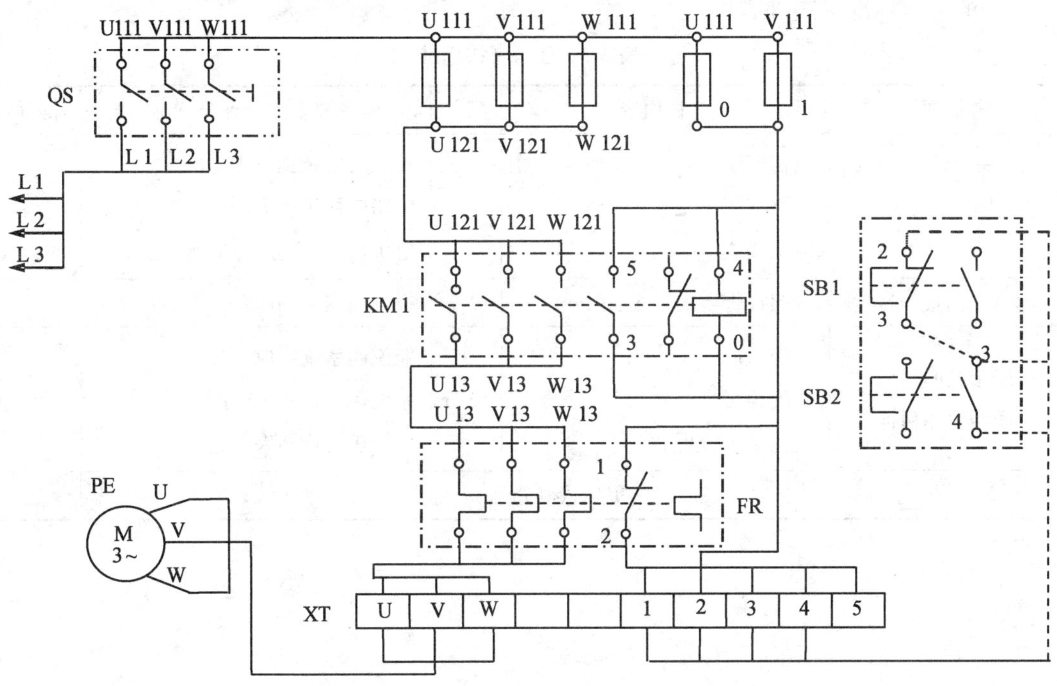

图 3-13　"启保停"控制电路电气安装接线图

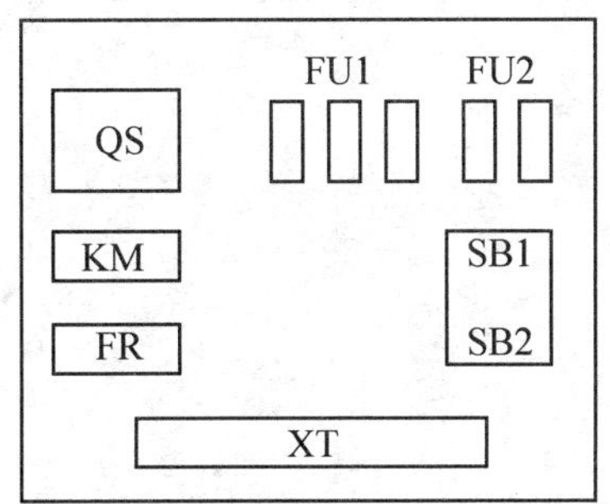

图 3-14　"启保停"控制电路电气元件布置图

3. 注意事项

电动机必须安放平稳,电动机金属外壳须可靠接地。接至电动机的导线必须穿在导线通道内加以保护,或采用坚韧的四芯橡皮套导线进行临时通电校验。

电源进线应接在螺旋式熔断器底座中心端上，出线应接在螺纹外壳上。

接线要求牢靠，不允许用手触及各电气元件的导电部分，以免触电及意外损伤。

4. 思考与讨论

(1) 检查线路和调试是按哪几个步骤进行的？

(2) 接触器的结构是由哪几个部分组成的？

(3) “启保停”控制的特点是什么？

3.5 任务考核

任务考核标准见表 3-7。

表 3-7 任务考核标准

考核项目	考核内容	配分	考核要求及评分标准	得分
主电路接线	电器安装 电路连接 电机接线	40 分	接触器安装到位 15 分 电路连接正确 15 分 电机接线 10 分	
实训报告	按照报告要求完成、正确	40 分	报告内容 40 分	
安全文明意识 团结协作精神	系统组成 系统运行 运行结果分析	20 分	能说明系统组成 5 分 系统运行正常 10 分 会分析运行结果 5 分	
实际总得分				

任务 4　多地控制线路的安装接线

4.1　任务目标

1. 掌握热继电器以及其他继电器的结构和原理以及它们在电路中的应用。

2. 进一步熟悉绘制电气安装接线图，熟悉安装控制线路的步骤和提高电气控制线路的安装、调试、故障分析与排除的操纵能力。

3. 根据原理图、安装图合理分配电气元件，正确接线安装。

4. 学会多地控制线路的接线安装。

5. 掌握多地控制线路的常见故障现象，以及由故障现象分析原因。

4.2　实训设备

任务所需实训设备和元器件：

1. 维修电工实训台：包括低压断路器 2 只、熔断器 5 只、交流接触器 1 只、按钮 4 只、热继电器 1 只、端子板若干；

2. 电动机(4 kW、380 V、8. 8 A、1 440 r/min)1 台；

3. 万用表、螺丝刀等其他常用电工工具。

4.3　相关知识

电磁式继电器是一种自动电器，它的功能是根据外界输入的信号，在电气输出电路中控制电路的接通或断开。它主要用来反映各种控制信号，其触点一般接在控制电路中。电磁式继电器是应用最早、最多的一种形式。其结构及工作原理与接触器大体相同，在结构上由电磁机构和触头系统等组成。但接触器只有在一定的电压信号下动作，而电磁式继电器可以对各种输入量变化做出反应，如电流、电压、时间、速度等；另外，继电器是用于切断小电流的控制和保护回路的，而接触器是用来控制大电流电路的，因此接触器有灭弧装置，而电磁式继电器没有灭弧装置。以上是接触器与电磁式继电器的区别。

电磁式继电器按所反映的参数可分为电流继电器、电压继电器、中间继电器等。

模块1 电磁式继电器

1. 结构与原理

继电器与接触器的区别：

继电器：用于控制电路，电流小，没有灭弧装置，可在电量或非电量的作用下动作。

接触器：用于主电路，电流大，有灭弧装置，一般只能在电压作用下动作。

电磁式继电器一般分为三类：

(1) 电流继电器：过电流继电器($I_{吸}>I_N$)，欠电流继电器($I_{吸}<I_N$)。

(2) 电压继电器：过电压继电器($U_{吸}>U_N$)，欠电压继电器($U_{吸}<U_N$)。

(3) 中间继电器：又称为接触器式继电器。

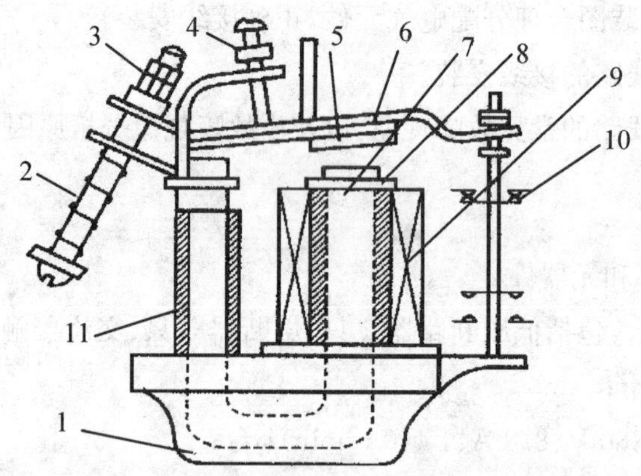

1—底座 2—反力弹簧 3、4—调整螺钉 5—非磁性垫片 6—衔铁 7—铁芯 8—极靴 9—电磁线圈 10—触点系统

图4-1 电磁式继电器典型结构

2. 电磁式电流继电器

根据输入(线圈)电流大小而动作的继电器称为电流继电器。电流继电器的线圈串接于被测电路中，反映电路电流的变化，对电路实现过电流与欠电流保护。为了使串入电流继电器后不影响电路工作情况，电流继电器的线圈应阻抗小、导线要粗、其匝数应尽量少，只有这样线圈的功率损耗才小。

根据实际应用的要求，电流继电器又有过电流继电器和欠电流继电器之分。过电流继电器在正常工作时，线圈通过的电流在额定值范围内，它所产生的电磁吸力不足以克服反力弹簧的反作用力，故衔铁不动作；当通过线圈的电流超过某一整定值时，电磁吸力大于反力弹簧拉力，吸引衔铁动作，于是常开触头闭合，常闭触头断开；有的过电流继电器带有手动复位结构，它的作用是：当过电流时，继电器动作，衔铁被吸合，但当电流再减小甚至到零时，衔铁也不会自动返回。只有当故障得到处理后，采用手动复位结构，松开锁扣装置后，衔铁才会在复位弹簧作用下返回原始状态，从而避免重复过电流事故的发生。

过电流继电器主要用于频繁启动的场合，作为电动机或主电路的过载和短路保护。一般的交流过电流继电器调整在（110％～350％）I_N 动作，直流过电流继电器调整在（70％～300％）I_N 动作。

欠电流继电器是当通过线圈的电流降低到某一整定值时，继电器衔铁被释放，所以，欠电流继电器在电路电流正常时，衔铁吸合。欠电流继电器的吸引电流为线圈额定电流的30％～65％，释放电流为额定电流的10％～20％。因此，当继电器线圈电流降低到额定电流的10％～20％时，继电器即动作，给出信号，使控制电路作出应有的反应。交流过电流继电器的铁芯和衔铁上可以不安放短路环。

电流继电器的动作值与释放值可用调整反力弹簧的方法来整定。旋紧弹簧，反作用力增大，吸合电流和释放电流都被提高；反之，旋松弹簧，反作用力减小，吸合电流和释放电流都降低。另外，调整夹在铁芯柱与衔铁吸合端面之间的非磁性垫片的厚度也能改变继电器的释放电流，垫片越厚，磁路的气隙和磁阻就越大。与此相应，产生同样吸力所需的磁动势也越大，当然，释放电流也要大些。

型号意义：

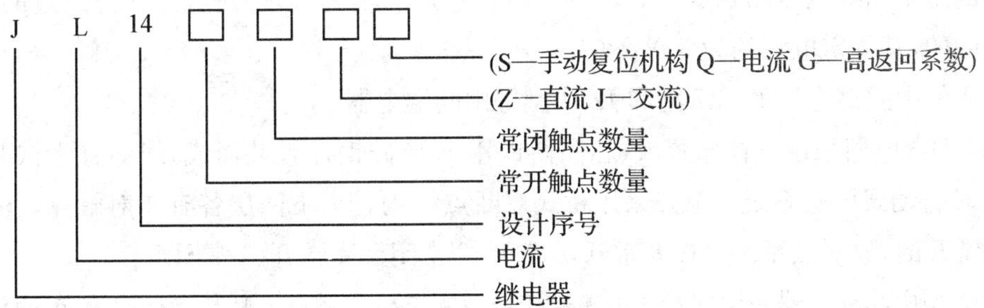

JL14 系列交直流电流继电器的磁系统为棱角转动拍合式，由铁芯、衔铁、磁轭和线圈组成，触点为桥式双断点，触点数量有多种，并带有透明外罩。

3. 电磁式电压继电器

电压继电器是根据输入电压大小而动作的继电器。电压继电器线圈与被测电路并联，反映电路电压的变化，可作为电路的过电压和欠电压保护。为了不影响电路的工作状态，要求其线圈的匝数要多，导线截面要小，线圈阻抗要大。根据电压继电器动作电压值的不同分为过电压、欠电压、零电压继电器，一般欠电压继电器用得较多。过电压继电器在电路电压为105％～120％U_N 时吸合动作，欠电压继电器在电路电压为40％～70％U_N 时释放，零电压继电器在电路电压降至5％～25％U_N 时释放。对于交流励磁的过电压继电器在电路正常时不动作，只有在电路电压超过额定电压，达到整定值时才动作，且一动作就将电路切断。为此，铁芯和衔铁上也可以不安放短路环。

常用的过电压继电器为JT4-A型，欠电压及零电压继电器为JT4-P型。

型号意义：

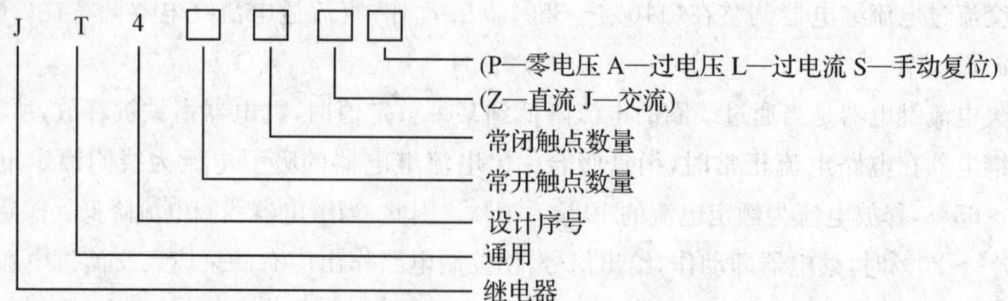

4. **电磁式中间继电器**

电磁式中间继电器的用途很广。若主继电器的触点容量不足，或为了同时接通和断开几个回路需要多对触点时，或一套装置有几套保护需要用共同的出口继电器等，都要采用中间继电器。中间继电器实质上为电压继电器。当线圈加上 70%以上的额定电压时，衔铁被吸合，并使衔铁上的动触点与静触点闭合；当失电后，衔铁受反作用弹簧的拉力而返回原位。

电磁式中间继电器的基本结构及工作原理与接触器完全相同，故称为接触器式继电器，所不同的是中间继电器的触点对数较多，并且没有主、辅之分，各对触点允许通过的电流大小是相同的，其额定电流约为 5 A。

常用的中间继电器如 JZ7 型和 JZ14 型等中间继电器。

JZ7 型继电器采用立体布置，铁芯和衔铁用 E 形硅钢片叠装而成，线圈置于铁芯中柱，组成双 E 直动式电磁系统。触点采用桥式双断点结构，上、下两层各有 4 对触点，下层触点只能是常开的，故触点系统可按 8 常开，6 常开、2 常闭及 4 常开、4 常闭组合。

JZ14 型中间继电器采用螺管式电磁系统及双断点桥式触点。其基本结构为交、直流通用，交流铁芯为平顶形，直流铁芯与衔铁为圆锥形接触面。触点采用直列式布置，触点对数可达 8 对，按 6 常开、2 常闭，4 常开、4 常闭及 2 常开、6 常闭任意组合。继电器还有手动操作钮，便于点动操作和作为动作指示，同时还带有透明外罩，以防尘埃进入内部，影响工作的可靠性。

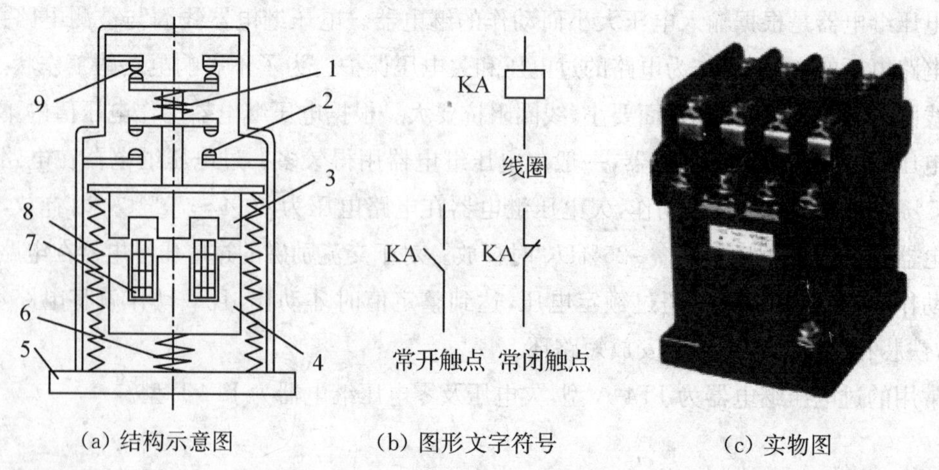

(a) 结构示意图　　(b) 图形文字符号　　(c) 实物图

1—触点弹簧　2—常开触点　3—衔铁　4—铁芯　5—底座　6—缓冲弹簧　7—线圈　8—释放弹簧　9—常闭触点

图 4-2　JZ7 中间继电器结构示意图、图形文字符号以及实物图

电磁式中间继电器与电压继电器在电路中的接法和结构特征基本上也相同。在电路中起到中间放大与转换作用。即一是当电压或电流继电器触点容量不够时，可借助中间继电器来控制，用中间继电器作为执行元件，这时，中间继电器可被看成是一级放大器。二是当其他继电器或接触器触点数量不够时，可用中间继电器来切换多条电路。图4-5为JZ7-44型中间继电器结构示意图和在电气原理图中的符号。

电磁式继电器一般图形文字符号是相同的，电流继电器、电压继电器、中间继电器文字符号都为KA等。

型号意义：

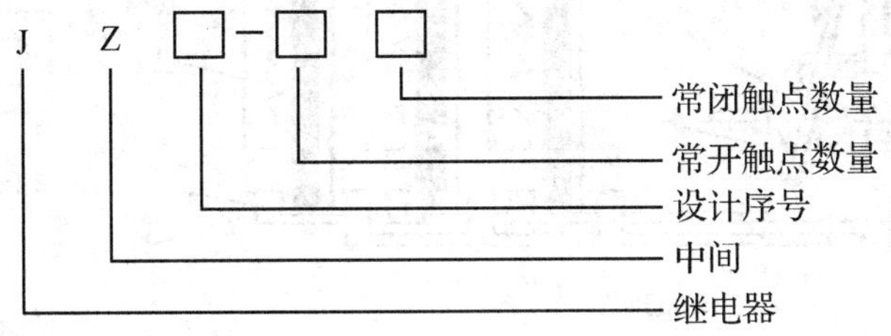

模块2　热继电器

1. 作用与分类

对连续运行的电动机作过载及断相保护，因长期过载、频繁启动、欠电压、断相运行均会引起过电流，如果长时间运行会造成因过热而损坏电动机的绝缘材料，采用热继电器进行保护则可防止这种情况的发生。

注意：由于热继电器中发热元件有热惯性，在电路中不能作瞬时过载保护，更不能作短路保护，因此，它不同于过电流继电器和熔断器。

分类：按相数有单相、两相和三相三种类型，每种类型按发热元件的额定电流又有不同的规格和型号；按职能来分，三相式热继电器又有不带断相保护和带断相保护两种类型。部分常见的热继电器如图4-3所示。

图4-3　部分热继电器的外形图

2. 热继电器的型号及含义

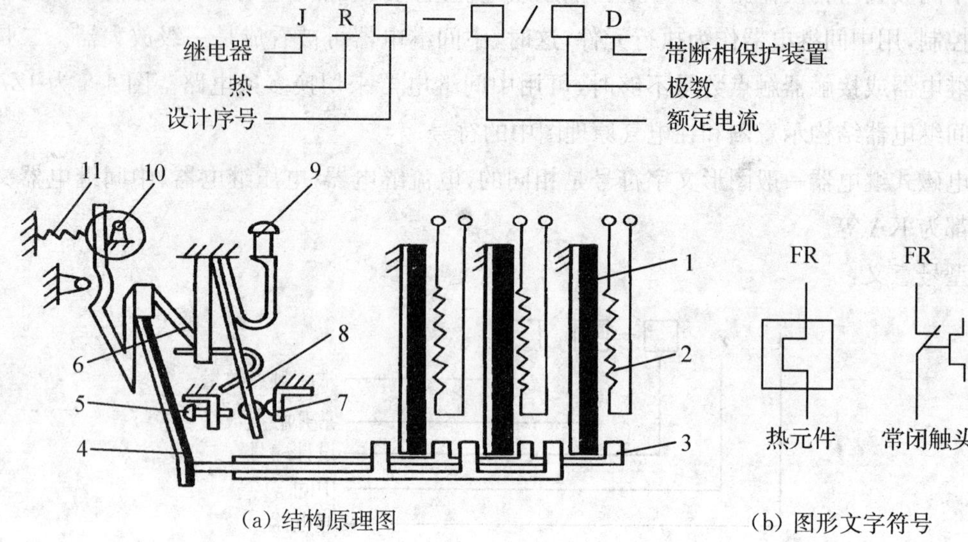

(a) 结构原理图　　(b) 图形文字符号

1—主双金属片　2—电阻丝　3—导板　4—补偿双金属片　5—螺钉　6—推杆　7—静触头

8—动触头　9—复位按钮　10—调节凸轮　11—弹簧

图 4-4　双金属片式热继电器结构原理图及符号

3. 热继电器的结构及工作原理

(1) 结构

一般热继电器的结构和图形文字符号如图 4-4 所示。它主要由热元件、动作机构、触头系统、电流整定装置、复位机构和温度补偿元件等部件组成。

①**热元件**　热元件是热继电器的主要组成部分，由主双金属片和绕在外面的电阻丝组成。

②**动作机构和触头系统**　动作机构利用杠杆传递及弓簧式瞬跳机构来保证触头动作的迅速、可靠。触头为单断点弓簧跳跃式动作，一般为一个常开触头、一个常闭触头。

③**电流整定装置**　通过旋钮和电流调节凸轮调节推杆间隙，改变推杆移动距离，从而调节整定电流值。

④**温度补偿元件**　温度补偿元件也为双金属片，其受热弯曲的方向与主双金属一致，它能保证热继电器的动作特性在－30 ～ ＋40℃的环境温度范围内基本上不受周围介质温度的影响。

⑤**复位机构**　复位机构有手动和自动两种形式，可根据使用要求通过复位调节螺钉来自由调整选择。一般自动复位的时间不大于 5 min，手动复位时间不大于 2 min。

(2) 工作原理

使用时，将热继电器的三相热元件分别串接在电动机的三相主电路中，常闭触头接在控制电路的接触器线圈回路中。当电动机过载时，流过电阻丝的电流超过热继电器的整定电流，电阻丝发热，主双金属片向左弯曲，推动导板 3 向左移动，通过温度补偿双金属片 4 推动

推杆 6 绕轴转动，从而推动触头系统动作，动触头 8 与常闭静触头 7 分开，使接触器线圈断电，接触器触头断开，将电源切除起保护作用。电源切除后，主双金属片逐渐冷却恢复原位，于是动触头在失去作用力的情况下，靠动触头弓簧的弹性自动复位。

4. 热继电器的基本特性

热继电器主要用于保护电动机的过载，因此在选用时，必须了解被保护对象的工作环境、启动情况、负载性质、工作制以及电动机允许的过载能力，与此同时还应了解热继电器的某些基本特性和某些特殊要求。

(1) 安秒特性。安秒特性即电流-时间特性，是表示热继电器的动作时间与通过电流之间的关系的特性，也称动作特性或保护特性。

(2) 热稳定性。热稳定性即耐受过载能力。热继电器热元件的热稳定性要求是：在最大整定电流时，对额定电流 100 A 及以下的，通 10 倍最大整定电流；对额定电流 100 A 以上的，通 8 倍最大整定电流，热继电器应能可靠动作 5 次。

(3) 控制触点寿命。热继电器的常开、常闭触点的长期工作电流为 3 A，并能操作视在功率为 510 W 的交流接触器线圈 10 000 次以上。

(4) 复位时间。自动复位时间不多于 5 min，手动复位时间不多于 2 min。

(5) 电流调节范围。电流调节范围约为 66%～100%，最大为 50%～100%。

5. 带断相保护装置的热继电器

热继电器有带断相保护装置的和不带断相保护装置的两种类型。三相异步电动机的电源或绕组断相是导致电动机过热烧毁的主要原因之一，普通结构的热继电器能否对电动机进行断相保护，取决于电动机绕组的连接方式。

对定子绕组采用 Y 形连接的电动机而言，若运行中发生断相，通过另外两相的电流会增大，而流过热继电器的电流(即线电流)就是流过电动机绕组的电流(即相电流)，普通结构的热继电器都可以对此作出反应。而绕组接成△形的电动机若运行中发生断相，流过热继电器的电流(线电流)与流过电动机非故障绕组的电流(相电流)的增加比例不相同。在这种情况下，电动机非故障相流过的电流可能超过其额定电流，而流过热继电器的电流却未超过热继电器的整定值，热继电器不动作，但电动机的绕组可能会因过载而烧毁。

为了对定子绕组采用△接法的电动机实行断相保护，必须采用三相结构带断相保护装置的热继电器。部分带有差动式断相保护装置的热继电器结构及工作原理如图 4-5 所示。图 4-5(a)为未通电时的位置；图 4-5(b)为三相均通有额定电流时的情况，此时三相主双金属片均匀受热，同时向左弯曲，内、外导板一起平行左移一段距离但未超过临界位置，触头不动作；图 4-5(c)为三相均过载时，三相主双金属片均受热。双金属片向左弯曲，推动外导板并带动内导板一起左移，超过临界位置，通过动作机构使常闭触头断开，从而切断控制回路，达到保护电动机的目的；图 4-5(d)是电动机在运行中发生断相(如 W 相)故障时的情况，此时该相主双金属片逐渐冷却，向右移动，并带动内导板同时右移，这样内导板和外导板产生了差动放大作用，通过杠杆的放大作用使继电器迅速动作，切断控制电路，使电动机得到保护。

由于热继电器主双金属片受热膨胀的热惯性及动作机构传递信号的惰性原因，热继电器从电动机过载到触头动作需要一定的时间。也就是说，即使电动机严重过载甚至短路，热继电器也不会瞬时动作，因此热继电器不能作短路保护。但也正是这个热惯性和机械惰性，保证了热继电器在电动机启动或短时过载时不会动作，从而满足了电动机的运行要求。

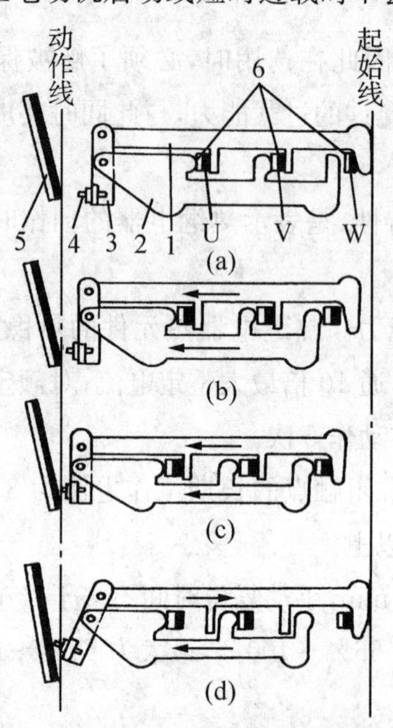

图 4-5　差动式断相保护机构及工作原理

5. 热继电器的常见故障及处理方法

表 4-1　热继电器的常见故障及处理方法

故障现象	故障原因	维修方法
热元件烧断	(1) 负载侧短路，电流过大 (2) 操作频率过高	(1) 排除故障、更换热继电器 (2) 更换合适参数的热继电器
热继电器不动作	(1) 热继电器额定电流值选用不当 (2) 整定值偏大 (3) 动作触头接触不良 (4) 热元件烧断或脱掉 (5) 动作机构卡阻 (6) 导板脱出	(1) 按保护容量合理选用 (2) 合理调整整定值 (3) 消除触头接触不良因素 (4) 更换热继电器 (5) 消除卡阻因素 (6) 重新放入并测试
热继电器动作不稳定、时快时慢	(1) 热继电器内部机构某些部件松动 (2) 在检修中弯折了双金属片 (3) 电流波动太大，或接线螺钉松动	(1) 将所有部件加以紧固 (2) 用两倍电流预试几次或将双金属片拆下来热处理(一般约 240 ℃)以去除内应力 (3) 检查电源电压或拧紧接线螺钉

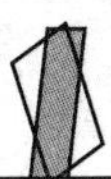

续表

故障现象	故障原因	维修方法
热继电器动作太快	(1) 整定值偏小 (2) 电动机启动时间过长 (3) 连接导线太细 (4) 操作频率过高 (5) 使用场合有强烈冲击和振动 (6) 可逆转换频繁 (7) 安装热继电器处与电动机处环境温差太大	(1) 合理调整整定值 (2) 按启动时间要求，选择具有合适的可返回时间的热继电器或在启动过程中将热继电器短接 (3) 选用标准导线 (4) 更换合适的型号 (5) 选用带防振动冲击的或采取防振动措施 (6) 改用其他保护方式 (7) 按两地温差情况配置适当的热继电器
主电路不通	(1) 热元件烧断 (2) 接线螺钉松动或脱落	(1) 更换热元件或热继电器 (2) 紧固接线螺钉
控制电路不通	(1) 触头烧坏或动触头片弹性消失 (2) 可调整式旋钮转到不合适位置 (3) 热继电器动作后未复位	(1) 更换触头或簧片 (2) 调整旋钮或螺钉 (3) 按动复位按钮

模块 3　多地控制线路

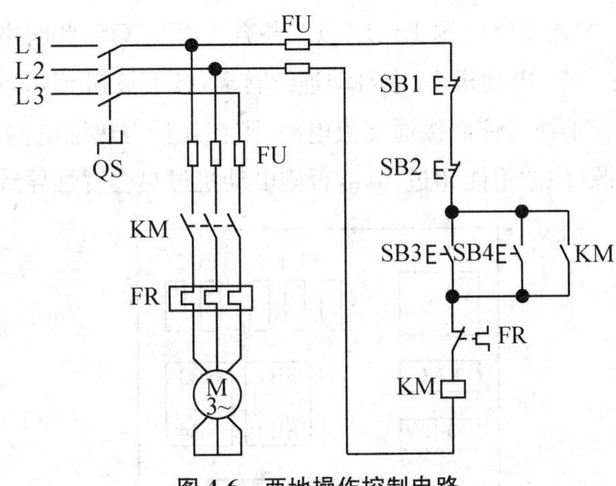

图 4-6　两地操作控制电路

在有些设备中为了操作方便，能在两地或多地控制同一台电动机的控制方式叫作电动机的多地控制。图 4-6 为两地控制的控制线路。其中 SB11 和 SB12 为安装在甲地的启动按钮和停止按钮，SB21 和 SB22 为安装在乙地的启动按钮和停止按钮。线路的特点是两地启动按钮 SB11 和 SB21 要并联接在一起；停止按钮 SB12 和 SB22 要串联接在一起。这样就可以分别在甲、乙两地启、停同一台电动机，使操作方便。

对三地或多地控制，只要把各地的启动按钮并接、停止按钮串接就可以实现。各种电气元件经过长期使用或自然磨损，或动作过于频繁，或日常维护不当，在运行中都可能发生故障而影响正常工作，必须及时进行维修。

4.4 实训内容和步骤

1. 实训内容和控制要求

图 4-6 为三相笼形异步电动机两地控制线路训练原理图。

启动：合上电源开关 QS，按下按钮 SB3(SB4)→KM 线圈得电→KM 主触点闭合(KM 辅助触点闭合)→电动机 M 启动运转。

停止：按下停止按钮 SB1(SB2)→KM 线圈失电→KM 主触点断开→电动机 M 停止运转。

2. 实训步骤及要求

(1) 分析识读三相异步电动机两地控制线路的电气原理图。

(2) 根据电气原理图 4-6 绘制安装接线图。

三相异步电动机两地控制电气元件布置图如图 4-7 所示。电气安装接线图如图 4-8 所示。

(3) 检查电气元件，并固定元件。

(4) 按电气安装接线图接线，注意接线要牢固，接触要良好，工艺力求美观。

(5) 检查控制线路的接线是否正确，是否牢固。

(6) 接线完成后，检查无误，经指导教师检查允许后方可通电调试。

确认接线正确后，接通交流电源 L1、L2、L3 并合上开关 QS，此时电动机不转。按下按钮 SB3、SB4 中的任意一个，电动机 M 应自动连续转动，按下按钮 SB1、SB2 任意一个电动机应停转。如果电动机转轴被卡住而接通交流电源，则在几秒内热继电器应动作，自动断开加在电动机上的交流电源(注意不能超过 10 s，否则电动机过热会冒烟导致损坏)。

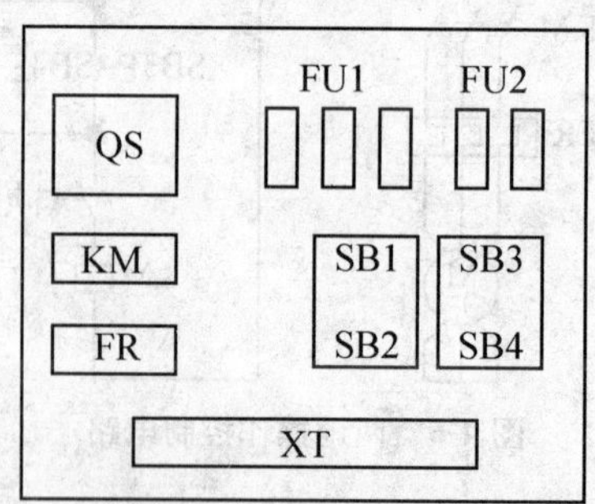

图 4-7 三相异步电动机两地控制电气元件布置图

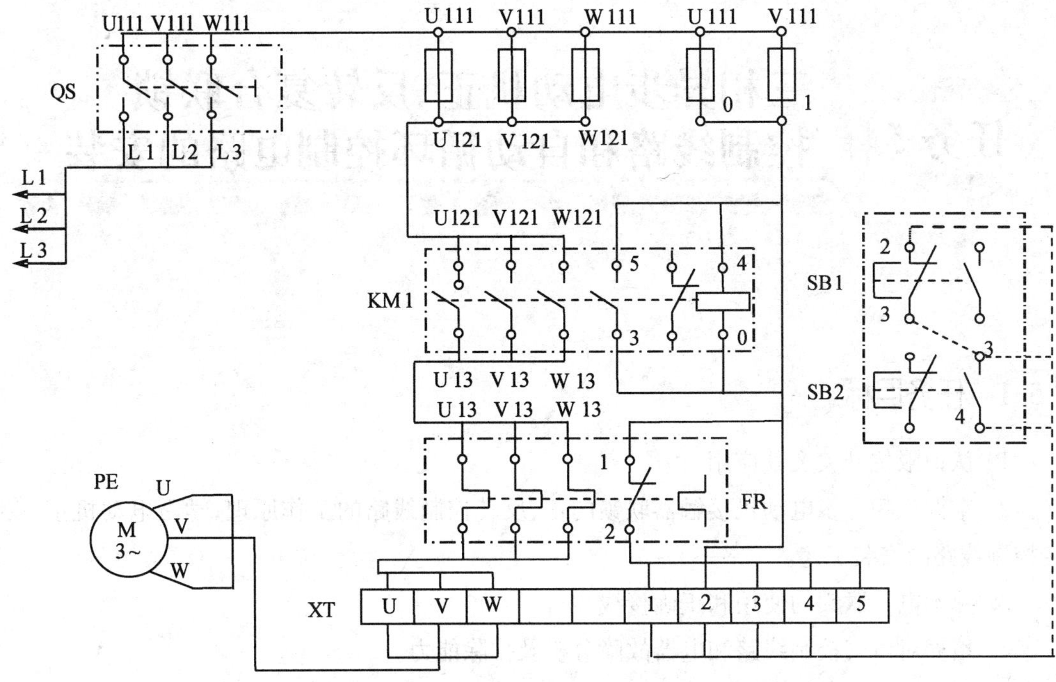

图 4-8　三相异步电动机两地控制电气安装接线图

3. 注意事项

接线要求牢靠，通电后，不允许用手触及各电气元件的导电部分，以免触电及受伤害。

4. 思考与练习

(1) 什么叫电磁式电压继电器？什么叫电磁式电流继电器？

(2) 热继电器的作用是什么？

4.5　任务考核

任务考核标准参见表 4-2。

表 4-2　任务考核标准

考核项目	考核内容	配分	考核要求及评分标准	得分
主电路接线	电器安装 电路连接 电机接线	30 分	电器安装到位 10 分 电路连接正确 15 分 电机接线 5 分	
实训报告	按照报告要求完成、正确	40 分	报告内容 40 分	
安全文明意识 团结协作精神	系统组成 系统运行 运行结果分析	30 分	能说明系统组成 10 分 系统运行正常 10 分 会分析运行结果 10 分	
实际总得分				

任务 5 三相异步电动机正、反转复合联锁控制线路和自动循环控制电路的安装

5.1 任务目标

1. 认识限位开关及其应用。

2. 掌握三相异步电动机接触器联锁的正、反转控制线路的工作原理；学习电动机正、反转控制线路的安装工艺。

3. 熟悉电气联锁的使用和正确接线。

4. 培养对电气控制线路和电器故障分析及排除能力。

5.2 实训设备

任务所需实训设备和元器件：

1. 维修电工实训台：包括低压断路器 2 只、熔断器 5 只、交流接触器 1 只、按钮 3 只、长动开关 1 只、热继电器 1 只、限位开关 4 只、端子板若干；

2. 电动机(4 kW、380 V、8.8 A、1 440 r/min)1 台；

3. 万用表、螺丝刀等其他常用电工工具。

5.3 相关知识

模块 1 组合开关正反转控制线路

组合开关正反转控制电路如图 5-1 所示。

线路的工作原理如下：合上电源开关 QS，操作组合开关 SA，当手柄处于“停”位置时，SA 的动、静触头不接触，电路不通，电动机不转；当手柄扳至“顺”位置时，SA 的动触头和左边的静触头相接触，按下 SB2，KM 线圈得电，KM 的三对主触头闭合，同时 KM 自锁。

触头也闭合，电路按 L1-U、L2-V、L3-W 组合，L2-V、L3-W 接通，输入电动机定子绕组的电源电压为 L1-L2-L3，电动机正转；当手柄扳至“倒”位置时，SA 的动触头和右边的静触头相连接，电路按 L1-W、L2-V、L3-U 接通，输入电动机定子绕组的电源相序变为 L3-L2-L1，电动机反转。

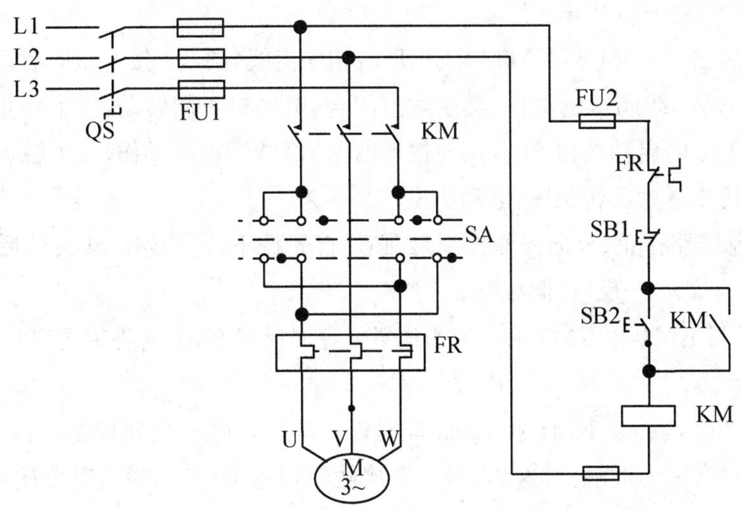

图5-1　组合开关正、反转控制电路

注意：当电动机处于正转状态时，要使它反转，应先把手柄扳到“停”的位置(或按下SB1)，使电动机先停转，然后再把手柄扳到“倒”的位置，使它反转。若直接把手柄由“顺”扳至“倒”的位置，电动机的定子绕组会因为电源突然反接而产生很大的反接电流，易使电动机定子绕组因过热而损坏。

模块2　三相异步电动机接触器联锁的正、反转控制线路

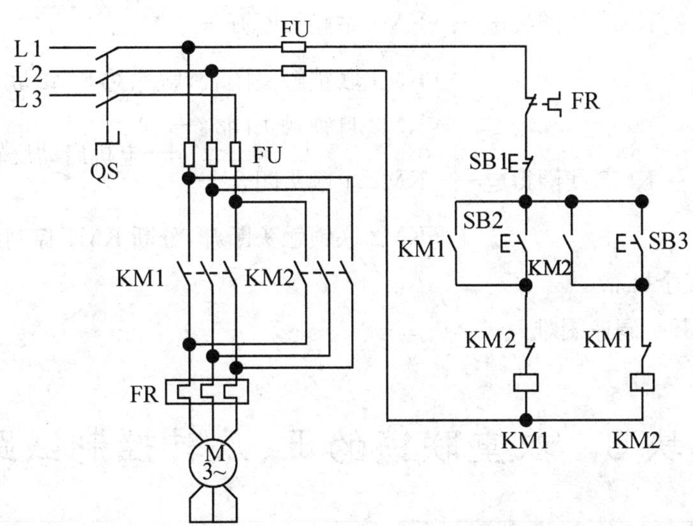

图5-2　接触器联锁的正、反转控制线路

图5-2为电动机正、反转控制电路。该图为利用两个接触器的常闭触头KM1、KM2相互控制，即利用一个接触器通电时，其常闭辅助触头的断开来锁住对方线圈的电路。这种利用两个接触器的常闭辅助触头互相控制的方法称为互锁，而两对起互锁作用的触头则称为

互锁触头。

主电路中接触器 KM1 和 KM2 构成正反转相序接线，图 5-1 按下正向启动按钮 SB2，正向控制接触器 KM1 线圈得电动作，其主触点闭合，电动机正向转动，按下停止按钮 SB1，电动机停转。按下反向启动按钮 SB3，反向接触器 KM2 线圈得电动作，其主触点闭合，主电路定子绕组变正转相序为反转相序，电动机反转。

图 5-2 控制线路作正、反向操作控制时，必须首先按下停止按钮 SB1，然后再反向启动，因此它是“正——停——反”控制线路。

注意：接触器 KM1 和 KM2 的主触头绝不允许同时闭合，否则将造成两相电源(L1 相和 L3 相)短路事故。

为了避免两个接触器 KM1 和 KM2 同时得电动作，在正、反转控制电路中分别串接对方接触器的一对常闭辅助触头，这样，当一个接触器得电动作时，通过其常闭辅助触头使另一个接触器不能得电动作，接触器间的这种相互制约作用叫接触器联锁(或互锁)。实现联锁作用的常闭辅助触头称为联锁触头(或互锁触头)，联锁符号用“▽”表示。

线路的工作原理如下：先合上电源开关 QS。

正转控制：

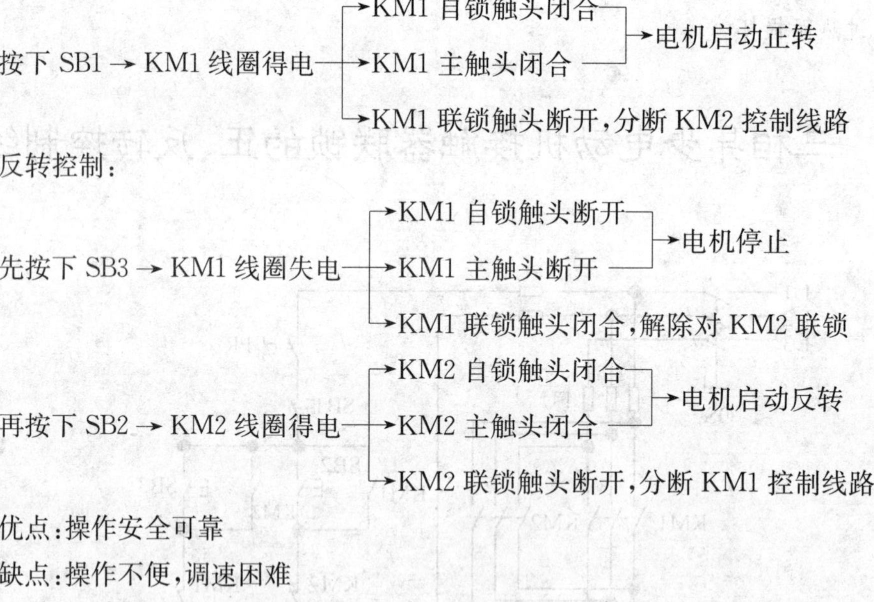

优点：操作安全可靠

缺点：操作不便，调速困难

模块 3　双重联锁的正、反转控制线路

在生产实际中为了提高劳动生产率，减少辅助工时，要求直接实现正、反转变换控制。由于电动机正转的时候，按下反转按钮时首先应断开正转接触器线圈线路，待正转接触器释放后再接通反转接触器。于是在图 5-2 电路的基础上，将正转启动按钮 SB2 与反转启动按钮 SB3 的常闭触点串接到对方常开触点电路中，如图 5-3 所示。这种利用按钮的常开、常闭

触点的机械连接在电路中互相制约的接法，称为机械互锁。这种具有电气、机械双重互锁的控制电路是常用的、可靠的电动机可逆旋转控制电路，它既可实现“正转——停止——反转——停止”的控制，又可实现“正转——反转——停止”的控制。

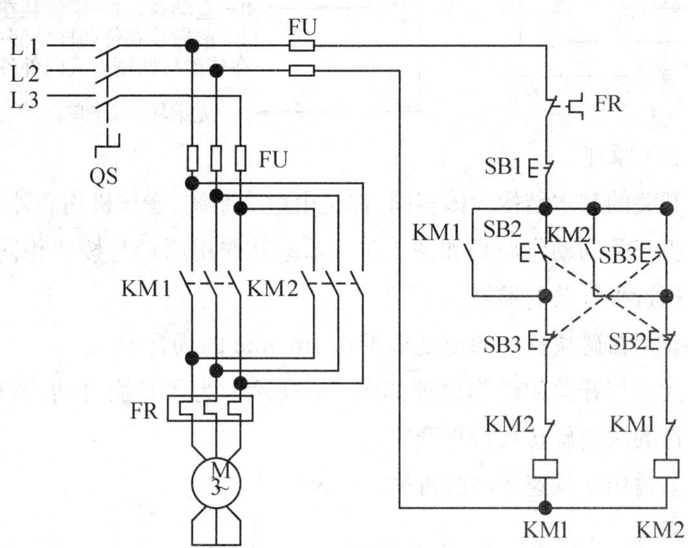

图5-3　三相异步电动机双重联锁的正、反转控制线路

模块4　位置开关

位置开关是操动机构在机器的运动部件到达一个预定位置时操作的一种指示开关。位置开关的部分实物图如图5-4所示。

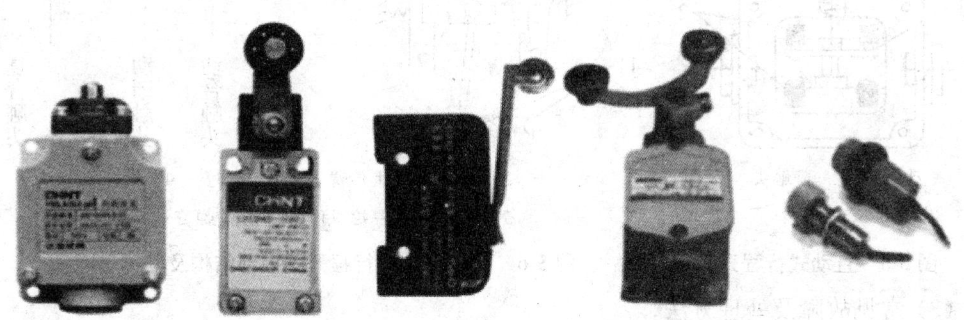

(a) 直动行程开关　(b) 滚动行程开关　(c) 微动开关　(d) 双轮滚动行程开关　(e) 接近开关

图5-4　位置开关实物图

1. 行程开关

行程开关是一种按工作机械的行程发出操作命令以控制其运动方向和行程大小的开关。其作用原理与按钮相同，区别在于它不是靠手指的按压而是利用生产机械运动部件的碰压使其触头动作，从而将机械信号转变为电信号，用以控制机械动作或用作程序控制。

(1) 型号及含义

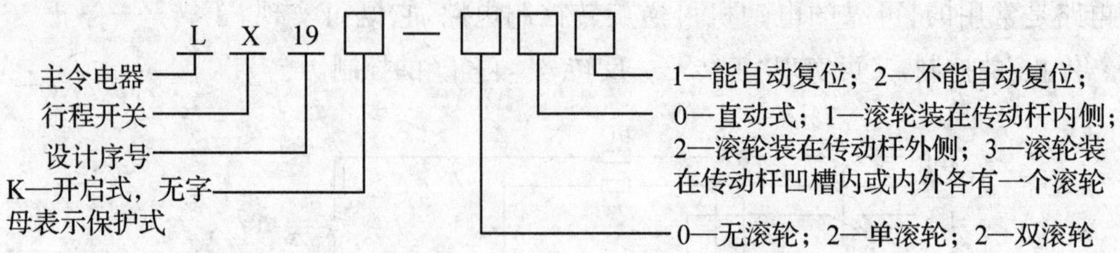

(2) 结构及工作原理

各系列行程开关的基本结构大体相同，都是由触头系统、操作机构和外壳组成。

①直动式行程开关的动作原理如图 5-5 所示。其作用原理与按钮相同，只是它用运动部件上的挡铁碰压行程开关的推杆。

这种开关不宜用在碰块移动的速度小于 0.4m/min 的场合。

②滚轮旋转式行程开关的动作原理如图 5-6 所示。为了克服直动式行程开关的缺点，可采用能瞬时动作的滚轮旋转式行程开关。

这类行程开关适用于低速运动的机械。

③选用行程开关

主要根据动作要求、安装位置及触头数量选择。

行程开关在电路图中的符号如图 5-6 所示。

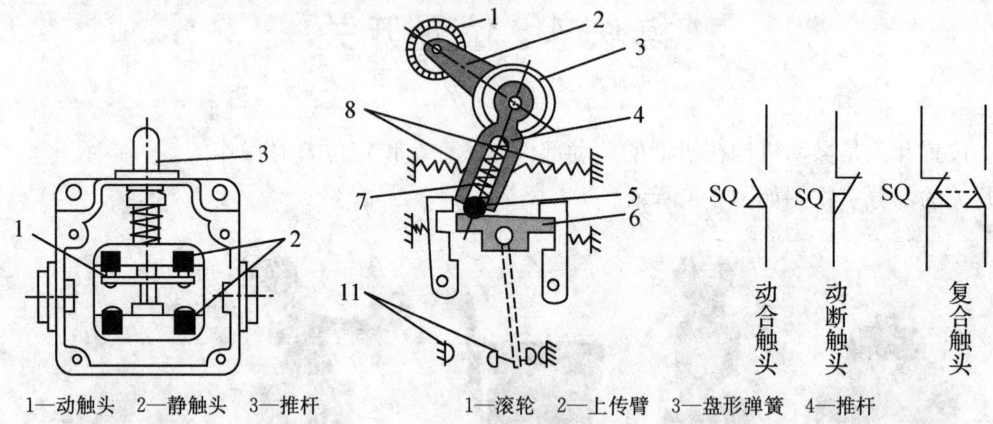

1—动触头　2—静触头　3—推杆

1—滚轮　2—上传臂　3—盘形弹簧　4—推杆
5—小滚轮　6—擒纵件　7—压缩弹簧　8—左右弹簧

图 5-5　直动式行程开关图　　**图 5-6　滚轮旋转式行程开关内部结构及其符号**

(3) 常见故障及处理方法

行程开关的常见故障及处理方法见表 5-1。

表 5-1　常见故障及处理方法

故障现象	可能原因	处理方法
挡铁碰撞位置开关后，触头不动作	(1) 安装位置不准确 (2) 触头接触不良或接线松脱 (3) 触头弹簧失效	(1) 调整安装位置 (2) 清刷触头或紧固接线 (3) 更换弹簧

续表

故障现象	可能原因	处理方法
杠杆已经偏转,或无外界机械力作用,但触头不复位	(1) 复位弹簧失效 (2) 内部碰撞卡阻 (3) 调节螺钉太长,顶住开关按钮	(1) 更换弹簧 (2) 清扫内部杂物 (3) 检查调节螺钉

2. 接近开关

接近开关又称为无触点位置开关,是一种与运动部件无机械接触而能操作的位置开关。

按工作原理来分,接近开关有高频振荡型、感应电桥型、霍尔效应型、光电型、永磁及磁敏元件型、电容型和超声波型等多种类型,其中以高频振荡型最为常用。其电路结构可以归纳为如图5-7所示的几个组成部分。

(1) 组成

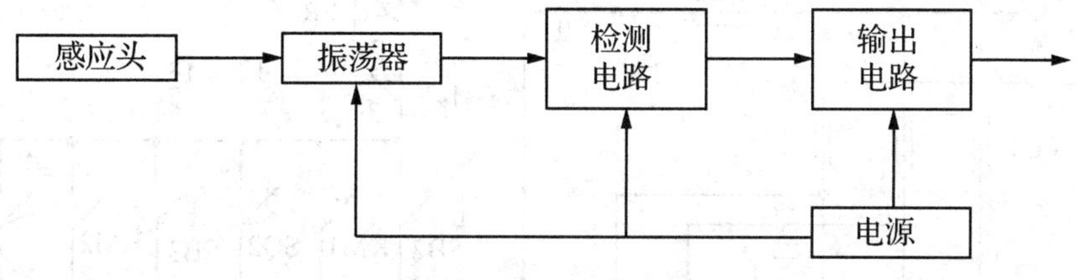

图5-7　接近开关电路组成

(2) 高频振荡型接近开关的工作原理

当有金属物体靠近一个以一定频率稳定振荡的高频振荡器的感应头附近时,由于感应作用,该物体内部会产生涡流及磁滞损耗,以致振荡回路因电阻增大、能耗增加而使振荡减弱,直至停止振荡。检测电路根据振荡器的工作状态控制输出电路的工作,输出信号去控制继电器或其他电器,以达到控制目的。

(3) 交流两线接近开关

交流两线接近开关的外形和接线方式如图5-8所示。接近开关电路图中的符号如图5-8(c)所示。

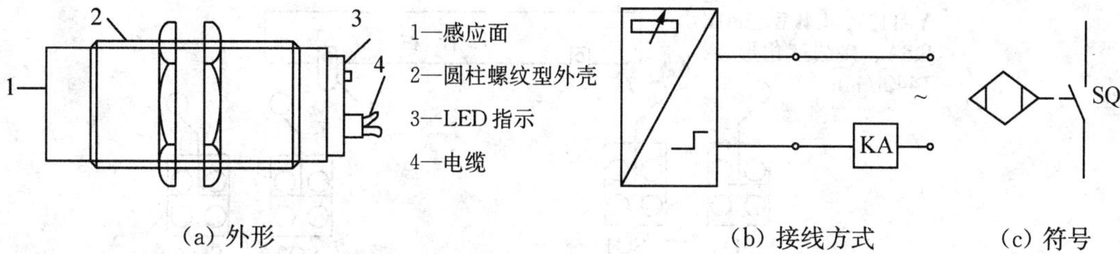

(a) 外形　　(b) 接线方式　　(c) 符号

(4) 常见故障及处理方法:工厂中一般定期检查更换。

3. 微动开关

微动开关是行程非常小的瞬时动作开关,其特点是操作力小和操作行程短。

(1) 微动开关的结构如图 5-9 所示。

(2) LXW 系列微动开关(以下简称微动开关)适用于交流 50 Hz(60 Hz),额定工作电压 250 V,额定电流 16 A 的控制电路中,将机械信号转换为电气信号,作为控制电路的通断行程之用。由于优异的设计,动作准确、可靠。位置控制线路又称行程控制或限位控制线路,如工作台的自动往返循环控制电路,其控制线路如图 5-10 所示。

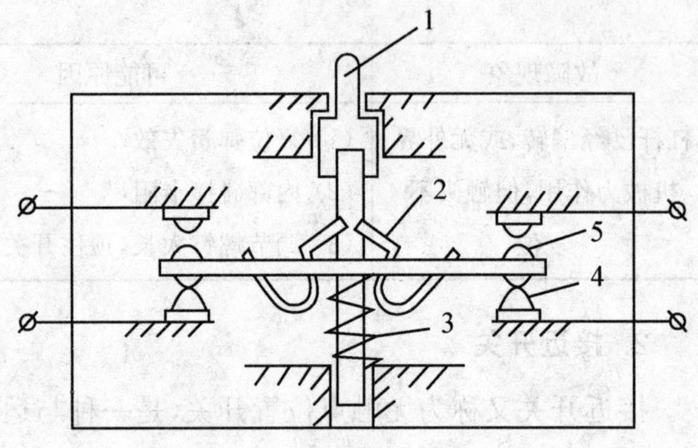

1—推杆　2—弹簧　3—压缩弹簧　4—动断触点　5—动合触点

图 5-9　微动式行程开关

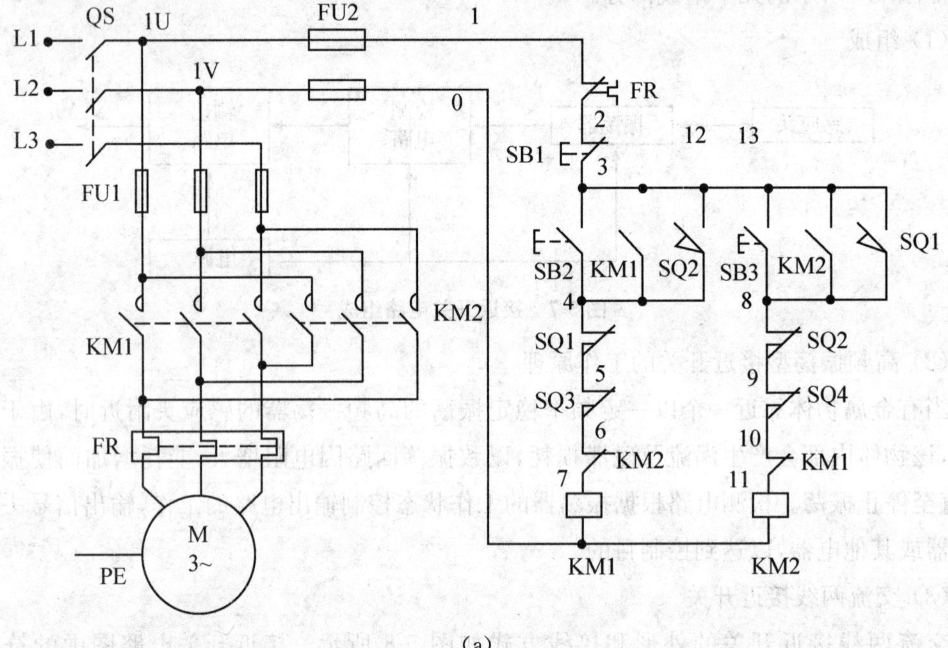

(a)

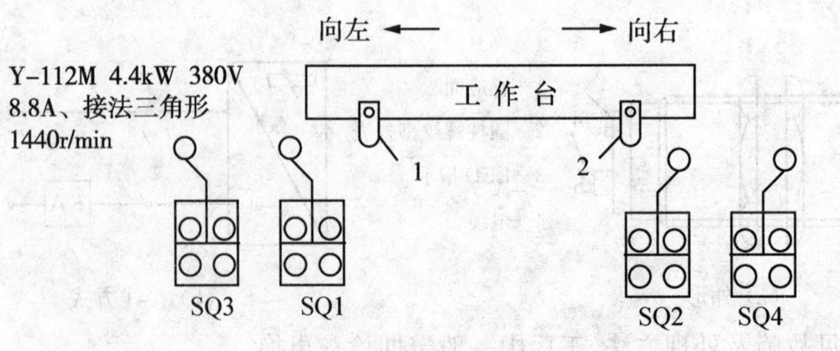

(b)

图 5-10　位置控制电路图

线路的工作原理叙述如下：先合上电源开关 QS。

①工作台向前运动

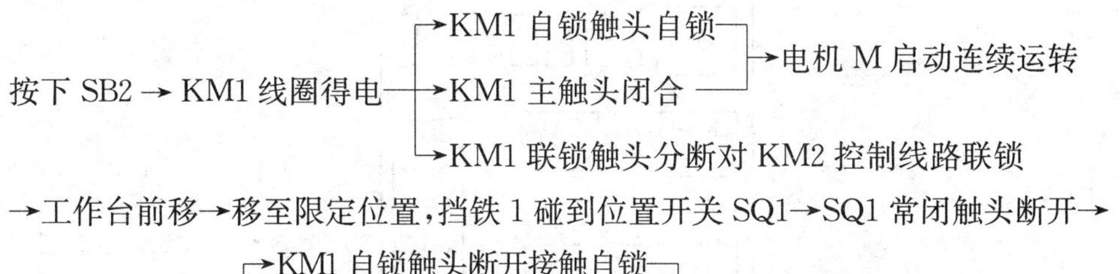

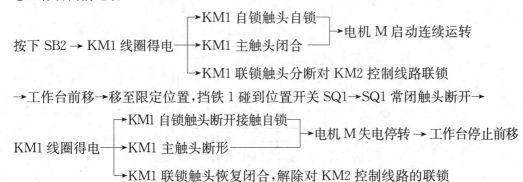

→工作台前移→移至限定位置，挡铁 1 碰到位置开关 SQ1→SQ1 常闭触头断开→

KM1 线圈得电→KM1 自锁触头断开接触自锁 / KM1 主触头断形 →电机 M 失电停转 → 工作台停止前移

→KM1 联锁触头恢复闭合，解除对 KM2 控制线路的联锁

②工作台向后运动：原理分析同上，请读者自行分析。停车时只需按下 SB1 即可。

5.4　实训内容和步骤

1. 实训内容和控制要求

图 5-3 是三相异步电动机双重联锁正、反转控制的实训线路。线路的动作过程：先合上电源开关 QS。

(1) 正转控制。按下按钮 SB2→SB2 常闭触点分断对 KM2 联锁（切断反转控制电路）；SB2 常开触点后闭合→KM1 线圈得电→KM1 主触点闭合→电动机 M 启动连续正转。KM1 联锁触点分断对 KM2 联锁（切断反转控制电路）。

(2) 反转控制。按下按钮 SB3→SB3 常闭触点先分断→KM1 线圈失电→KM1 主触点分断→电动机 M 失电；SB3 常开触点后闭合→KM2 线圈得电→KM2 主触点闭合→电动机 M 启动连续反转。KM2 联锁触点分断对 KM1 联锁（切断正转控制电路）。

(3) 停止。按停止按钮 SB1→整个控制电路失电→KM1（或 KM2）主触点分断→电动机 M 失电停转。

2. 实训步骤及要求

(1) 识读与分析三相异步电动机双重联锁正反转控制线路电气原理图 5-3。

(2) 根据电气原理图绘制“正——反——停”实训线路的电气元件布置图如图 5-11 所示，电气安装接线图如图 5-12 所示。

(3) 检查各电气元件。

(4) 固定各电气元件，安装接线。

(5) 用万用表检查控制线路是否正确，工艺是否美观。

(6) 经教师检查后，通电调试。

仔细检查确认接线无误后，接通交流电源，按下 SB2，电动机应正转，（若不符合转向要求，可停机，换接电动机定子绕组任意两个接线即可）。按下 SB3 电动机反转，然后再按下 SB2，则电动机由反转状态变为正转状态，若控制线路不能正常工作，则应分析并排除故障，使线路正常工作。按下 SB1，电动机应停转。

(7) 按图 5-10 进行自动往复控制线路电路实训。

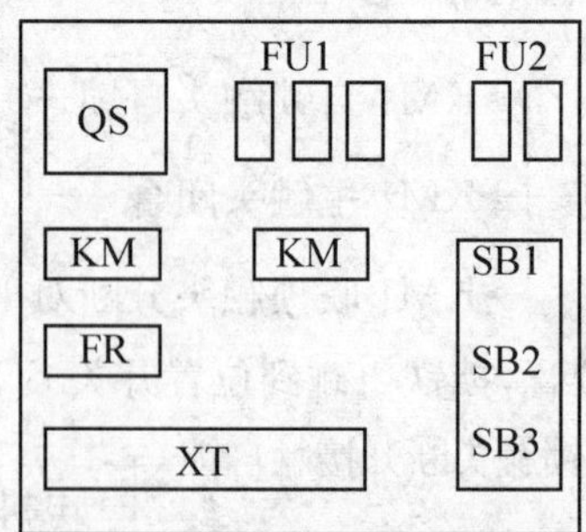

图 5-11　正、反、停控制线路电气元件布置图

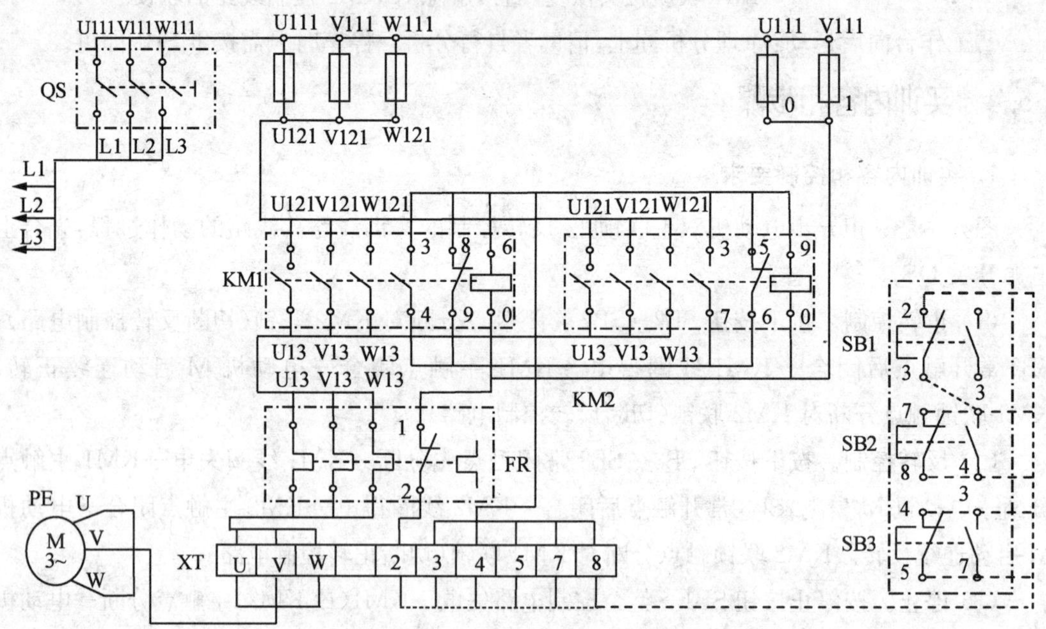

图 5-12　正、反、停控制线路电气安装接线图

3. 注意事项

双重联锁正、反转控制线路比较复杂，接线后要对照电气原理图认真逐线核对接线，重点检查主电路 KM1 和 KM2 之间的换向线以及辅助电路中按钮、接触器辅助触点之间的连接线。特别要注意每一对触点的上下端子接线不可颠倒。

(1) 检查主要电路。用万用表 R×100 Ω 挡，断开 FU2 切除辅助电路，检查各相通路和换向通路。

(2) 检查辅助电路。断开 FU1 切除主电路，用万用表笔放在 0、1 端子上，进行以下几项检查：

①检查启动和停机控制。分别按下 SB2、SB3，应测得 KM1、KM2 线圈的电阻值；在操作 SB2 和 SB3 的同时按下 SB1，万用表应显示电路由通而断。

②检查自锁线路。分别按下 KM1、KM2 的触点架，应测得 KM1、KM2 线圈的电阻值；

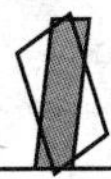

如果同时按下 SB1,万用表应显示电路由通而断。如果发现异常,则重点检查接触器自锁触点上、下端子连线。这里容易将 KM1 自锁线错接到 KM2 的自锁触点上;将动断触点用作自锁触点等,应根据异常现象进行分析、检查。

③检查按钮联锁。SB2 测得 KM1 线圈的电阻值后,再同时按下 SB3,万用表应显示电路由通而断;同样先按下 SB3 再同时按下 SB2,也应测得电路由通而断。发现异常时,应重点检查按钮盒内 SB1、SB2 和 SB3 之间的连线;检查按钮盒引出护套线与接线端子板 XT 的连接是否正确,发现错误应及时更正。

④检查辅助触点联锁线路。按下 KM1 触点架测得 KM1 电阻值后,同时按下 KM2 触点架,万用表应显示电路由通而断;同样先按下 KM2 触点架再同时按下 KM1 触点架,也应测得电路由通而断。如果发现异常,应重点检查接触器动断触点与相反转向接触器线圈之间的连线。

常见接线错误是:将动合触点错当联锁触点;将接触器的联锁线错接到同一接触器的线圈端子上等。应对照电气原理图、安装接线图认真核查并排除错接故障。

4. 思考与练习

(1) 为什么要采用双重联锁?

(2) 如果采用按钮或接触器联锁,各有哪些弊端?

5.5 任务考核

任务考核标准参见表 5-2。

表 5-2　任务考核标准

考核项目	考核内容	配分	考核要求及评分标准	得分
选用元件	选型号规格 电器安装	20 分	元件型号规格 10 分 电器安装到位 10 分	
布线	布线整齐,触点牢固,电线的绝缘	30 分	按原理图接线 15 分 电路连接正确 15 分	
通电试验	1. 热继电器整定 2. 熔断器熔体规格(分主、控电路) 3. 试验成功率 4. 安全、文明生产	50 分	1. 热继电器整定错扣 10 分 2. 熔断器熔体规格(分主、控电路)各 5 分 3. 试验的成功率:一次不成功扣 5 分,二次扣 20 分,三次扣 30 分 4. 违反安全、文明生产扣 5~50 分 定额时间为 2 小时,每超 5 分钟扣 5 分	
实际总得分				

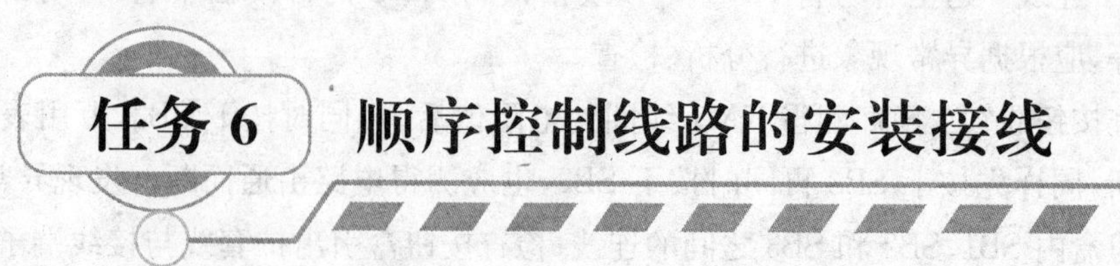

任务6 顺序控制线路的安装接线

6.1 任务目标

1. 掌握时间继电器及其在电路中的应用。

2. 通过各种不同顺序控制电路的学习,加深对有些特殊要求控制线路的了解。

3. 掌握两台电动机顺序启动控制方法。

6.2 实训设备

任务所需实训设备和元器件:

1. 维修电工实训台:包括低压断路器2只、熔断器5只、交流接触器1只、按钮3只、热继电器1只、端子板若干;

2. 电动机(4 kW、380 V、8.8 A、1 440 r/min)1台;

3. 万用表、螺丝刀等其他常用电工工具。

6.3 相关知识

在生产加工过程中,往往要求电动机能够实现可逆运行。如机床工作台的前进与后退、主轴的正转与反转、起重机吊钩的上升与下降等等。这就要求电动机可以正、反转。

模块1 时间继电器

时间控制通常是利用时间继电器来实现的。从得到动作信号起至触头动作或输出电路产生跳跃式改变有一定的延时时间,该延时时间符合其准确度要求的继电器称为时间继电器。

常用的时间继电器主要有电磁式、电动式、空气阻尼式、晶体管式等。

1. JZ7-A 系列空气阻尼式时间继电器

(1) 型号及含义

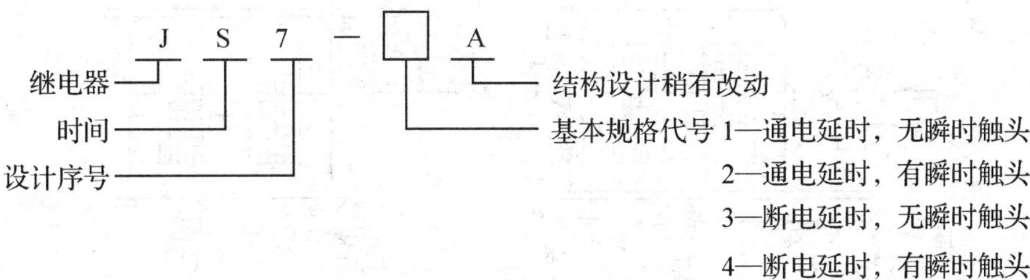

(2) 结构

JZ7-A 系列空气阻尼式时间继电器的外形和结构如图 6-1 所示。它主要由以下几部分组成：

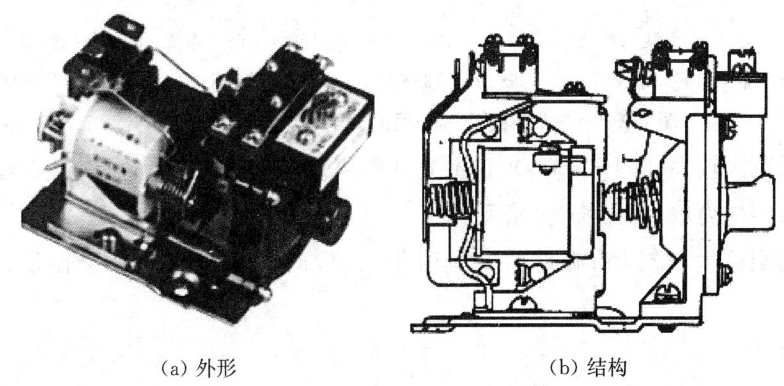

(a) 外形　　　　(b) 结构

图 6-1　JZ7-A 系列空气阻尼式时间继电器的外形和结构

①电磁系统

由线圈、铁芯和衔铁组成。

②触头系统

包括两对瞬时触头(一常开、一常闭)和两对延时触头(一常开、一常闭)，瞬时触头和延时触头分别是两个微动开关的触头。

③空气室

空气室为一空腔，由橡皮膜、活塞等组成。橡皮膜可随空气的增减而移动，顶部的调节螺钉可调节延时时间。

④传动机构

由推杆、活塞杆、杠杆及各种类型的弹簧等组成。

⑤基座

用金属板制成，用以固定电磁机构和气室。

(3) 工作原理

JZ7-A 系列空气阻尼式时间继电器的工作原理示意图如图 6-2 所示。

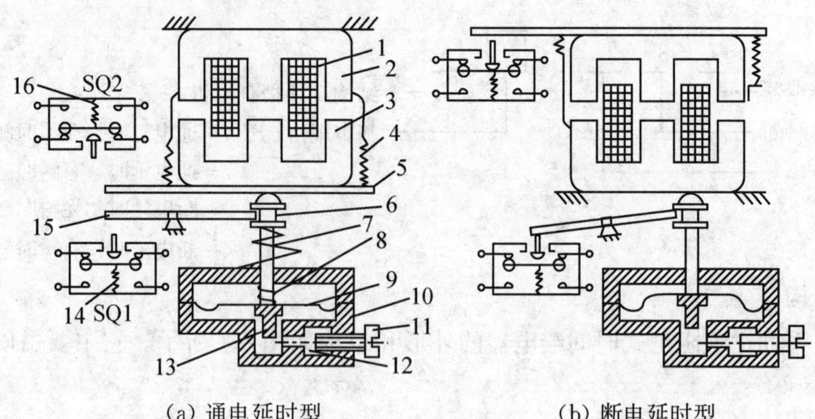

(a) 通电延时型　　(b) 断电延时型

1—线圈　2—铁芯　3—衔铁　4—反力弹簧　5—推板　6—活塞杆　7—塔形弹簧　8—弱弹簧　9—橡皮膜　10—空气室壁　11—调节螺钉　12—进气孔　13—活塞　14、16—微动开关　15—杠杆　17—推杆

图 6-2　JS7-A 系列空气阻尼时间继电器结构原理图

优点:延时范围较大(0.4～180 s),且不受电压和频率波动的影响;可以做成通电和断电两种延时形式;结构简单、寿命长、价格低。

缺点:延时误差大,难以精确地整定延时值,且延时值易受周围环境温度、尘埃等的影响。

(4) 电气符号

如图 6-3 所示。

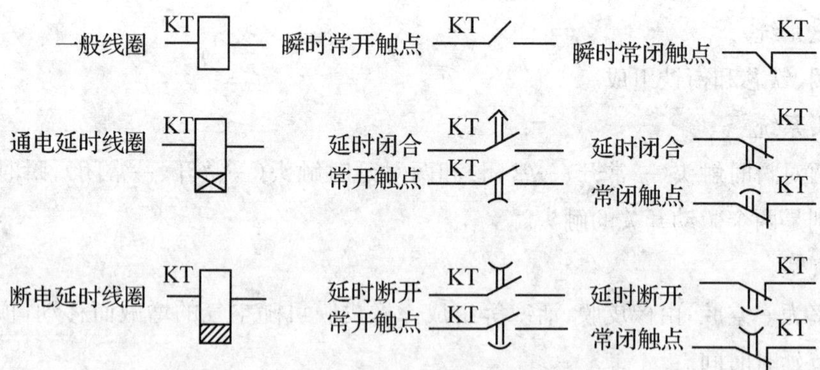

图 6-3　时间继电器的符号

(5) 常见故障及处理方法

如表 6-1 所示。

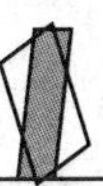

表 6-1　JS7-A 系列时间继电器常见故障及处理方法

故障现象	可能原因	处理方法
延时触头不动作	(1) 电磁线圈断线 (2) 电源电压过低 (3) 传动机构卡住或损坏	(1) 更换线圈 (2) 调高电源电压 (3) 排除卡住故障或更换部件
延时时间缩短	(1) 气室装配不严，漏气 (2) 橡皮膜损坏	(1) 修理或更换气室 (2) 更换橡皮膜
延时时间变长	气室内有灰尘，使气道阻塞	清除气室内灰尘，使气道畅通

2. 晶体管时间继电器

(1) 型号及含义

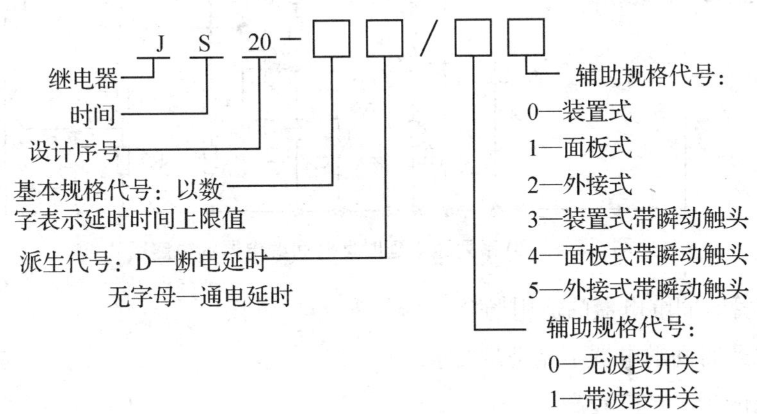

(2) 结构

JS20 系列时间继电器的外形如图 6-4(a)所示。

JS20 系列通电延时型时间继电器的接线示意图如图 6-4(b)所示。

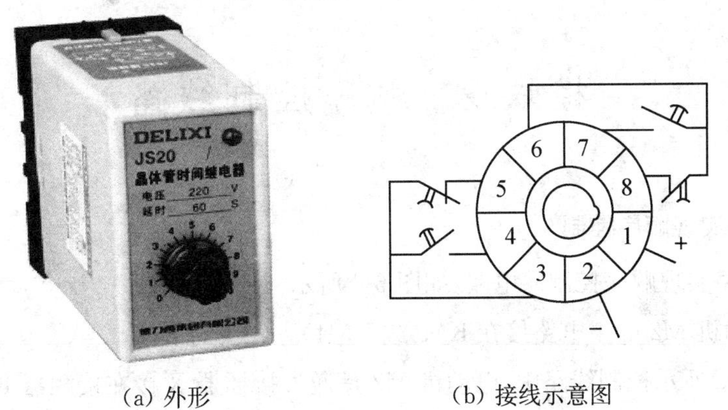

(a) 外形　　(b) 接线示意图

图 6-4　JS20 系列时间继电器的外形与接线

(3) 工作原理

JS20 系列通电延时型时间继电器的线路如图 6-5 所示。它由电源、电容充放电电路、电压鉴别电路、输出和指示电路五部分组成。电源接通后,经整流滤波和稳压后的直流电经过 RP1 和 R2 向电容 C2 充电。当场效应管 V6 的栅源电压 Ugs 低于夹断电压 Up 时,V6 截止,因而 V7、V8 也处于截止状态。随着充电的不断进行,电容 C2 的电位按指数规律上升,当满足 Ugs 高于 Up 时,V6 导通,V7、V8 也导通,继电器 KA 吸合,输出延时信号。同时电容 C2 通过 R8 和 KA 的常开触头放电,为下次动作做好准备。当切断电源时,继电器 KA 释放,电路恢复原始状态,等待下次动作。调节 RP1 和 RP2 即可调整延时时间。

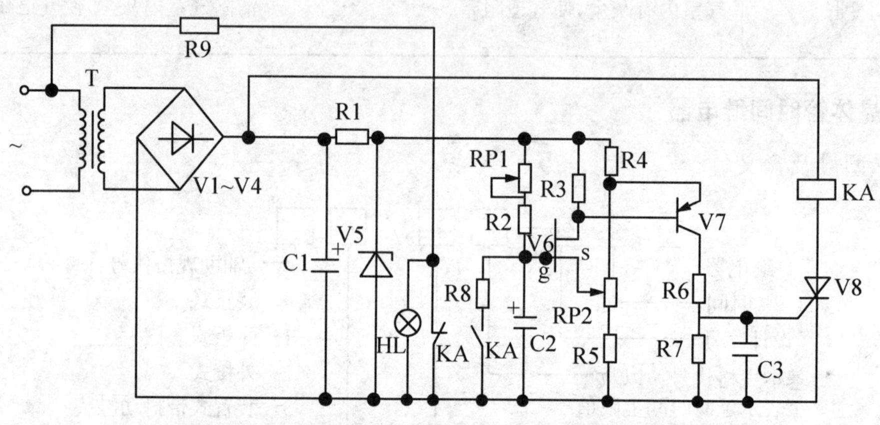

图 6-5　JS20 系列通电延时型时间继电器的电路图

(4) 晶体管时间继电器的适用场合

①当电磁式时间继电器不能满足要求时;

②当要求的延时精度较高时;

③控制回路相互协调需要无触点输出等。

(5) 晶体管时间继电器故障处理

一般直接更换。

模块 2　顺序控制线路

1. 主电路实现顺序控制

(1) 主电路实现顺序控制的电路,如图 6-6 所示。

特点:电动机 M2 的主电路接在 KM(或 KM1)主触头的下面。

如图 6-6(a)所示控制线路中,电动机 M2 是通过接插器 X 接在接触器 KM 主触头的下面,因此,只有当 KM 的主触头闭合,电动机 M1 启动运转后,电动机 M2 才可能接通电源运转。

如图 6-6(b)所示线路中,电动机 M1 和 M2 分别通过接触器 KM1 和 KM2 来控制。接

触器 KM2 的主触头接在接触器 KM1 主触头的下面，这样就保证了当 KM1 主触头闭合、电动机 M1 启动运转后，M2 才可能接通电源运转。

(2) 线路的工作原理如下：

按下 SB1→KM1 线圈得电→KM1 主触头闭合→
　　　　　　　　　　　→KM1 自锁触头闭合自锁

→电动机 M1 启动连续运转
→按下 SB1→KM2 线圈得电→KM2 主触头闭合→
　　　　　　　　　　　　→KM2 自锁触头闭合自锁

→电动机 M2 启动连续运转

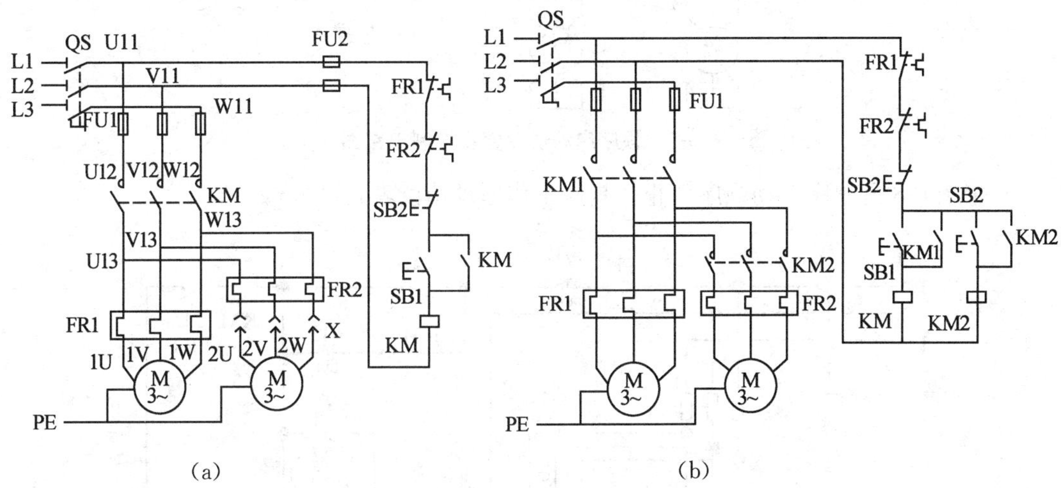

图 6-6　主电路实现顺序控制电路图

2. 控制电路实现顺序控制

(1) 在控制电路实现电动机顺序控制的电路如图 6-7 所示。

如图 6-7 所示控制线路的特点是：在电动机 M2 的控制电路中串接了接触器 KM1 常开辅助触头。只要 M1 不启动，即使按下 SB4，由于 KM1 的常开辅助触头未闭合，KM2 线圈也不能得电，从而保证了 M1 启动后，M2 才能启动的控制要求。线路中停止按钮 SB5 控制两台电动机同时停止，SB3 控制 M2 的单独停止。

从图中可以看出，即使先按下 SB2，KM2 互锁，线圈 KM1 不失电，M1 不能停止；只有先按下 SB3，线圈 KM2 失电后，线圈 KM1 才可失电，故达到 M2 停止后 M1 才能停止的控制要求，M1、M2 是顺序启动，逆序停止。

(2) 控制规律

①当要求甲接触器工作后方允许乙接触器工作，则在乙接触器线圈电路中串入甲接触器的动合触点。

②当要求乙接触器线圈断电后方允许甲接触器线圈断电，则将乙接触器的动合触点并联在甲接触器的停止按钮两端。

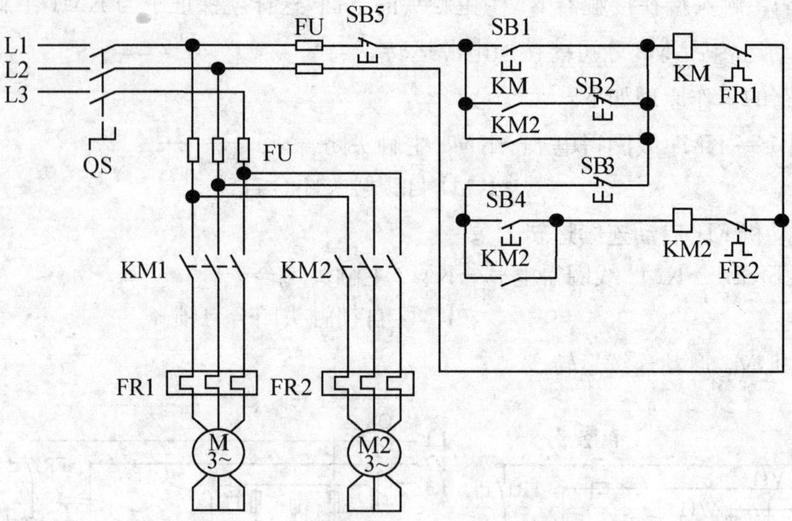

图 6-7　顺序启动逆序停止控制电路图

(3) 图 6-8 是顺序启动顺序停止。具体工作原理请读者自己分析。

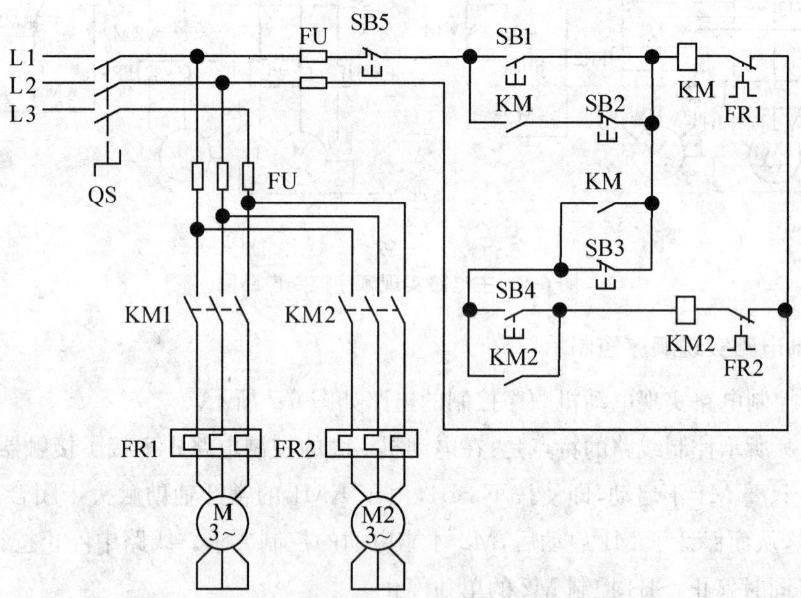

图 6-8　顺序启动顺序停止控制电路图

6.4　实训内容和步骤

1. 实训内容和控制要求

图 6-7、图 6-8 是控制电路实现电动机顺序控制线路的两种实训电路。线路的动作过程前面已作分析。

2. 实训步骤及要求

(1) 熟悉电气原理图 6-7、图 6-8，分析控制电路实现电动机顺序控制线路的控制关系。

(2) 根据电气原理图绘制控制电路实现电动机顺序控制线路电气元件布置图如图 6-9

所示，电气安装接线图如图 6-10 所示。

(3) 找到对应的交流接触器等元器件，并检查元器件是否完好。

(4) 固定电气元件。

(5) 按电气安装接线图接线。注意接线要牢固，接触要良好，文明操作。

(6) 在接线完成后，若检查无误，经指导老师检查允许后方可通电调试。

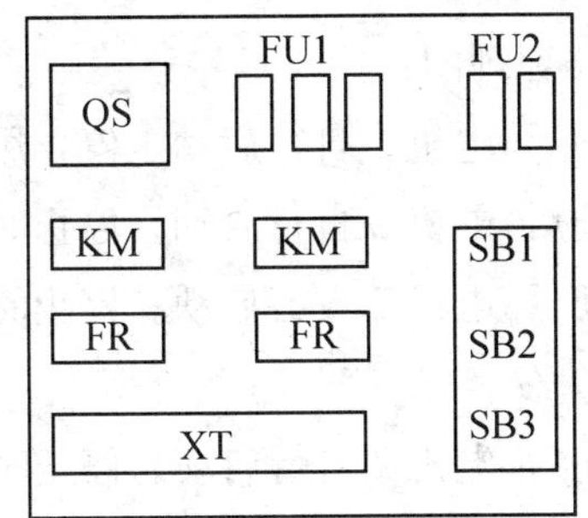

图 6-9　顺序控制线路电气元件布置图

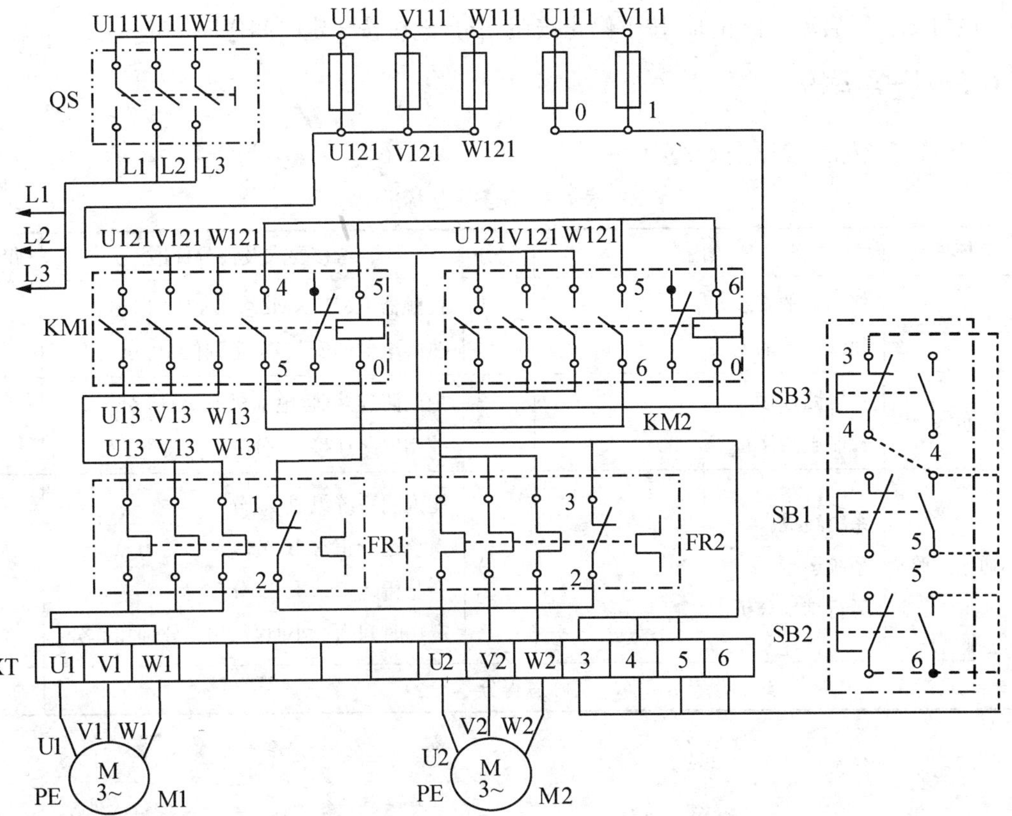

图 6-10　顺序控制线路电气安装接线图

3. 检测与调试

(1) 接通三相交流电源。按下 SB1 观察并记录电动机和接触器的运行状态。

(2) 按下 SB5 观察并记录电动机和接触器的运行状态。

(3) 按下 SB5，再按下 SB1 观察并记录电动机和接触器的运行状态。

4. 注意事项

SB1 与 KM2 的动合触点应接在 KM1 自锁触点的后面，防止接到前面而不能实现电动机顺序控制。

5. 思考与练习

设计出如下顺序控制的电路原理图：

(1) 电机 1 启动一具体时间后，电机 2 自行启动。停止用一按钮控制。

(2) 电机 1 启动一具体时间后，电机 2 自行启动。停止时，先停止 2，才能停止 1。

(3) 电机 1 启动一具体时间后，电机 2 自行启动。停止时，先停止 2，过一定时间后 1 自行停止。

(4) 电机 1 启动一具体时间后，电机 2 自行启动。停止时，先停止 1，过一定时间后 2 自行停止。

(5) 三台电机，按下启动按钮，电机 1 启动一具体时间后，电机 2 自行启动，再过一段时间，电机 3 自行启动。停止时，按下停止按钮，三台电机按一定时间逆序停止。

6.5 任务考核

任务考核标准参见表 6-2。

表 6-2 任务考核标准

考核项目	考核内容	配分	考核要求及评分标准	得分
电器安装	接触器的安装 热继电器的安装	20 分	接触器 KM1、KM2 安装到位 10 分 热继电器的安装、整定到位 10 分	
布线	主电路连接 控制电路连接	30 分	主电路连接(含电动机连接)15 分 控制电路连接 15 分	
通电试验	系统组成 系统运行 运行结果分析	50 分	能说明系统组成 15 分 系统运行正常 10 分 会分析运行结果 25 分 定额时间为 2 小时，每超 5 分钟扣 5 分	
实际总得分				

任务 7　三相异步电动机降压启动控制线路安装

7.1　任务目标

1. 掌握三相异步电动机星形-三角形降压启动控制线路

2. 培养三相异步电动机星形-三角形降压启动电气线路的安装操作能力。

3. 了解延边三角形降压启动和自耦变压器降压启动控制线路的工作原理。

7.2　实训设备

任务所需实训设备和元器件：

1. 维修电工实训台：包括低压断路器 2 只、熔断器 5 只、交流接触器 1 只、按钮 3 只、时间继电器 1 只、热继电器 1 只、端子板若干；

2. 电动机(4 kW、380 V、8. 8 A、1 440 r/min)2 台；

3. 万用表、螺丝刀等其他常用电工工具。

7.3　相关知识

模块 1　笼型异步电机串电阻降压启动控制线路

1. 串电阻降压启动

(1) 图 7-1 (a)工作原理为按下启动按钮 SB2 电机串电阻启动，同时时间继电器开始计时，计时时间到接通 KM2，切换掉启动电阻，变为全压启动。图 7-1(b)工作原理类似，只是切换完启动电阻后，时间继电器也同时失电，技能效果更好。

(2) 图 7-2 显示的是转子绕组串电阻多级启动模式。分为三相对称和不对称两种。

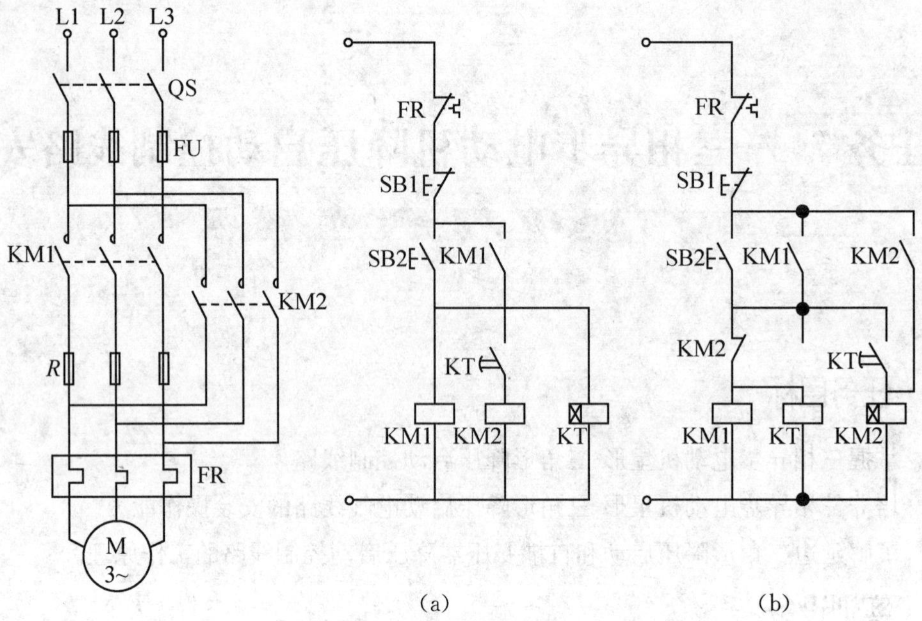

（a）　　　　　　　　（b）

图 7-1　时间继电器串电阻自动降压启动控制线路

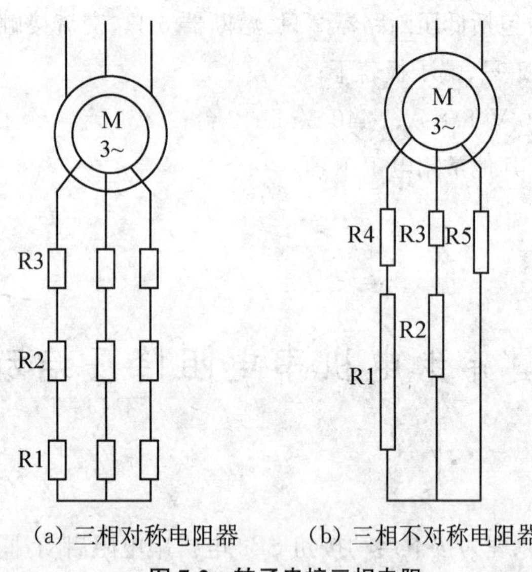

（a）三相对称电阻器　　　（b）三相不对称电阻器

图 7-2　转子串接三相电阻

电动机转子绕组中串接的外加电阻在每段切除前和切除后，三相电阻始终是对称的，称为三相对称电阻器，如图 7-2(a)所示。启动过程依次切除 R1、R2、R3，最后全部电阻被切除。与上述相反，启动时串入的全部三相电阻是不对称的，而每段切除后三相仍不对称，称为三相不对称电阻器，如图 7-2(b)所示。启动过程依次切除 R1、R2、R3、R4，最后全部电阻被切除。

(3) 按钮操作控制线路

①按钮操作转子绕组串接电阻启动的电路如图 7-3 所示。

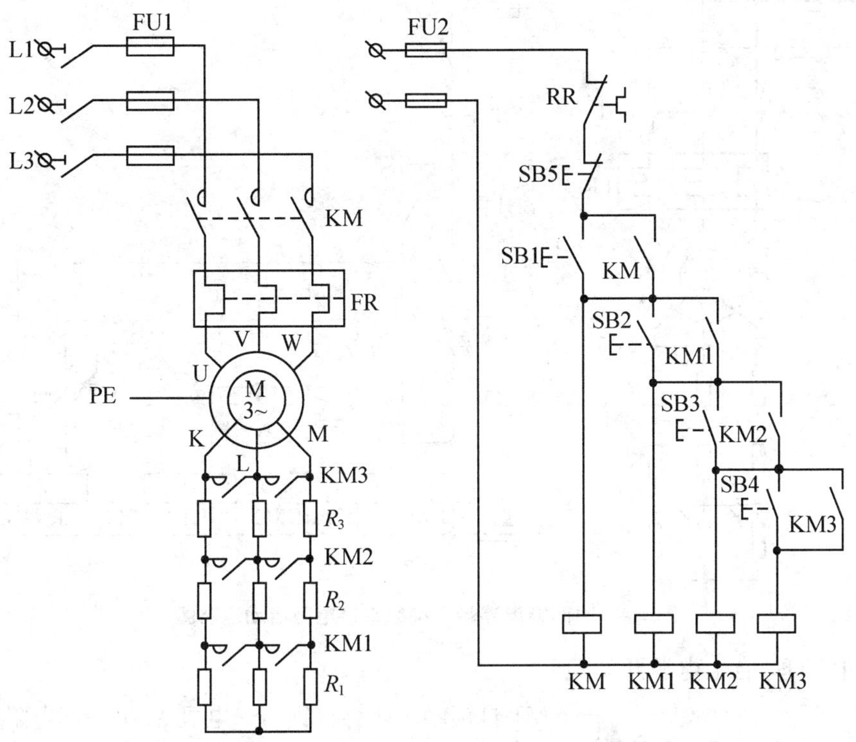

图 7-3　按钮操作转子绕组串接电阻启动的电路图

②线路的工作原理如下：合上电源开关 QS。

按下 SB1→KM 线圈得电—┬→KM 主触头闭合——→电动机 M 串接全部电阻启动→
　　　　　　　　　　　　└→KM 自锁触头闭合自锁—┘

—┬→KM1 主触头闭合，切除第一组启动电阻 R1，电动机串接第二组电阻继续启动
　└→KM1 自锁触头闭合自锁 —经过一定时间→ 按下 SB3→KM2 线圈得电→

—┬→KM2 主触头闭合，切除第二组启动电阻 R2，电动机串接第三组电阻继续启动
　└→KM2 自锁触头闭合自锁 —经过一定时间→ 按下 SB4→KM3 线圈得电→

—┬→KM3 主触头闭合，切除全部电阻，电动机启动结束，正常运转
　└→KM3 自锁触头闭合自锁

停止时，按下 SB5 即可。

(4) 时间继电器自动控制线路

①时间继电器自动控制短接启动电阻的控制线路，如图 7-4 所示。

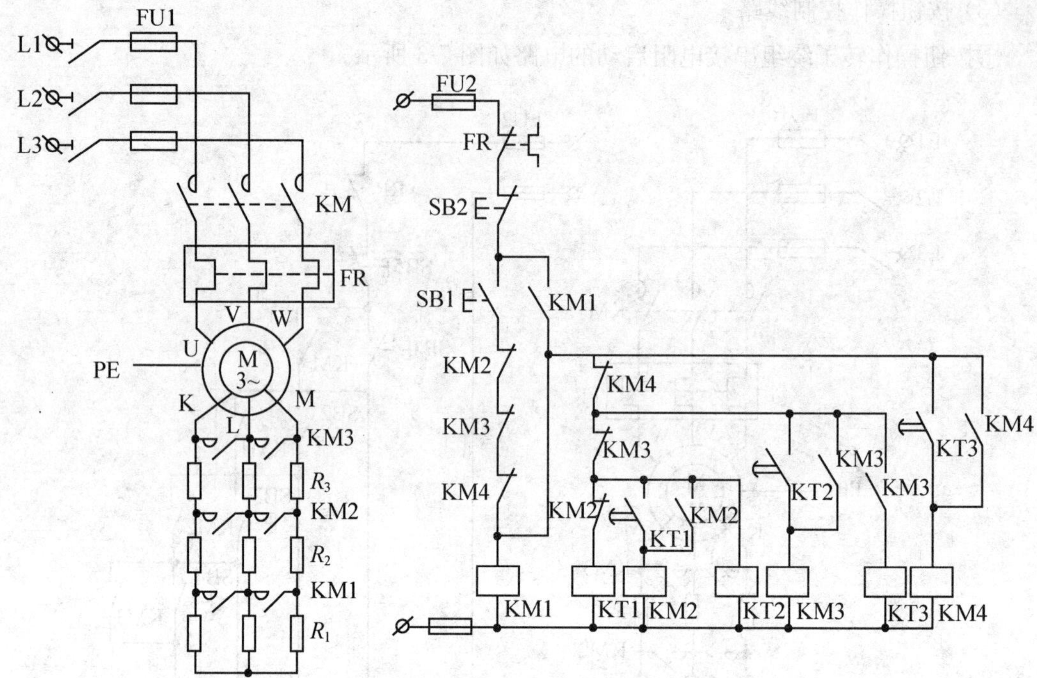
FU1
L1
L2
L3
KM
FR
U
V
W
PE
M
3~
K
L
M
KM3
R_3
KM2
R_2
KM1
R_1
FU2
FR
SB2
SB1
KM1
KM2
KM3
KM4
KM4
KM3
KM2
KT1
KM2
KT2
KM3
KT3
KM4
KM3
KM1
KT1
KM2
KT2
KM3
KT3
KM4

图 7-4　时间继电器转子绕组串接电阻启动电路图

②工作原理：合上电源开关 QS。

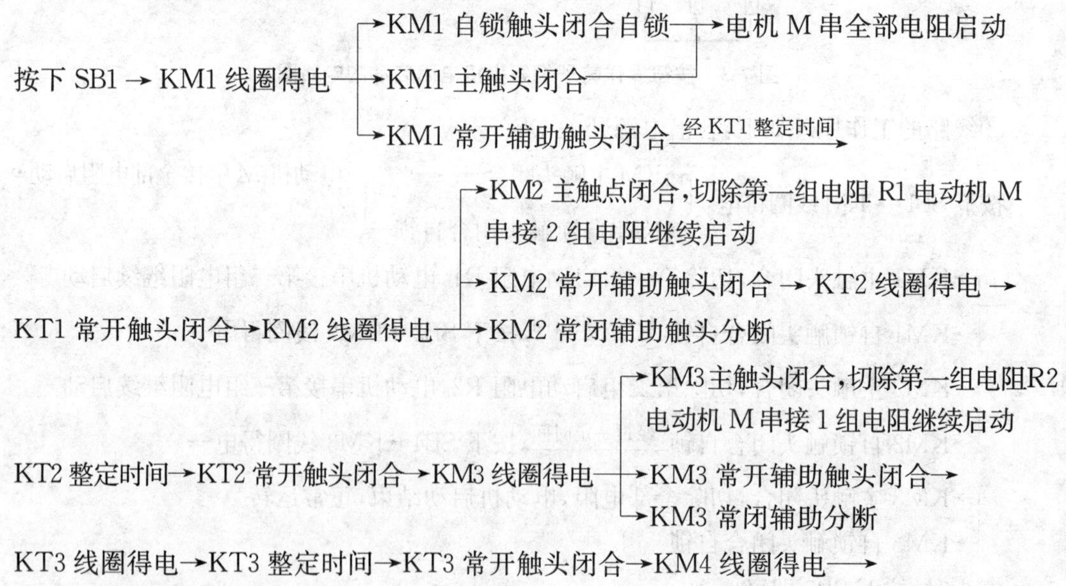
按下 SB1→KM1 线圈得电
→KM1 自锁触头闭合自锁→电机 M 串全部电阻启动
→KM1 主触头闭合
→KM1 常开辅助触头闭合
经 KT1 整定时间
KT1 常开触头闭合→KM2 线圈得电
→KM2 主触点闭合，切除第一组电阻 R1 电动机 M 串接 2 组电阻继续启动
→KM2 常开辅助触头闭合→KT2 线圈得电→
→KM2 常闭辅助触头分断
KT2 整定时间→KT2 常开触头闭合→KM3 线圈得电
→KM3主触头闭合，切除第一组电阻R2 电动机 M 串接 1 组电阻继续启动
→KM3 常开辅助触头闭合→
→KM3 常闭辅助分断

KT3 线圈得电→KT3 整定时间→KT3 常开触头闭合→KM4 线圈得电→

→KM4 自锁触头闭合自锁

→KM4 主触头闭合，切除第三组电阻 R3 电动机 M 启动结束，正常运转

→KM4 常闭辅助触头分断→使 KT1、KM2、KT2、KM3、KT3 依次断电释放触头复位

→KM4 常闭辅助触头分断

停止时，按下 SB2 即可。

模块 2　星-三角降压启动

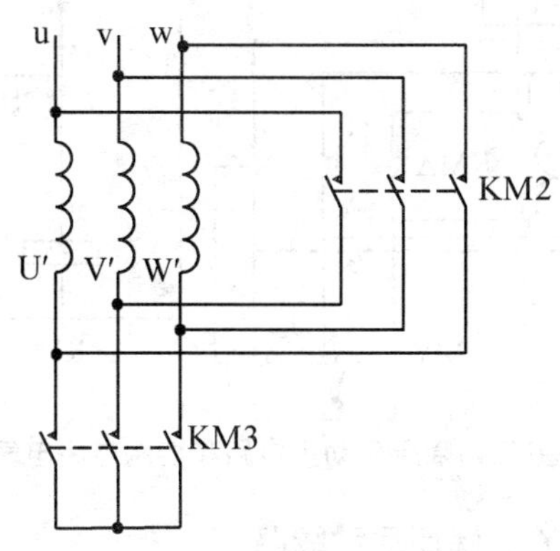

图 7-5　电机定子绕组星-三角接线示意图

Y-△降压启动是指电动机启动时，把定子绕组接成 Y 形，以降低启动电压，限制启动电流。待电动机启动后，再把定子绕组改接成△形，使电动机全压运行。凡是在正常运行时定子绕组作△形连接的异步电动机，均可采用这种降压启动方法。

电动机启动时接成 Y 形，加在每相定子绕组上的启动电压只有△形接法的根号三分之一。启动电流为△形接法的三分之一，启动转矩也只有△形接法的三分之一，所以这种降压启动方法最适用于轻载或空载下启动。

1. 按钮、接触器控制 Y-△降压启动线路

按钮和接触器控制 Y-△降压启动电路如图 7-6 所示。

线路的工作原理如下：先合上电源开关 QS。

(1) 电动机 Y 形接法降压启动

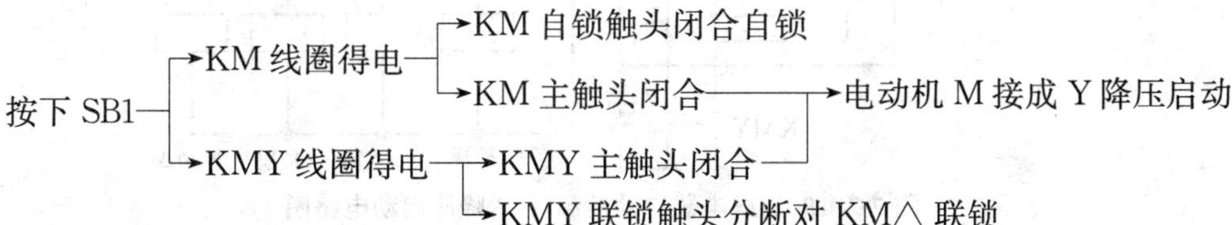

(2) 电动机△形接法全压运行：当电动机转速上升并接近额定值时，

停止时按下 SB3 即可实现。

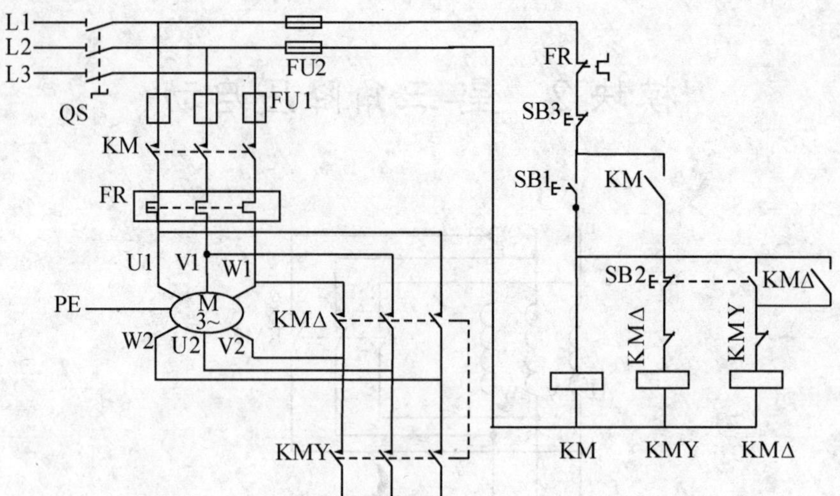

图 7-6　星-三角降压启动主电路和控制电路电气原理图

2. 时间继电器自动控制 Y-△降压启动线路

(1) 时间继电器自动控制 Y-△降压启动电路如图 7-7 所示。

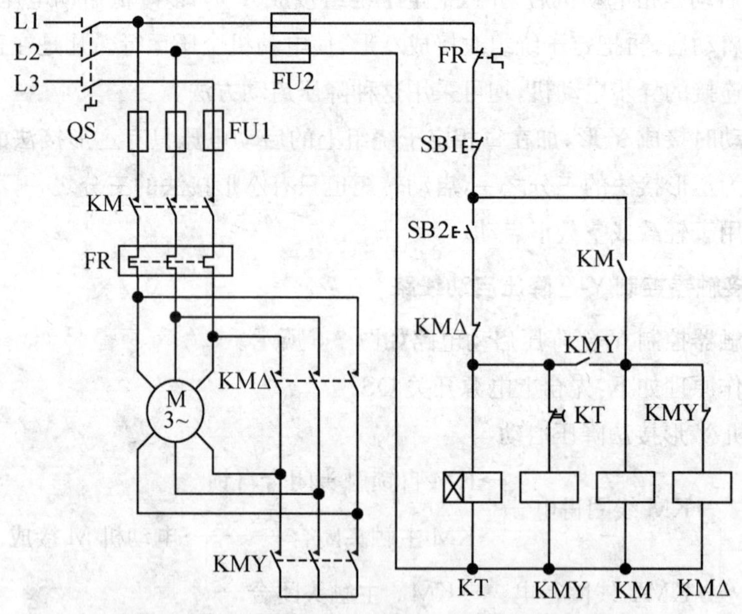

图 7-7　时间继电器自动控制 Y-△降压启动电路图

(2) 线路的工作原理如下:先合上电源开关 QS。

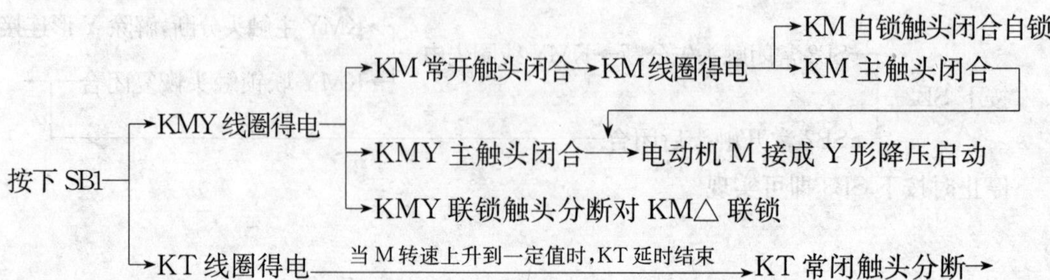

→KMY 线圈失电─┬→KMY 常开触头分断
　　　　　　　├→KMY 主触头分断，解除 Y 形连接
　　　　　　　└→KMY 联锁触头闭合→KM△ 线圈得电→

─┬→KNM△ 联锁触头分断─┬→对 KMY 联锁
　│　　　　　　　　　　└→KT 线圈失电→KT 常闭触头瞬时闭合
　└→KM△ 主触头闭合→电动机 M 接成 △ 形全压运行

停止时按下 SB2 即可。

模块3　异步电动机的调速控制线路

由电动机原理可知改变极对数可改变电动机的转速（见公式：$n=(1-s)\,60f/P$），多速电动机就是通过改变电动机定子绕组的接线方式而得到不同的极对数，从而达到不同速度的目的。双速、三速电动机是变极调速中最常用的两种形式。

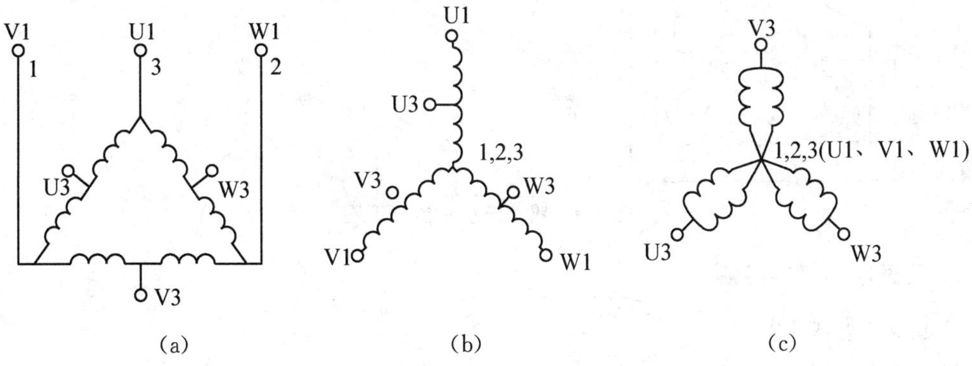

图 7-8　双速电动机定子绕组接线方式

1. 双速电动机的控制

双速电动机的定子绕组的连接方式常用的有两种：一种是绕组从单星形改成双星形，如上图 7-8(b)所示的连接方式转换成如图 7-8(c)所示的连接方式；另一种是从三角形改成双星形，如图 7-8(a)所示的连接方式转换成如图 7-8(c)所示的连接方式，这两种接法都能使电动机产生的磁极对数减少一半，即电机的转速提高一倍。

图 7-9 是双速电动机三角形变双星形的控制原理图，当按下启动按钮，主电路接触器 KM1 的主触头闭合，电动机三角形连接，电动机以低速运转；同时 KA 的常开触头闭合使时间继电器线圈带电，经过一段时间（时间继电器的整定时间），KM1 的主触头释放，KM2、KM3 的主触头闭合，电动机的定子绕组由三角形变双星形，电动机以高速运转。

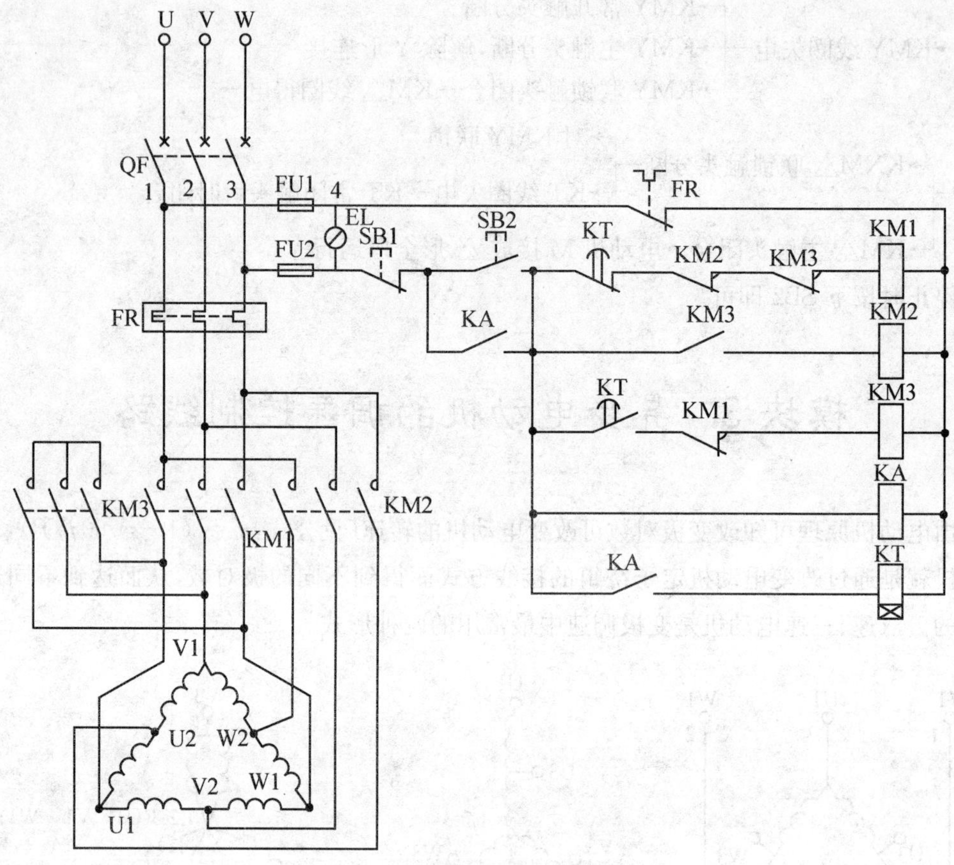

图 7-9 双速电机控制原理图

2. 三速电动机的控制

合上电源开关 QF。

(1) 低速运行

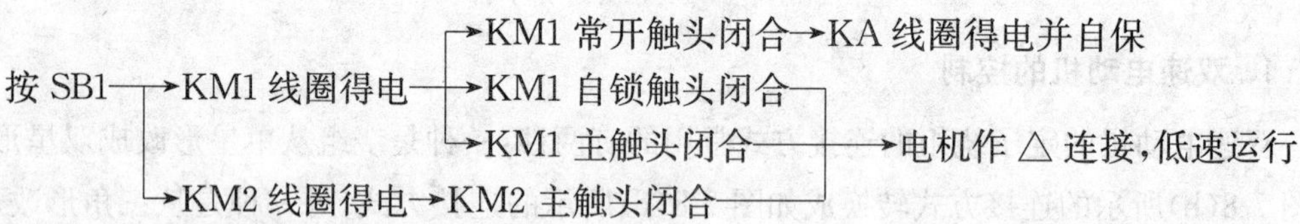

(2) 中高速运行

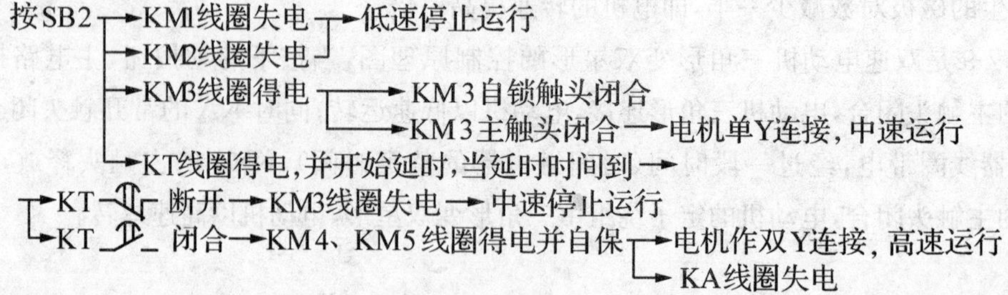

(3) 停止运行

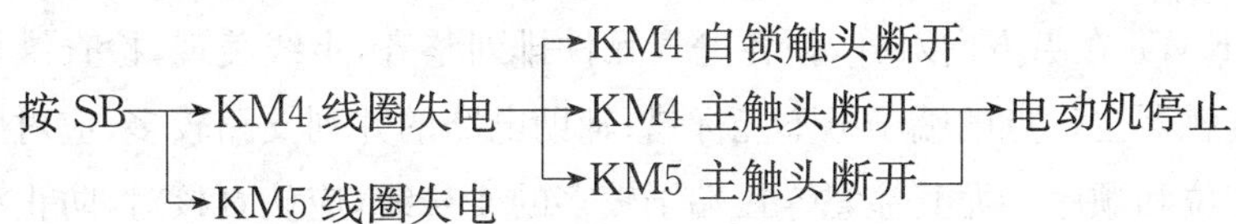

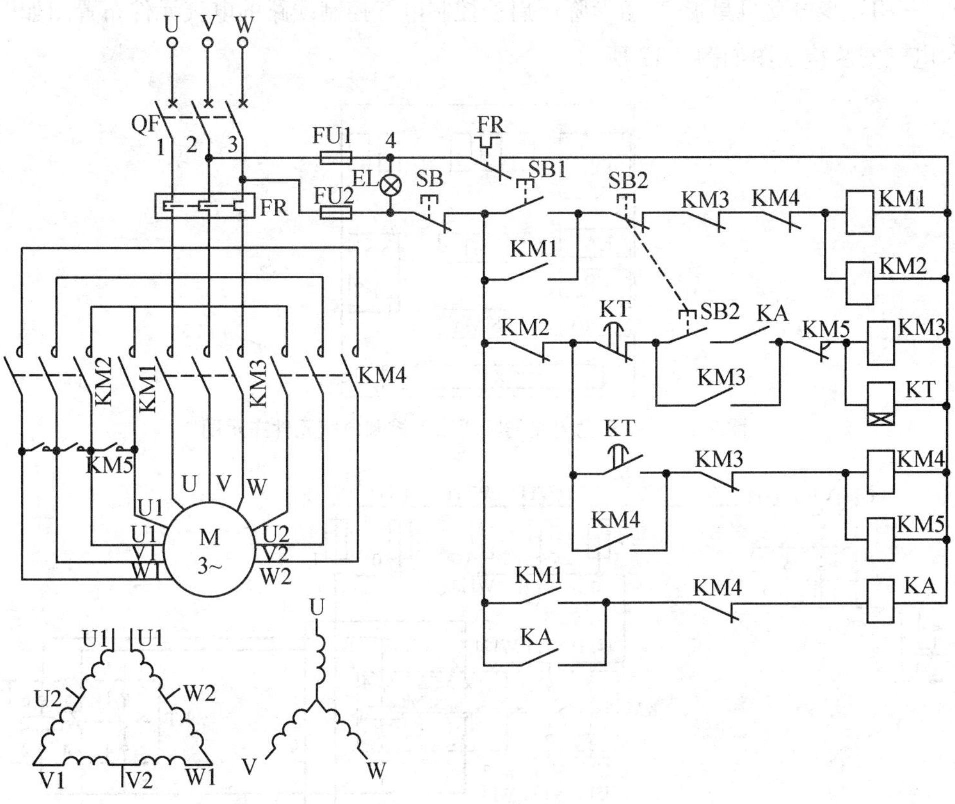

图 7-10　三速电机的控制原理图

7.4 实训内容和步骤

1. 实训内容和控制要求

图 7-7 是星形-三角形的降压启动控制电气原理图，即实训电路。线路的动作过程：先合上电源开关 QS。

按下按钮 SB2→KM 线圈得电→KM 触点闭合自锁→KMY 线圈得电→KM 主触点、KMY 主触点闭合→电动机 M 接成星形降压启动→同时 KT 线圈得电、KMY 联锁分断→当 M 转速上升到一定值时，KT 延时结束→KT 常闭触点分断→KMY 线圈失电→KMY 主触点分断→解除星形连接→KMY 联锁闭合→KM△线圈得电→KM△主触点闭合→电动机 M 接成三角形全压运转→KM△联锁分断，使 KT 线圈失电。停止时按下 SB1 即可。

2. 实训步骤及要求

(1) 分析三相异步电动机星形-三角形降压启动控制电气控制线路的原理图。

(2) 绘制电气安装接线图，正确标注线号。

将主电路中 QS、FU1、KM1、FR、KM△排成直线，KMY 与 KM△并列放置，将 KT 与

KM 并列放置，并且与 KMY 在纵方向对齐，使各电气元件排列整齐，走线美观，检查维护方便。注意主电路中各接触器主触点的端子号不能标错；辅助电路的并列支路较多，应对照电气原理图看清楚连线方位和顺序。尤其注意连接端子较多的 4 号线，应认真核对，防止漏标编号。三相异步电动机星形-三角形降压启动控制电气控制线路的电气元件布置图如图7-11所示，电气安装接线图如图 7-12 所示。

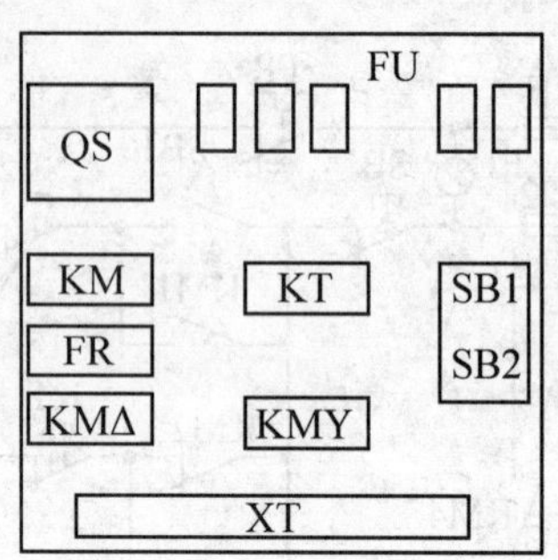

图 7-11　星-三角电路的降压启动控制电气元件布置图

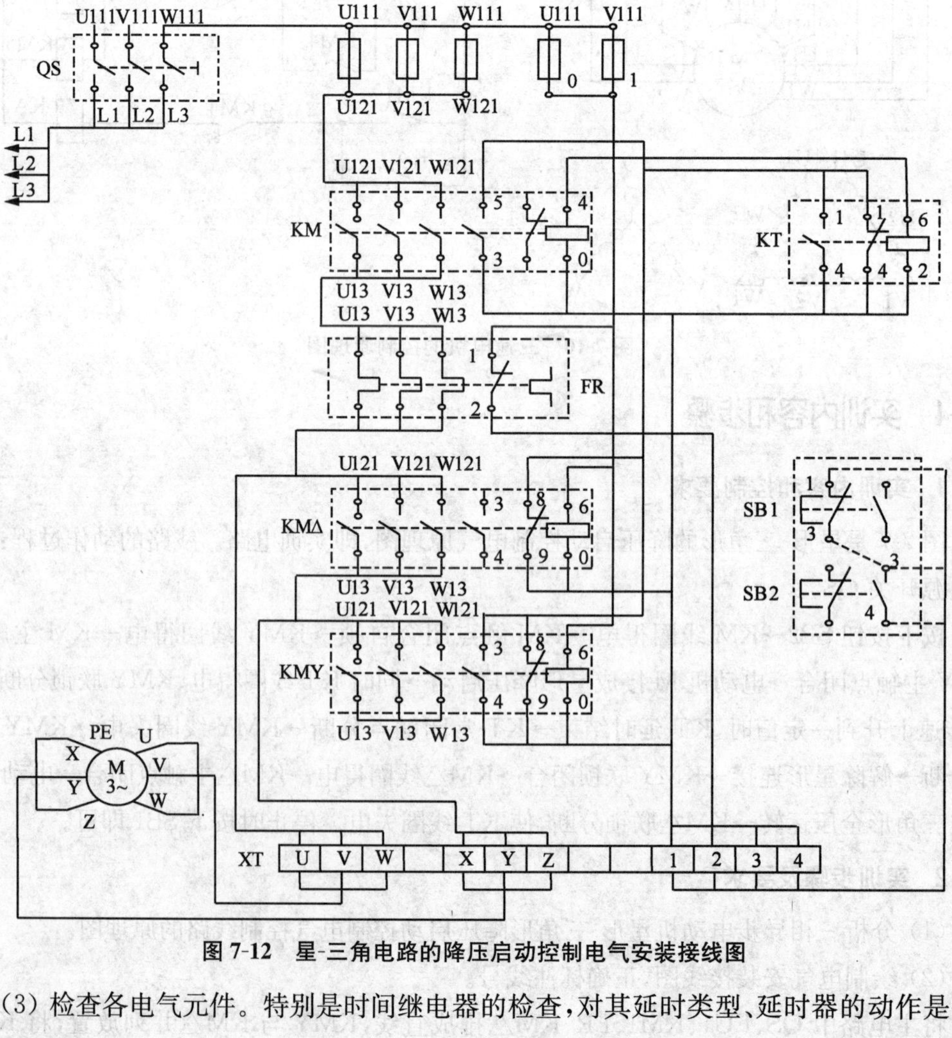

图 7-12　星-三角电路的降压启动控制电气安装接线图

(3) 检查各电气元件。特别是时间继电器的检查，对其延时类型、延时器的动作是否灵

活，将延时时间调整的5S(调节延时器上端的针阀)左右。

(4) 固定电气元件，安装接线。要注意JS7-1A时间继电器的安装方位。如果设备安装底板垂直于地面，则时间继电器的衔铁释放方向必须指向下方，否则违反安装规程。

(5) 按电气安装接线图连接导线。注意接线要牢固，接触要良好，文明操作。

(6) 在接线完成后，用万用表检查线路的通断。分别检查主电路，辅助电路的启动控制、联锁线路、KT的控制作用等，若检查无误，经指导老师检查允许后，方可通电调试。

3. 注意事项

(1) 进行Y-△启动控制的电动机，接法必须是△连接。额定电压必须等于三相电源线电压。其最小容量为2、4、8极的4千瓦。

(2) 接线时要注意电动机的△接法不能接错，同时应该分清电动机的首端和尾端的连接。

(3) 电动机、时间继电器、接线端板的不带电的金属外壳或底板应可靠接地。

4. 思考与练习

(1) 三相异步电动机星形-三角形降压启动的目的是什么?

(2) 时间继电器的延时长短对启动有何影响?

(3) 采用星形-三角形降压启动对电动机有什么要求?

7.5　任务考核

任务考核标准参见表7-1。

表7-1　任务考核标准

考核项目	考核内容	配分	考核要求及评分标准	得分
电器安装和接线	电器安装 电路连接 电机接线	30分	时间继电器、三角形接法接触器安装到位10分；电路连接正确10分 电机接线10分	
实训报告	按照报告要求完成、正确	40分	报告内容40分	
安全文明 团结协作精神	系统组成 系统运行 运行结果分析	30分	能说明系统组成10分 系统运行正常10分 会分析运行结果10分	
实际总得分				

任务 8 摇臂钻床控制线路的安装与接线

8.1 任务目标

1. 学会整体电路的分析方法。
2. 掌握典型的机床电气控制线路和常见故障分析。
3. 了解 Z3040 型摇臂钻床电气线路的安装与故障排除。

8.2 实训设备

任务所需实训设备和元器件：

1. 维修电工实训台：包括低压断路器 2 只、熔断器 8 只、交流接触器 5 只、按钮 6 只、时间继电器 1 只、热继电器 2 只、控制变压器 1 只、指示灯 4 只、端子板若干等；

2. 电动机(4 kW、380 V、8.8 A、1 440 r/min)4 台；

3. 万用表、螺丝刀等其他常用电工工具。

8.3 相关知识

模块 1 钻床电气控制线路

下面以 Z3040 摇臂钻床为例分析其控制线路。

1. 钻床主要结构及控制要求

(1) 结构

摇臂钻床一般由底座、立柱、摇臂和主轴箱等部件组成。摇臂钻床具有下列运动：主轴箱的旋转主运动及轴向进给运动；主轴箱沿摇臂的水平移动；摇臂的升降运动和回转运动。

Z3040 钻床中，主轴箱沿摇臂的水平移动和摇臂的回转运动为手动调整。

(2) 电力拖动及其控制要求

整台机床由 4 台异步电动机驱动，分别是主轴电动机、摇臂升降电动机、液压泵电动机及冷却泵电动机。主轴箱的旋转运动及轴向进给运动由主轴电机驱动，旋转速度和旋转方向由机械传动部分实现，电机不需变速。

①由四台电动机进行拖动

主轴电动机带动钻刀旋转；摇臂升降电动机带动摇臂进行升降；液压泵电动机拖动液压泵供给压力油，使液压系统的夹紧机构实现夹紧与放松；冷却泵电动机驱动冷却泵供给机床冷却液。

②主轴的旋转运动和纵向进给运动及其变速机构均在主轴箱内，由一台主轴电动机拖动。

主轴由机械摩擦片式离合器实现正转、反转及调速的控制。

③内外立柱、主轴箱与摇臂的夹紧与放松是由一台电动机通过正、反转拖动液压泵送出不同流向的压力油，推动活塞、带动菱形块动作来实现，因此要求液压泵电动机能正、反向旋转，采用点动控制。

④摇臂的升降由一台交流异步电动机拖动，装于主轴顶部，通过正、反转来实现摇臂的上升和下降。

摇臂升降过程：摇臂放松→升/降→摇臂夹紧

⑤工作状态指示

HL1、HL2 用于主轴箱和立柱的夹紧、放松工作状态指示，HL3 用于主轴电动机运转工作状态指示。

(3) 其他

① 4 台电动机的容量均较小，故采用直接启动方式。

②摇臂升降电动机和液压泵电动机均能实现正、反转。当摇臂上升或下降到预定的位置时，摇臂能在电气或机械夹紧装置的控制下，自动夹紧在外立柱上。

③电路中应具有必要的保护环节。

2. 电气控制线路分析

Z3040 型摇臂钻床的电气控制工作原理分析如下。

(1) 主电路分析

SB1、SB2、KM1 构成主轴电动机的起停控制电路，HL3 用作运行指示。

(2) 控制电路分析

①主轴电动机 M1 的控制；

②摇臂升降电动机 M2 的控制；

③主轴箱与立柱的夹紧与放松立柱与主轴箱均采用液压夹紧与松开，且两者同时动作，当进行夹紧或松开时，要求电磁铁 YA 处于释放状态。

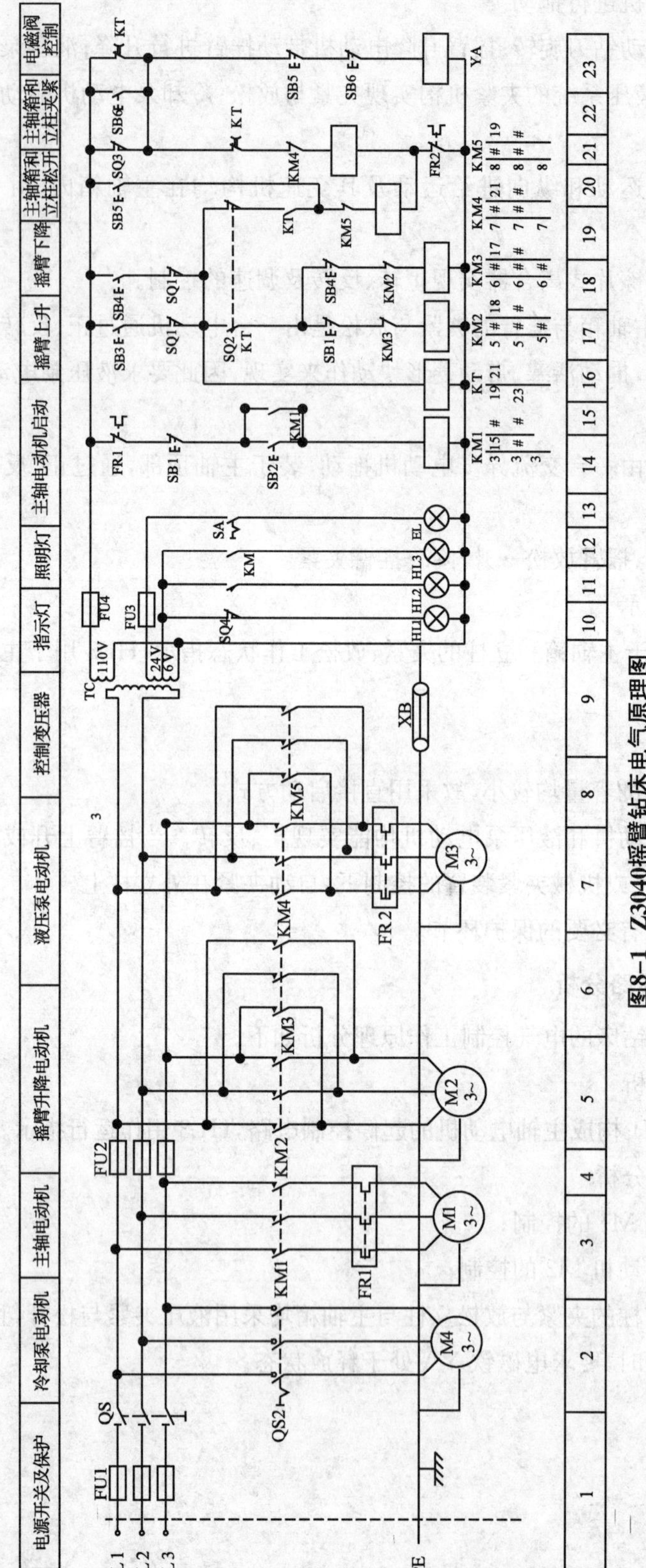

图8-1 Z3040摇臂钻床电气原理图

8.4　实训内容和步骤

1. Z3040 摇臂钻床的电气控制线路的安装步骤及要求

(1) 制作大小合适的木制模拟板和立式铁质框架，并将模拟板紧固在框架上方沿线上。模拟板分两个区域，大区在模拟板的左端，小区在模拟板的右端，中间留有一定空区。

(2) 按照编号原则在电气原理图上编制线号。

(3) 按电气元件明细表配齐元件，并检验元件质量。

(4) 按照电气原理图上编制的线号，预制好编码套管和元件文字符号的标志。

(5) 在模拟板的大区内合理、牢固安装熔断器、接触器、热继电器、控制变压器、时间继电器、走线槽和接线端子板等。

在模拟板的小区内也应牢固、合理地安装电源开关、按钮、机床局部工作照明灯、指示灯、接线端子板等。

安装时、电气元件的位置应考虑到走线方便和检修安全，同时电源开关应安装在右上角，并在各电气元件的近处贴上文字符号的标志。

(6) 电动机及电磁吸盘可安装在模拟板的大区正下方，若采用灯箱代替，灯箱可固定在模拟板的中间空区内，但接线仍按控制板外部布线要求进行敷设。

(7) 选配合适的导线，模拟板内部导线采用 BVR 塑铜线，接到电动机及电源进线采用四芯橡套绝缘电缆线，接到电磁吸盘及模拟板二区域的连接线，采用 BVR 塑铜线并应穿导线通道内加以保护。

(8) 布线时，模拟板大区内采用走线槽的敷设方法，接到电动机或两区域间的导线必须经过接线端子板。在按原理图正确接线的同时，应在导线的线头上套有与原理图一致的线号编码套管。

(9) 检查布线的正确性和各接点的可靠性，同时进行绝缘电阻的测量和接地通道是否连续的试验。

(10) 清理安装场地并进行通电空运转试验。通电时要密切注意电动机、电气元件及线路有无异常现象。若有，应立即切断电源进行检查，找出故障原因并进行排除后再通电试验。

2. 注意事项

(1) 安装时，必须认真、细致地做好线号的安置工作，不得产生差错。

(2) 如通道内导线根数较多，应按规定放好备用导线，并将导线通道牢固地支承住。

(3) 通电前，检查布线是否正确，应一个环节一个环节地进行，以防止由于漏检而导致通电不成功。

(4) 安装整流电路不可将整流二极管的极性接错或漏接散热器，否则会产生二极管和控制变压器因短路和二极管过热而烧毁。

(5) 必须遵守安全规程，做到安全操作。

3．组织教学

在实施本安装课题时，除要求学生掌握机床的控制原理、操作方法、安装步骤和要求外，重点是要逐步培养学生的组织能力、操作技巧、思维能力和要树立团结互助协作的精神。

8.5 任务考核

任务考核标准参见表 8-1。

表 8-1　任务考核标准

考核项目	考核内容	配分	考核要求及评分标准	得分
电器安装 电路接线	电器安装 电路连接 电机接线	30 分	变压器、电磁吸盘安装到位 10 分 主、辅助电路连接正确 10 分 四个电机、指示照明灯接线 10 分	
实训报告	按照报告要求完成、正确	40 分	报告内容 40 分	
安全文明、 团结协作、 通电试验	系统组成 系统运行 运行结果分析	30 分	能说明系统组成 10 分 系统运行正常 10 分 会分析运行结果 10 分	
实际总得分				

任务 9　FX 系列 PLC 的认识

9.1　任务目标

1. 熟练掌握 PLC 的基本概念、基本构成，了解 PLC 的发展历程和应用情况。

2. 了解不同系列三菱 PLC 的基本特点，FX 系列 PLC 的型号、外部端子的功能与连接方法。

3. 了解 PLC 技术应用的一般方法。

9.2　实训设备

任务所需实训设备和器件见表 9-1。

表 9-1　实训设备和元件明细表

名称	型号或规格	数量	名称	型号或规格	数量
可编程控制器	FX_{1N}-40MR	1 台	按钮	LA10-1	2 只
计算机	带三菱编程软件、编程电缆	1 套	三相电动机	1.1 kW/380 V	1 台
交流接触器	CJ20-10	1 只	导线		若干
指示灯	220 V/15W	2 只			

9.3　相关知识

可编程控制器是一种以 CPU 为核心的计算机工业控制装置，由于其良好的性能价格比和稳定的工作状态以及简便的操作性，已经广泛用于生产实际中。常见 PLC 的外观图如图 9-1所示。

可编程控制器具有开关量的顺序控制和模拟量的闭环控制等多种功能，早期作为一种新型的顺序控制装置应用于生产实际中。以往的顺序控制装置大多采用继电器-接触器硬连线构成。控制要求不同，接线就不同，而可编程控制器以微处理器为核心，具有信息存储能力、软件编程能力和扩展性强等优势，通过编程可以实现不同的控制功能，在顺序控制领域得到广泛应用。大部分的 DCS(集散控制系统)能够实现顺序控制功能，但可编程控制器的处理周期比 DCS 系统要短得多，因此在顺序控制方面具有明显优势。很多企业在使用 DCS 进行过程控制时，对于间歇加料、固体和粉末产品包装等过程和压缩控制、过程联锁保护等，较多采用 PLC 完成顺序控制功能。可编程控制器可以单独使用，也可以挂接在 DCS

网络中，成为 DCS 控制系统的一部分。

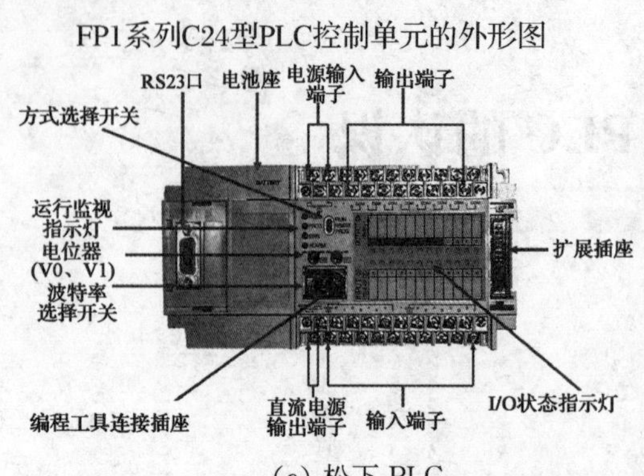

(a) 松下 PLC

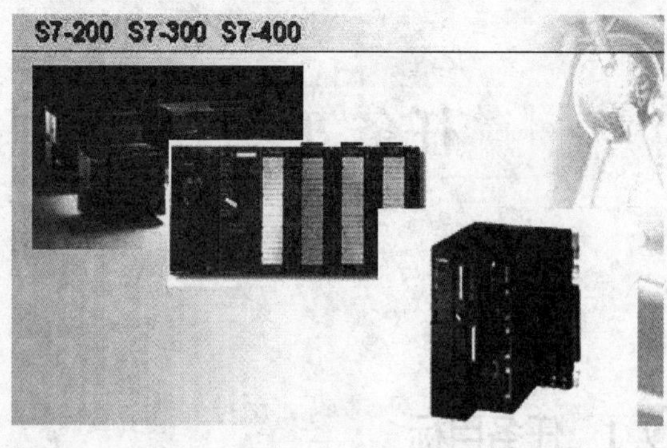

(b) 西门子 PLC

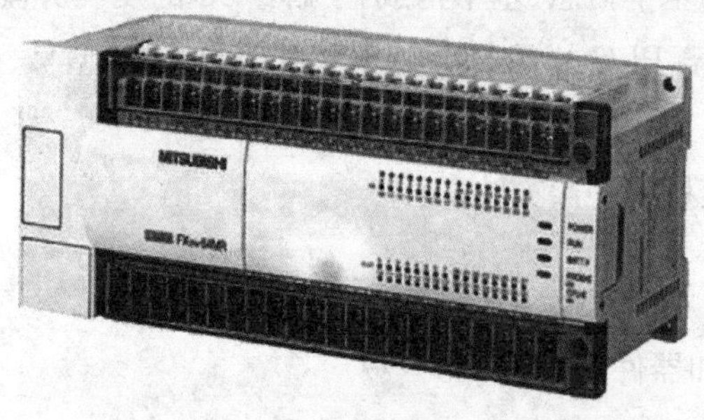

(c) 三菱 PLC

图 9-1　可编程控制器的外观图

模块 1　PLC 的特点和主要功能

1. PLC 的特点

作为应用最为广泛的自动控制装置之一，PLC 具有十分突出的特点及优势，主要表现在以下几个方面：

(1) 可靠性高，抗干扰能力强

传统"继电器-接触器"控制系统中使用了大量的中间继电器、时间继电器、接触器等机电设备元件，由于触点接触不良，容易出现故障。可编程控制器用软元件代替实际的继电器与接触器，仅有与输入输出有关的少量硬件，接线只有"继电器-接触器"控制的十分之一到百分之一，故障几率也就大为减少。

另外，可编程控制器本身采取了一系列抗干扰措施，可以直接用于有强电磁干扰的工业现场，平均无故障运行时间达数万小时，因此，被广大用户公认为是最可靠的工业设备之一。

(2) 编程简单易学

梯形图是使用得最多的可编程控制器编程语言，其电路符号和表达方式与继电器电路原理图基本相似。梯形图语言形象直观，易学易懂，熟悉继电器电路图的电气技术人员不需专门培训就可以熟悉梯形图语言,并可以用来编制用户程序。

梯形图语言实际上是一种面向用户的高级语言,可编程控制器在执行梯形图程序时,用解释程序将它"翻译"成汇编语言后再去执行。

(3) 功能完善,适应性强

可编程控制器产品已经标准化、系列化、模块化,配备有品种齐全的各种硬件装置供用户选用,用户能灵活方便地进行系统配置,组成不同功能、不同规模的系统。可编程控制器的安装接线也很方便,一般用接线端子连接外部电路。可编程控制器有较强的带负载能力、可以直接驱动一般的电磁阀和交流接触器。硬件配置完成后,可以通过修改用户程序,方便快速地适应工艺条件的变化。

针对不同的工业现场信号,如交流与直流、开关量与模拟量、电流与电压、脉冲与电位等,PLC 都有相应的 I/O 接口模块与工业现场设备直接连接,用户可根据需要,非常方便地进行配置,组成实用、紧凑的控制系统。

(4) 使用简单,调试维修方便

可编程控制器用软件功能取代了继电器控制系统中大量的中间继电器、时间继电器、计数器等器件,使控制柜的设计、安装、接线工作量大大减少。

可编程控制器的梯形图程序一般采用顺序设计法,这种编程方法很有规律,很容易掌握。对于复杂的控制系统,梯形图的设计时间比设计继电器系统电路图的时间要少得多。可编程控制器的用户程序可以在实验室模拟调试,输入信号用小开关来模拟,通过可编程控制器上的发光二极管可观察输出信号的状态。完成了系统的安装和接线后,在现场的统调过程中发现的问题一般通过修改程序就可以解决,系统的调试时间大为减少。

可编程控制器的故障率很低,且有完善的自诊断和显示功能。可编程控制器或外部的输入装置和执行机构发生故障时,可以根据可编程控制器上的发光二极管或编程器提供的信息,迅速地查明故障的原因,用更换模块的方法迅速地排除故障。

(5) 体积小,重量轻,功耗低

对于复杂的控制系统,使用可编程控制器后,可以减少大量的中间继电器和时间继电器,小型可编程控制器的体积仅相当于几个继电器的大小,因此可将开关柜的体积缩小到原来的二分之一到十分之一,重量也大为降低。

可编程控制器的配线比继电器控制系统的配线少得多,故可以省下大量的配线和附件,减少安装接线工时,加上开关柜体积的缩小,可以节省大量的费用。

2. PLC 的主要功能

PLC 的应用范围极其广阔,经过三十多年的发展,已广泛用于机械制造、汽车、冶金等各行各业。甚至可以说,只要有控制系统的地方,就一定有 PLC 存在。概括起来,PLC 的应用主要表现在以下几个方面:

(1) 开关量控制

可编程控制器具有"与"、"或"、"非"等逻辑功能,可以实现触点和电路的串、并联,代替继电器进行组合逻辑控制、定时控制与顺序逻辑控制。数字量逻辑控制可以用于单台设备,也可以用于自动生产线,其应用领域已遍及各行各业,甚至深入到家庭。

(2) 模拟量控制

很多 PLC 都具有模拟量处理功能,通过模拟量 I/O 模块可对温度、压力、速度、流量等连续变化的信号进行控制。某些 PLC 还具有 PID 闭环控制功能,这一功能可以用 PID 子程序或专用的 PID 模块来实现。PID 闭环控制功能已经广泛地应用于轻工、化工、机械、冶金、电力、建材等行业,自动焊机控制、锅炉运行控制、连轧机的速度控制等都是典型的闭环过程控制应用的实例。

(3) 运动控制

可编程控制器使用专用的运动控制模块,对直线运动或圆周运动的位置、速度和加速度进行控制,可实现单轴、双轴、三轴和多轴位置控制,使运动控制与顺序控制功能有机地结合在一起。可编程控制器的运动控制功能广泛地用于各种机械,如金属切削机床、金属成形机械、装配机械、机器人、电梯等场合。

(4) 数据处理

现代的可编程控制器具有数学运算(包括四则运算、矩阵运算、函数运算、逻辑运算等)、数据传送、比较、转换、排序、查表等功能,可以完成数据的采集、分析和处理。这些数据可以与储存在存储器中的参考值比较,也可以用通信功能传送到别的智能装置,或者将它们打印制表。数据处理一般用于大型控制系统,如无人柔性制造系统,也可以用于过程控制系统。

(5) 通信联网

可编程控制器的通信包括主机与远程 I/O 设备之间的通信、多台可编程控制器之间的通信、可编程控制器和其他智能控制设备(如计算机、变频器、数控装置)之间的通信。可编程控制器与其他智能控制设备一起,可以组成"集中管理、分散控制"的多级分布式控制系统,形成工厂的自动化控制网络。

模块 2　PLC 的定义、结构和组成

1. PLC 的定义

早期的可编程控制器主要是用来替代"继电器-接触器"控制系统的,因此功能较为简单,只进行简单的开关量逻辑控制,称为可编程逻辑控制器(Programmable Logic Controller),简称 PLC。

随着微电子技术、计算机技术和通信技术的发展,20 世纪 70 年代后期,微处理器被用作可编程控制器的中央处理单元(Central Processing Unit,即 CPU),从而大大扩展了可编程控制器的功能,除了进行开关量逻辑控制外,还具有模拟量控制、高速计数、PID 回路调节、远程 I/O 和网络通信等许多功能。1980 年,美国电气制造商协会(National Electrical Man-

ufacturers Association，即 NEMA）将其正式命名为可编程控制器（Programmable Controller，简称 PC），其定义为："PC 是一种数字式的电子装置，它使用可编程序的存储器以及存储指令，能够完成逻辑、顺序、定时、计数及算术运算等功能，并通过数字或模拟的输入、输出接口控制各种机械或生产过程。"

1987 年 2 月，国际电工委员会（International Electrotechnical Commission，IEC）在颁布的可编程控制器标准草案的第二稿中将其进一步定义为："可编程控制器是一种数字运算操作的电子系统，专为在工业环境下应用而设计。它采用可编程序的存储器，用来在其内部存储执行逻辑运算、顺序控制、定时、计数和算术运算等操作的指令，并通过数字式、模拟式的输入和输出，控制各种类型的机械或生产过程。可编程控制器及其有关设备，都应按易于与工业控制器系统连成一个整体、易于扩充其功能的原则设计。"

从上述定义可以看出，可编程控制器是一种"专为在工业环境下应用而设计"的"数字运算操作的电子系统"，可以认为其实质是一台工业控制用计算机。为了避免同常用的个人计算机（Personal Computer）的简称 PC 混淆，通常仍习惯性地把可编程控制器称为 PLC，本教材也沿用 PLC 这一叫法。

2. FX_{2N}系列 PLC 的结构和组成

(1) PLC 的硬件结构

由于 PLC 实质为一种工业控制用计算机，所以，与一般的微型计算机相同，也是由硬件系统和软件系统两部分组成。图 9-2 为 PLC 硬件组成结构图，可以看出，PLC 主要由 CPU、存储器、电源、输入/输出单元、编程器及其他外部设备组成。

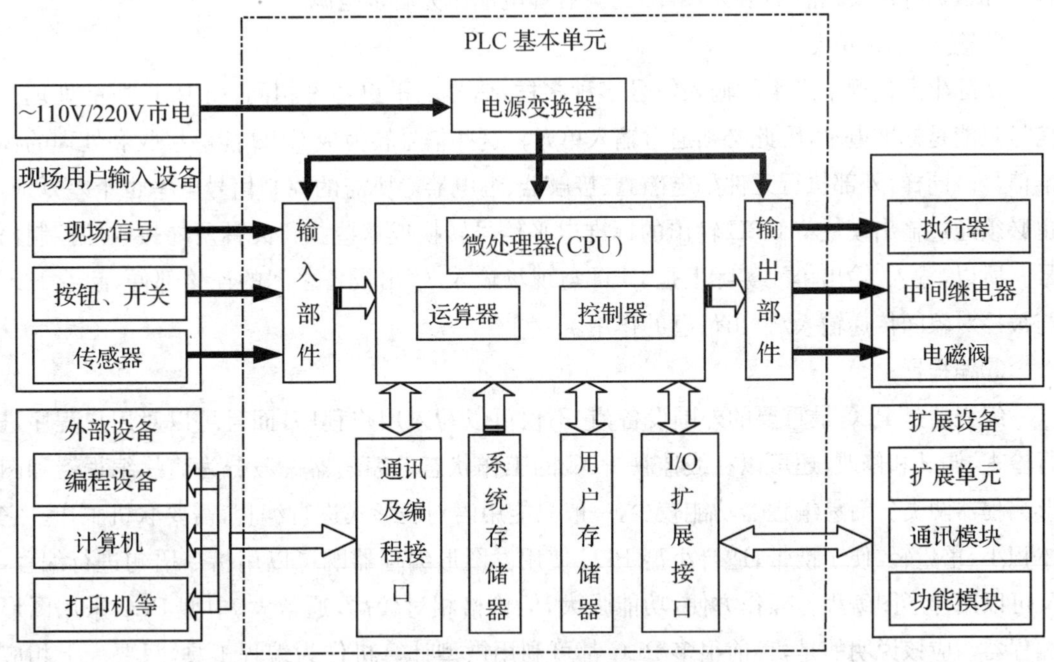

图 9-2　PLC 系统结构示意图

① CPU

与通用计算机一样,CPU是PLC的核心部件,在PLC控制系统中的作用类似于人体的神经中枢,整个PLC的工作过程都是在CPU的统一指挥和协调下进行的。它不断地采集输入信号,执行用户程序,然后刷新系统的输出。PLC常用的CPU有通用微处理器、单片机和位片式微处理器。小型PLC大多采用8位微处理器或单片机,中型PLC大多采用16位微处理器或单片机,大型PLC大多采用高速位片式处理器。PLC的档次越高,所用的CPU的位数也越多,运算速度也越快,功能也就越强。

②存储器

PLC配有两种存储器:系统存储器和用户存储器。系统存储器存放系统程序,用户存储器存放用户编制的控制程序。衡量存储器的容量大小的单位为"步"。因为系统程序用来管理PLC系统,不能由用户直接存取,所以,PLC产品样本或说明书中所列的存储器类型及其容量,是指用户程序存储器而言。如某PLC存储器容量为4K步,即是指用户程序存储器的容量。PLC所配的用户存储器的容量大小差别很大,通常中小型PLC的用户存储器存储容量在8K步以下,大型PLC的存储容量可超过256K步。

③电源

PLC配有开关式稳压电源的电源模块,用来将外部供电电源转换成供PLC内部CPU、存储器和I/O接口等电路工作所需的直流电源。PLC的电源部件有很好的稳压措施,一般允许外部电源电压在额定值的±10%范围内波动。小型PLC的电源往往和CPU单元合为一体,大中型PLC都配有专用电源部件。为防止在外部电源发生故障的情况下,PLC内部程序和数据等重要信息的丢失,PLC还配有锂电池作为后备电源。

④输入/输出单元

实际生产过程中产生的输入信号多种多样,信号电平也各不相同,而PLC所能处理的信号只能是标准电平,因此必须通过输入单元将这些信号转换成CPU能够接收和处理的标准信号。同样,外部执行元件如电磁阀、接触器、继电器等所需的控制信号电平也千差万别,也必须通过输出模块将CPU输出的标准电平信号转换成这些执行元件所能接收的控制信号。所以,输入/输出单元实际上是CPU与现场输入/输出设备之间的连接部件,起着PLC与被控对象间传递输入/输出信息的作用。

⑤编程器

编程器是PLC最重要的外围设备,它不仅可以写入用户程序,而且可以对用户程序进行检查、调试和修改,还可以在线监视PLC的工作状态。编程器一般分为简易编程器和图形编程器两类。简易编程器功能较少,一般只能用语句表形式进行编程,需要联机工作。它体积小、重量轻、便于携带,适合小型PLC使用。图形编程器既可以用指令语句进行编程,又可以用梯形图编程。操作方便,功能强大,但价格相对较高,通常大、中型PLC采用图形编程器。应该说明的是,目前很多PLC都可利用微型计算机作为编程工具,只要配上相应的硬件接口和软件,就可以用包括梯形图在内的多种编程语言进行编程,同时还具有很强的监控功能。

⑥I/O扩展单元

I/O扩展单元用来扩展输入、输出点数。当用户所需的输入、输出点数超过PLC基本单元的输入、输出点数时,就需要加上I/O扩展单元来扩展,以适应控制系统的要求。这些单元一般通过专用I/O扩展接口或专用I/O扩展模板与PLC相连接。I/O扩展单元本身还可具有扩展接口,可具备再扩展能力。

⑦数据通信接口

PLC系统可实现各种标准的数据通信或网络接口,以实现PLC与PLC之间的链接,或者实现PLC与其他具有标准通信接口的设备之间的连接。通过各种专用通信接口,可将PLC接入工业以太网、PROFIBUS总线等各种工业自动控制网络。利用专用的数据通信接口可以减轻CPU处理通信的负担,并减少用户对通信功能的编程工作。

PLC按控制规模的大小,可分为小型、中型和大型三种类型。小型PLC的I/O点数在256点以下,存储容量在8K步以内,具有逻辑运算、定时、计数、移位、自诊断和监控等基本要求。

(2) FX系列PLC的外部结构

①FX系列PLC的外形结构

图9-3为FX_{2N}-64MR主机的外形结构图。其面板部件如图9-3中注释所示。

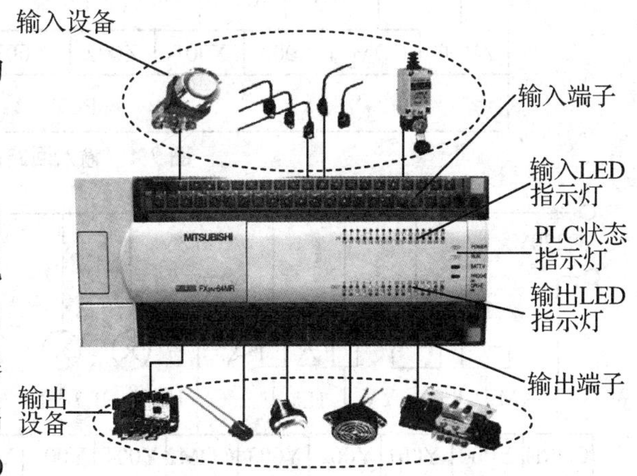

图9-3 FX系列PLC的外部结构图

②I/O点的类别、编号及使用说明

I/O端子是PLC与外部输入、输出设备连接的通道。输入端子(X)位于机器的一侧,而输出端子(Y)位于机器的另一侧。虽然I/O点的数量、类别随机器的型号不同而不同,但I/O点数量及编号规则完全相同。FX_{2N}系列PLC的I/O点编号采用8进制,即000～007、010～017、020～027、…,输入点前面加"X",输出点前面加"Y"。扩展单元和I/O扩展模块,其I/O点编号应紧接在基本单元的I/O编号之后,依次分配编号。

I/O点的作用是将I/O设备与PLC进行连接,使PLC与现场设备构成控制系统,以便从现场通过输入设备(元件)得到信息(输入),或将经过处理后的控制命令通过输出设备(元件)送到现场(输出),从而实现自动控制的目的。

输入回路的连接如图9-4所示。输入回路的实现是将COM通过输入元件(如按钮、转换开关、行程开关、继电器的触点、传感器等)连接到对应的输入点上,再通过输入点X将信息送到PLC内部。一旦某个输入元件状态发生变化,对应的输入继电器X的状态也就随之变化,PLC在输入采样阶段即可获取这些信息。

输出回路就是PLC的负载驱动回路,输出回路的连接如图9-5所示。通过输出点,将负载和负载电源连接成一个回路,这样负载就由PLC输出的ON/OFF进行控制,输出点动作负载得到驱动。负载电源的规格应根据负载的需要和输出点的技术规格进行选择。

在实现输入/输出回路时，应注意的事项如下：

① I/O点的共COM问题。一般情况下，每个I/O点应有两个端子，为了减少I/O端子的个数，PLC内部已将其中一个I/O继电器的端子与公共端COM连接，如图9-6所示。输出端子一般采用每4个点共COM连接，如图9-5所示。

②输出点的技术规格。不同的输出类别有不同的技术规格。应根据负载的类别、大小、负载电源的等级、响应的时间等选择不同类别的输出形式，详见表9-2。

③多种负载和不同负载电源共存的处理。在输出共用一个公共端子的范围内，必须用同一电压类型和同一电压等级；而不同公共点组可使用不同电压类型和电压等级的负载，如图9-5所示。

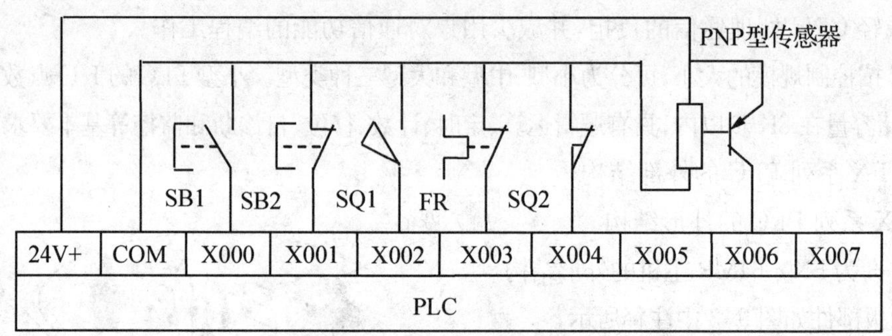

图9-4 输入回路的连接

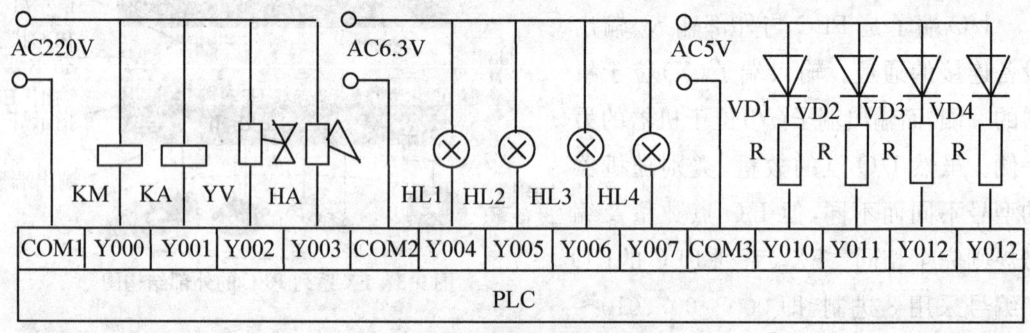

图9-5 输出回路的连接

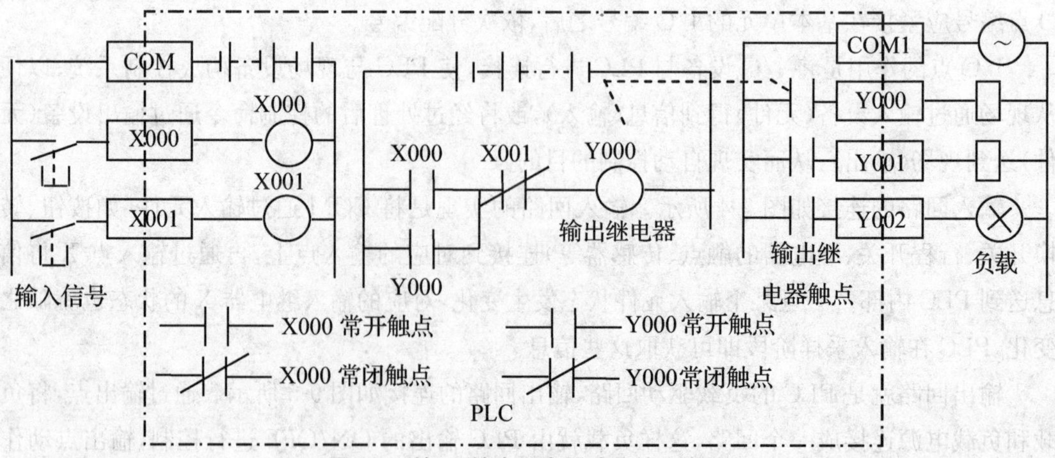

图9-6 输入/输出继电器功能的示意图

③PLC I/O点类别、技术规格及使用说明

为了适应控制的需要，PLC I/O具有不同的类别，其输入分直流输入和交流输入两种形式；输出分继电器输出、可控硅输出和晶体管输出三种形式。继电器输出和可控硅输出适用于大电流输出场合；晶体管输出、可控硅输出适用于快速频繁动作的场合。相同驱动能力，继电器输出形式价格较低。三种输出形式技术规格如表9-2所示。

表9-2 三种输出形式技术规格

项目		继电器输出	可控硅开关元件输出	晶体管输出
机型		FX_{2N}基本单元 扩展单元 扩展模块	FX_{2N}基本单元 扩展模块	FX_{2N}基本单元 扩展单元 扩展模块
内部电源		AC250 V，DC30 V以下	AC85～242 V	DC5～30 V
电路绝缘		机械绝缘	光控晶闸管绝缘	光耦合器绝缘
动作显示		继电器螺线管通电时LED灯亮	光控晶闸管驱动时LED灯亮	光耦合驱动时LED灯亮
最大负载	电阻负载	2A/1点、8A/4点公用、8A/8点公用	0.3A/1点、 0.8A/4点	0.5A/1点、0.8A/4点、(Y000、Y001以外)0.3A/1点(Y000、Y001)
	感性负载	80 V.A	15 V.A/AC100 V、 30 V.A/AC200 V	12W/DC24 V(Y000、Y001以外)、 7.2W/DC24 V(Y000、Y001)
	灯负载	100W	20W	1.5W/DC24 V(Y000、Y001以外)、 0.9/DC24 V(Y000、Y001)
开路漏电流		—	1 mA/AC100 V、 2 mA/AC200 V	0.1 mA/DC30 V
最小负载		DC5 V2 mA(参考值)	0.4 V.A/AC100 V、 1.6 V.A/AC200 V	—
响应时间	OFF→ON	约10 ms	1 ms以下	0.2 ms以下
	ON→OFF	约10 ms	10 ms以下	0.2 ms以下

(3) FX系列PLC型号

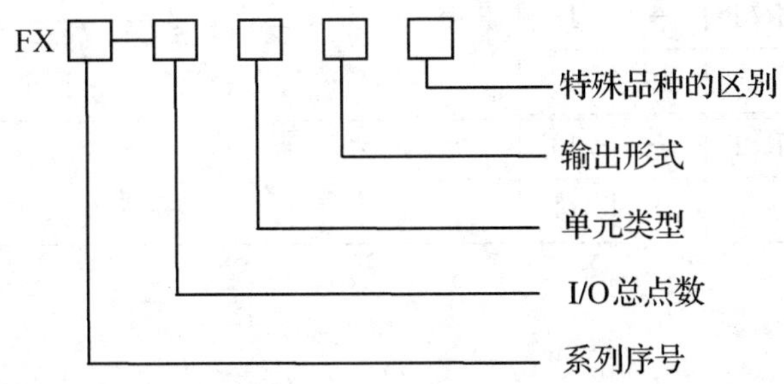

系列序号：0、0S、0N、2、2C、1S、2N、2NC。

单元类型：M—基本单元；E—输入输出混合扩展单元及扩展模块；EX—输入专用扩展模块；EY—输出专用扩展模块。

输出形式：R—继电器输出；T—晶体管输出；S—晶闸管输出。

特殊品种区别：D-DC 电源，DC 输入；A1-AC 电源，AC 输入；H—大电流输出扩展模块(1A/1 点)；V—立式端子排的扩展模块；C—接插口输入输出方式；F—输入滤波器 1 ms 的扩展模块；L—TTL 输入扩展模块；S—独立端子(无公共端)扩展模块。

若特殊品种一项无符号，说明通指 AC 电源、DC 输入，横排端子排；继电器输出 2A/1 点；晶体管输出 0.5A/1 点；晶闸管输出 0.3A/1 点。

例如，FX_{1N}-40MRD 含义为 FX_{1N} 系列，输入/输出总点数为 40 点，继电器输出，DC 电源，DC 输入基本单元。

FX 还有一些特殊的功能模块，如模拟量输入/输出模块、通信接口模块及外围设备等，使用时可以参照 FX 系列 PLC 产品手册。

常用的 FX_{2N} 系列 PLC 基本单元、扩展单元、特殊功能模块的型号及功能如表 9-3 所示。

表 9-3　常用的 FX 系列 PLC 基本单元、扩展单元、特殊功能模块型号及功能

分类	型号	I/O 点数		备注
		I	O	
基本单元(BU)	FX_{2N}-16M	8	8	后缀：R—继电器输出； T—晶体管输出； S—晶闸管输出。 有内部电源、CPU、I/O 和存储器，能单独使用(FX_{2N}-16M、FX_{2N}-128M 无可控硅输出型)
	FX_{2N}-32M	16	16	
	FX_{2N}-48M	24	24	
	FX_{2N}-64M	32	32	
	FX_{2N}-80M	40	40	
	FX_{2N}-128M	64	64	
扩展单元(EU)	FX_{2N}-32ER/ET	16	16	有内部电源、I/O，无 CPU，不能单独使用，只能和 BU 合并使用
	FX_{2N}-48ER/ET	24	24	
扩展模块(EB)	FX_{0N}-8ER	4	4	无电源、CPU，仅提供 I/O，不能单独使用，电源从 BU 或 EU 获得
	FX_{0N}-8EX	8	—	
	FX_{0N}-8EYR/T	-	8	
	FX_{0N}-16EX	16	-	
	FX_{0N}-16EYR/T	—	16	
	FX_{2N}-16EX	16	—	
	FX_{2N}-16EYR/T	—	16	
		I	O	

续表

分类	型号	I/O 点数		备注
		I	O	
特殊功能模块（SEB）	FX_{2N}-CNV-IF	—		FX_{2N}与 FX_2 系列 SEB 连接的转换电缆
	FX_{2N}-4DA	8		模拟量输出模块（4 路）
	FX_{2N}-4DA	8		模拟量输出模块（4 路）
	FX_{2N}-4DA-PT	8		温度控制模块（铂电阻）
	FX_{2N}-4DA-TC	8		温度控制模块（热电偶）
	FX_{2N}-1HC	8		50kHz 两相高速计数单元
	FX_{2N}-1PG	8		100Kpps 脉冲输出模块
	FX_{2N}-232IF	8		RS232 通信接口
特殊功能板	FX_{2N}-8AV-BD	—		容量适配器
	FX_{2N}-422-BD	—		RS422 通信板

9.4　实训内容和步骤

1. 实训内容和控制要求

根据提供的接线图 9-7 接线，教师预先按图 9-8(a)、(b)将指令程序录入 PLC。学员自己根据要求操作，并观察 PLC 和电机的运行情况和计算机的监视情况，体会系统组成和控制要求，理解 PLC 控制的意义和应用情况。

根据 PLC 面板的标注，分析 PLC 的型号等相关信息。根据模块化 PLC 实物，分析 PLC 的硬件结构，指出 PLC 主机、I/O 模块、电源模块等。

2. 实训步骤及要求

通过以上训练，使学生认识 PLC 技术应用训练的一般步骤。

(1) 输入/输出的点分配

①分析被控制对象的工艺条件和控制要求。

②指出 PLC 各部分的结构组成；认识手持编程器、编程适配器、通讯电缆等。

③分析模块化 PLC 各模块的名称和作用。

④根据被控对象对 PLC 系统的功能要求和所需要输入/输出的点数，选择适当类型的 PLC。分配输入/输出的点，如表 9-4 所示。

(2) PLC(I/O)的接线图

本项目训练的 PLC(I/O)的接线如图 9-7 所示。

(3) 程序设计

①根据被控对象的工艺条件和控制要求，设计梯形图或状态转移图。

②根据梯形图，编写指令程序，用编程器将指令程序录入 PLC。

表 9-4　输入点和输出点(I/O)分配表

输入信号(I)			输出信号(O)		
名称	代号	输入点编号	名称	代号	输出点编号
启动按钮	SB1	X0	交流接触器	KM	Y0
停止按钮	SB2	X1			

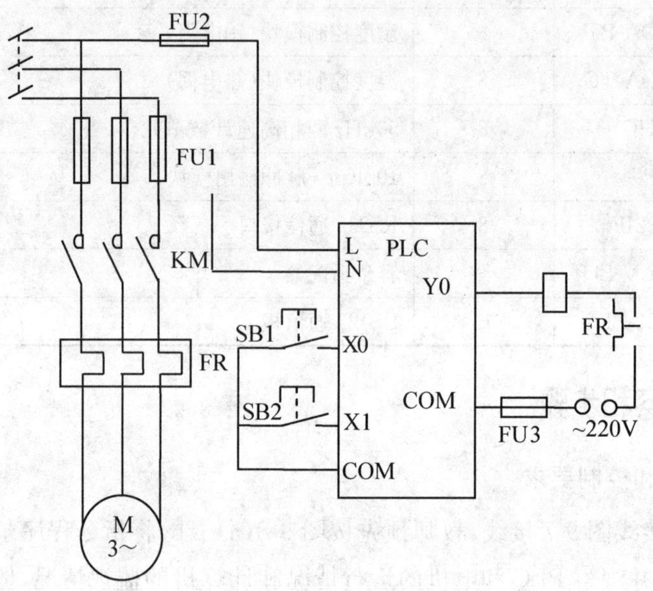

图 9-7　PLC 的 I/O 接线图

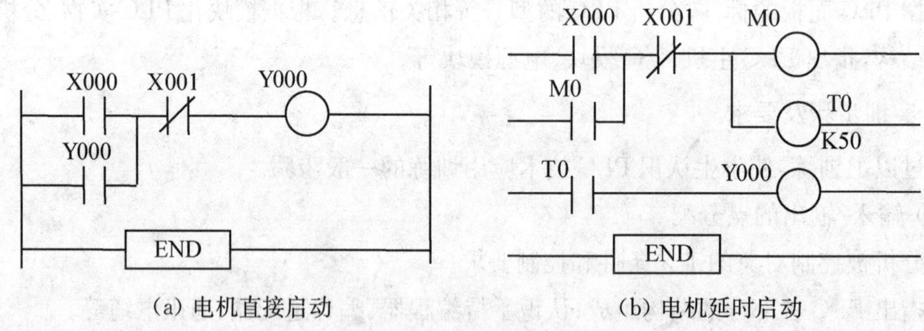

(a) 电机直接启动　　(b) 电机延时启动

图 9-8　演示控制程序(梯形图)

(4) 运行与调试程序

调试系统,首先按系统接线图连接好系统,然后根据控制要求对系统进行调试,直到符合要求。

①按照图 9-8(a)提供的梯形图写入 PLC,并将计算机和 PLC 通信连接好,学员按照以下步骤观察:

a) PLC 通电,但置于非运行(RUN)状态。观察 PLC 面板上的 LED 指示灯和计算机上显示程序中各触点和线圈的状态。

b) PLC 置于运行 RUN 状态。按下启动按钮,观察接触器 KM 和计算机上显示程序中

各触点和线圈的状态。

②再按照图 9-8(b)提供的梯形图写入 PLC,重复上述步骤。

③比较前后两次的控制效果。

3. 思考与练习

(1) 写出可编程控制器的定义。

(2) FX 系列 PLC 的输出形式有哪几种?

(3) PLC 的特点是什么?

9.5　任务考核

根据 PLC 运行结果,回答以下问题:

1. 通电后,PLC 呈非运行状态时,哪些输入、输出的 LED 指示灯亮?为什么?从计算机程序监视看,有哪些触点是闭合的?有哪些触点是断开的?为什么?

2. 说明连接 PLC 输入装置的状态与内部输入继电器、程序中的触点是什么关系。

3. 对于图 9-8(a)、(b)两个程序,PLC 运行后,按下启动按钮后分别观察到什么现象?在相同的接线状况下,对于这两个程序电机运行规律不一样,体会 PLC 在控制系统中的应用情况。说明如果是继电接触器控制系统,电机由第一个控制规律改变成第二个控制规律,系统要作哪些调整?

4. 根据观察的现象,分析 M、Y 继电器有什么区别。

任务考核标准见表 9-5。

表 9-5　任务考核标准

考核项目	考核内容	配分	考核要求及评分标准	得分
主电路接线	电器安装 电路连接 电机接线	30 分	电器安装到位 10 分 电路连接正确 15 分 电机接线 5 分	
I/O 接线	输入设备接线 输出设备接线	40 分	输入设备接线正确 20 分 输出设备接线正确 20 分	
运行分析	系统组成 系统运行 运行结果分析	30 分	能说明系统组成 10 分 系统运行正常 10 分 会分析运行结果 10 分	
实际总得分				

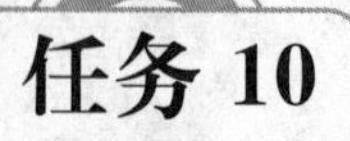

任务 10 PLC 程序执行过程和扫描工作方式的研究

10.1 任务目标

1. 深入理解 PLC 程序执行的过程和扫描工作方式。掌握 PLC 的工作原理。
2. 认识 FX_{2N} 系列 PLC 软元件，明确内部继电器的分类与编号等。
3. 对 PLC 输出响应滞后现象有一定了解。

10.2 实训设备

任务所需实训设备和器件见表 10-1。

表 10-1 实训设备和元件明细表

名称	型号或规格	数量	名称	型号或规格	数量
可编程控制器	FX_{1N}-40MR	1 台	按钮	LA10-3H	2 只
编码器	E6A2-C	2 只	导线		若干
灯泡	24 V/0.5W				

10.3 相关知识

模块 1 PLC 的工作原理

早期的 PLC 主要用于代替传统的“继电器-接触器”控制系统，但这两者的运行方式是不相同的。继电器控制装置采用硬逻辑并行运行的方式，即如果这个继电器的线圈通电或断电，该继电器所有的触点无论在继电器控制线路的哪个位置上都会立即同时动作。而 PLC 的 CPU 则采用顺序逻辑扫描用户程序的运行方式，即如果一个输出线圈或逻辑线圈被接通或断开，该线圈的所有触点不会立即动作，必须等扫描到该触点时才会动作。为了消除二者之间由于运行方式不同而造成的差异，考虑到继电器控制装置各类触点的动作时间一般在 100 ms 以上，而 PLC 扫描用户程序的时间一般均小于 100 ms，因此，PLC 采用了一种不同于一般微型计算机的运行方式——“扫描技术”。对于 I/O 响应要求不高的场合，PLC 与继电器控制装置的处理结果就没有什么区别了。

下面介绍 PLC 的扫描过程。PLC 在开机后，完成内部处理、通信处理、输入刷新、程序执行、输出刷新五个工作阶段，称为一个扫描周期。完成一次扫描后，又重新执行上述过程，可编程控制器这种周而复始的循环工作方式称为扫描工作方式，如图 10-1 所示。PLC 处于 STOP 状态时，只完成前面两个阶段的操作，PLC 处于运行状态(RUN)时，还要完成后面三个阶段的操作。

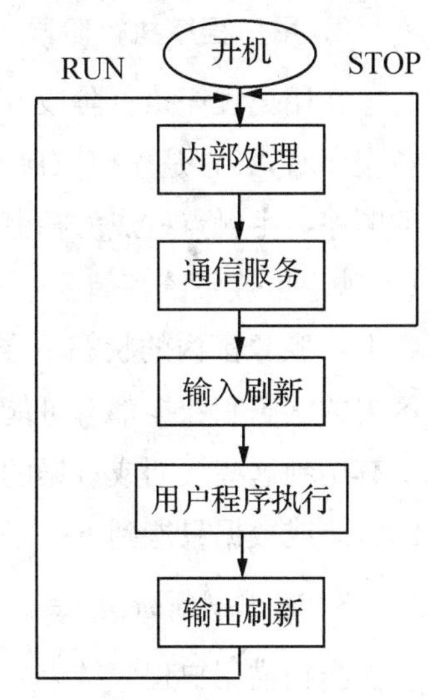

图 10-1　PLC 扫描过程

前面两个阶段主要完成以下几个方面的工作：

系统自监测：检查 watchdog 是否超时(即检查程序执行是否正确)，如果超时则停止中央处理器工作。

与编程器交换信息：这在使用编程器输入和调试程序时才执行。

与数字处理器交换信息：这只有在 PLC 中配置有专用数字处理器时才执行。

网络通信：当 PLC 配置有网络通信模块时，应与通信对象(如磁带机、编程器和其他 PLC 或计算机等)作数据交换。

下面仅介绍与用户程序执行过程有关的输入刷新、用户程序执行、输出刷新三个阶段，如图 10-2 所示。

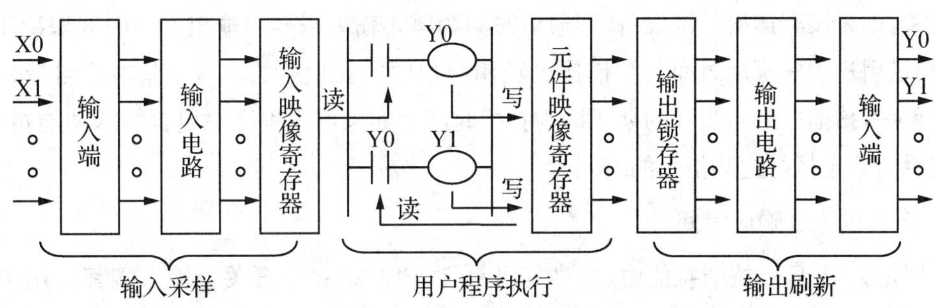

图 10-2　用户程序执行的三个阶段

1. 输入采样阶段

在输入采样阶段，PLC 以扫描方式依次读入所有输入状态和数据，并将它们存入存储器中的相应单元(通常称作 I/O 映象区)内。输入采样结束后，转入用户程序执行和输出刷新阶段。在这两个阶段中，即使输入状态和数据发生变化，I/O 映象区中的相应单元的状态和数据也不会改变。因此，如果输入是脉冲信号，则该脉冲信号的宽度必须大于一个扫描周期，才能保证在任何情况下，该输入均能被读入。

2. 用户程序执行阶段

在用户程序执行阶段，PLC 总是按由上而下的顺序依次地扫描用户程序。在扫描每一条程序时，又总是先扫描梯形图左边的由各触点构成的控制线路，并按先左后右、先上后下的顺序对由触点构成的控制线路进行逻辑运算，然后根据逻辑运算的结果，刷新该线圈在 I/O映象区或系统存储区中对应位的状态。也就是说，在用户程序执行过程中，只有输入点在 I/O 映象区内的状态不会发生变化，而其他输出点以及软设备在 I/O 映象区或系统存储区内的状态和数据都有可能发生变化。而且，排在上面梯形图的执行结果会对排在下面的所有用到这些线圈或数据的梯形图起作用。相反，排在下面的梯形图，其被刷新的逻辑线圈的状态或数据只能到下一个扫描周期才能对排在其上面的程序起作用。

3. 输出刷新阶段

当扫描用户程序结束后，PLC 就进入输出刷新阶段。在此期间，CPU 按照 I/O 映象区内对应的状态和数据刷新所有的输出线圈，再经输出电路驱动相应的外部设备，即真正意义上的 PLC 输出。

4. 扫描周期的计算

一般来说，PLC 的扫描周期还包括自诊断、通讯等，即一个扫描周期等于自诊断、通讯、输入采样、用户程序执行和输出刷新等所有时间的总和。

PLC 的自诊断时间与型号有关，可从手册中查取。通信时间的长短与连接的外围设备多少有关，如果没有连接外围设备，则通信时间为零。输入采样与输出刷新时间取决于 I/O 点数，扫描用户程序所用时间与扫描速度及用户程序的长短有关。对于基本逻辑指令组成的用户程序，扫描速度与步数的乘积即为扫描时间。如果用户程序中包含特殊功能指令，还必须查手册确定执行这些指令的时间。

5. PLC 的 I/O 响应时间

为了增强 PLC 的抗干扰能力，提高其可靠性，PLC 的每个开关量输入端都采用了光电隔离等技术。为了实现类似于继电器控制线路的硬逻辑并行控制，PLC 采用了不同于一般微型计算机运行方式的“扫描技术”。

正是以上两个原因，使得 PLC 的 I/O 响应比一般微型计算机构成的工业控制系统慢得多。其响应时间至少等于一个扫描周期，一般均大于一个扫描周期甚至更长。为提高 I/O 响应速度，现在的 PLC 均采取了一定的措施。在硬件方面，选用了快速响应模块、高速计数模块等新型模块。在软件方面，则采用了中断技术、改变信息刷新方式、调整输入滤波器等措施。

6. PLC 对输入/输出的处理规则

总结上面分析的程序执行过程，可得出 PLC 对输入/输出的处理规则如下：

(1) 输入映像寄存器的数据，取决于输入端子在上一个工作周期的输入采样阶段所刷新的状态。

(2) 输出映像寄存器(包含在元件映像寄存器中)的状态。由程序中输出指令的执行结果决定。

(3) 输出锁存电路中的数据,由上一个工作周期的输出刷新阶段存入到输出锁存电路中的数据来确定。

(4) 输出端子上的输出状态,由输出锁存电路中的数据来确定。

(5) 程序执行中所需的输入、输出状态(数据),由输入映像寄存器和输出映像寄存器读出。

模块 2　PLC 工作过程举例

1. 指示灯控制

图 10-3 为指示灯控制的 PLC 接线图和梯形图。图 10-4 描述了每个扫描周期程序的执行过程。按钮 SB2 虽然在程序中没有使用,但其状态仍影响其对编号的内部输入继电器的状态。

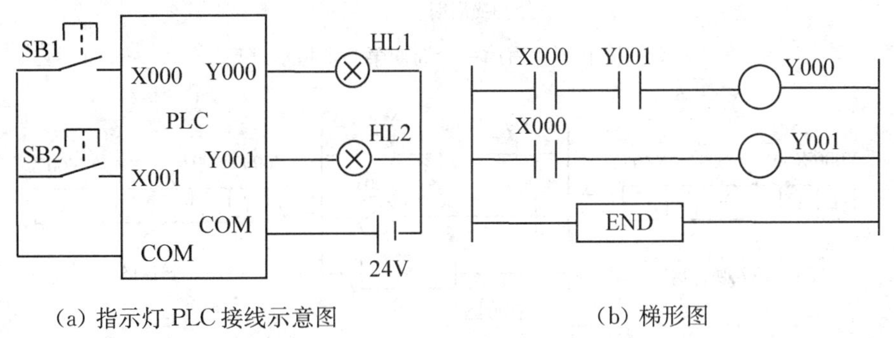

(a) 指示灯 PLC 接线示意图　　(b) 梯形图

图 10-3　指示灯 PLC 控制的线路图

图 10-4(a)中,①输入扫描过程,将两个按钮的状态扫描后,存入其映像区,由于 SB2 是停止按钮,所以,即使没有按下,其输入回路也是闭合的,因此,X001 呈“1”(ON 状态),而其他位呈“0”(OFF 状态)。②执行程序过程,程序根据所用到触点的编号对应的内部继电器状态来运算。由于 X000 处于 OFF 状态,因此,对应的动合触点断开状态,运算结果是 Y000、Y001 处于 OFF 状态,其结果存入输出映像区,即 Y000、Y001 呈“1”。③输出刷新过程,根据映像区各位的状态驱动输出设备,由于输出映像区均为 OFF 状态,所以,输出指示灯不能形成闭合回路,灯不亮。如果输入不发生变化,内部继电器的状态均不发生变化。

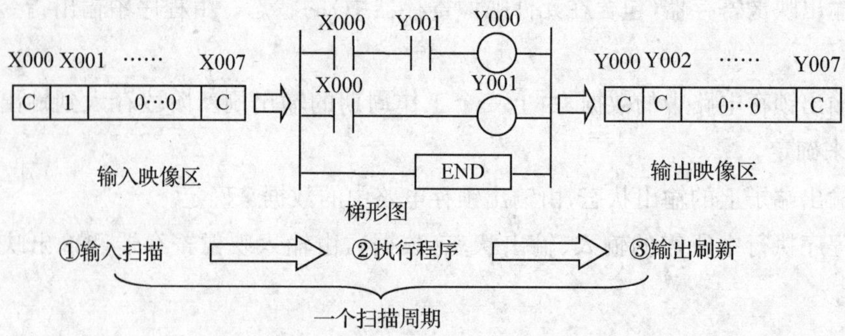

(a) 初始运行状态(按钮没按下)两个指示灯都没亮

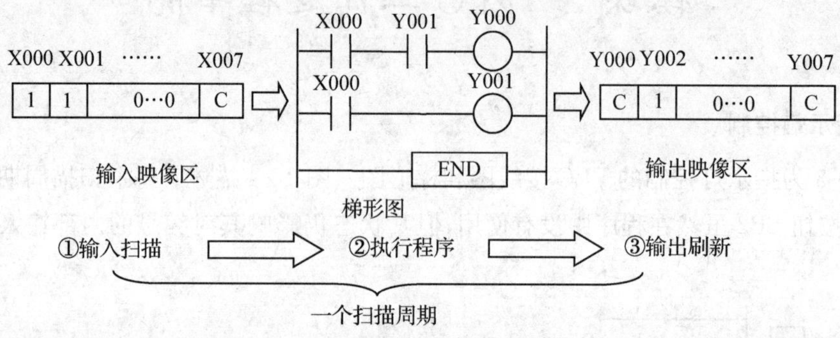

(b) 按下 SB1 后第一个周期第 2 个指示灯亮

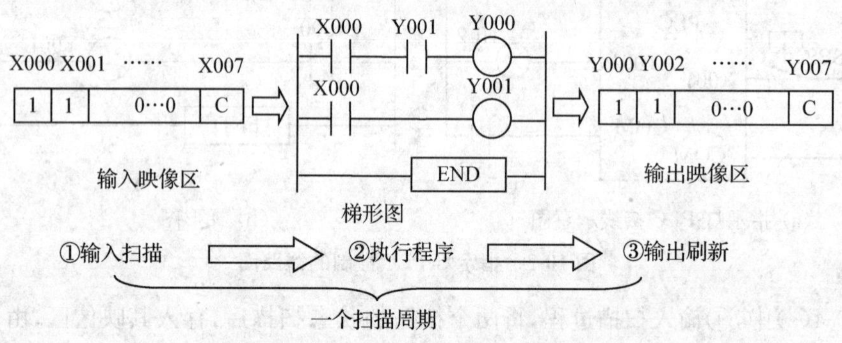

(c) 按下 SB1 后第二个周期两个指示灯都亮

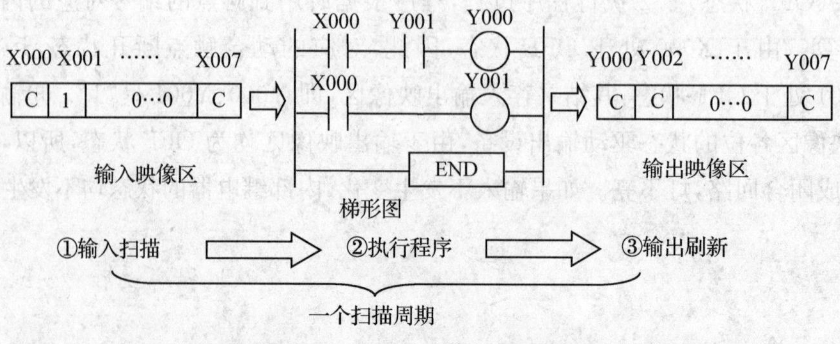

(d) 松开 SB1 按钮后的第一个扫描周期两个指示灯都灭

图 10-4 每个扫描周期程序执行过程分析

图10-4(b)中，按下SB1按钮后，X000输入回路闭合。①输入扫描将输入状态存入其映像区，X000、X001均呈“1”。②执行程序过程，按照从左到右、从上到下的原则，逐条执行。第一行，X000触点闭合，但此时Y001的状态为“0”，因此Y001的触点为断开状态，Y000没能导通，其状态为“0”。第二行，X000触点闭合，所以，Y001的状态为“1”。③输出刷新过程，由于Y001呈导通状态，灯2亮。

图10-4(c)为按下SB1按钮后的第二个扫描周期。①输入扫描，由于输入状态不变，输入映像区不变。②执行程序过程，第一行，X000触点闭合，由于上一个周期中Y001为ON状态，因此，Y001触点也闭合，Y000也呈导通状态；第二行，Y001还呈导通状态。Y000、Y001的状态均为“1”。③输出刷新过程，两个灯都亮。注意，由于PLC的扫描周期很短，通常用肉眼见到的现象可能是两盏灯同时亮。如果按钮没有变化，内部继电器、输出设备状态均无变化。

图10-4(d)为松开按钮SB1后的第一个扫描周期。①输入扫描使输入映像区的X000呈“0” X001呈“1”。②执行程序过程，X000触点断开，Y001由于上个周期被置“1”，因此Y001的触点为闭合状态。③输出刷新过程，由于X000触点断开，Y000、Y001都呈断开状态。

2. 定时计数

系统输入端只需接一个按钮，无输出，参考图10-3(a)只接X0，分析图10-5(a)、(b)、(c)三种情况下观察计数器的当前值，分析程序执行过程。

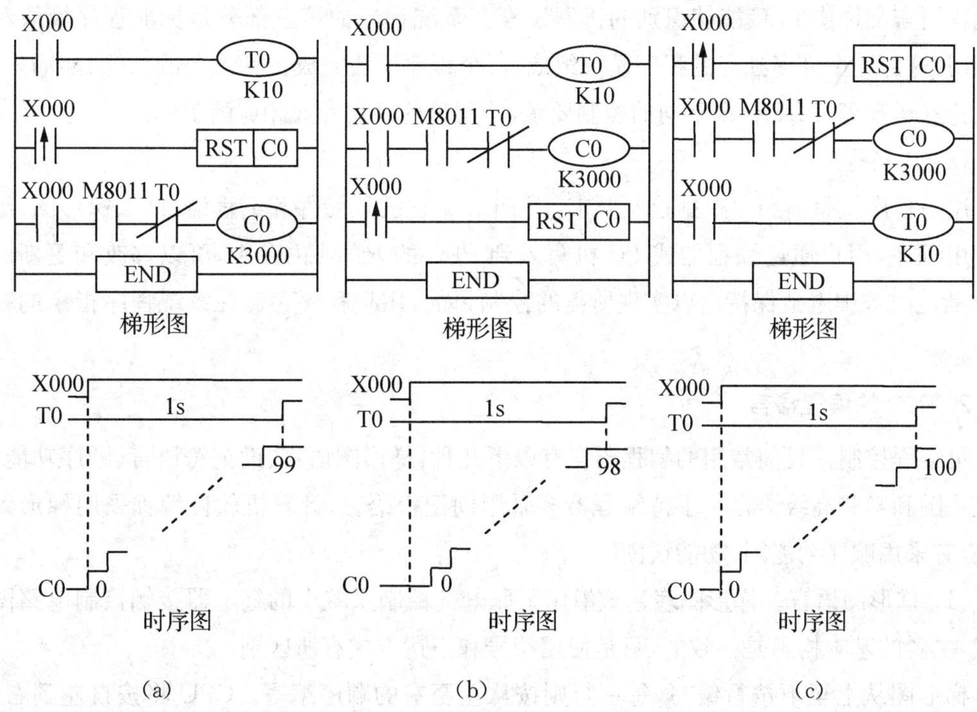

图10-5　程序执行过程

程序中M8011为特殊辅助继电器，只要PLC处于运行状态，将不停地发出10 ms的脉冲信号(5 ms通、5 ms断)。程序中T0为1 s定时,X0闭合1 s,T0导通,C0为增计数器,在X0闭合、T0没有闭合的前提下,记录M8011发出的脉冲个数。理论上,在T0导通,C0计数器停止计数时,计数器的当前值应为100个(1 s/10 ms = 100个脉冲)。三段程序中,只是改变了执行的前后位置,但结果却不同。结合对应的时序图分析其原因。

模块3 FX_{2N}系列PLC的软件系统

1. 软件系统

硬件系统和软件系统组成了一个完整的PLC系统,它们相辅相成,缺一不可。没有软件的PLC系统称为裸机系统,不起任何作用。反之,如果没有硬件系统,软件系统也失去了基本的外部条件,程序根本无法运行。PLC的软件系统是指PLC所使用的各种程序的集合,通常可分为系统程序和用户程序两大部分。

(1) 系统程序

系统程序是每一个PLC成品必须包括的部分,由PLC生产厂家提供,用于控制PLC本身的运行。系统程序固化在EPROM存储器中。

系统程序可分为管理程序、编译程序、标准程序模块和系统调用三部分。管理程序是系统程序中最重要的部分,PLC整个系统的运行都由它控制。编译程序用来把梯形图、语句表等编程语言翻译成PLC能够识别的机器语言。系统程序的第三部分是标准程序模块和系统调用,这部分由许多独立的程序模块组成,每个程序模块完成一种单独的功能,如输入、输出及特殊运算等,PLC根据不同的控制要求,选用这些模块完成相应的工作。

(2) 用户程序

用户程序就是由用户根据控制要求,用PLC编程的软元件和编程语言(如梯形图)编制的应用程序,用户通过编程器或PC机写入到PLC的RAM内存中,可以修改和更新。当PLC断电时被锂电池保持。以实现所需的控制目的,用户程序存储在系统程序指定的存储区内。

2. PLC的编程语言

可编程控制器目前常用的编程语言有以下几种:梯形图语言、助记符语言、顺序功能图、功能块图和某些高级语言。手持编程器多采用助记符语言,计算机软件编程采用梯形图语言,也有采用顺序功能图、功能块图的。

(1) 梯形图语言。梯形图表达式沿用了原电气控制系统中的继电器接触控制电路图的形式,二者的基本构思是一致的,只是使用符号和表达方式有所区别。

梯形图从上至下按行编写,每一行则按从左至右的顺序编写。CPU将按自左到右,从上而下的顺序执行程序。梯形图的左侧竖直线称母线(输入公共线)。梯形图的左侧安排输入触点(如有若干个触点串联或并联,应将多的触点安排在最上端或最左端)和辅助继电器

触点(运算中间结果),最右边必须是输出元素。

梯形图中的输入只有两种:动合触点(常开触点)和动断触点(常闭触点),这些触点可以是 PLC 的外接开关对应的内部映像触点,也可以是内部继电器触点,或内部定时器、计数器的触点。每个触点都有自己的特殊编号,以示区别。同一编号的触点可以有动合和动断两种状态,使用次数不限。因为梯形图中使用的“继电器”对应 PLC 内的存储区某字节或某位,所用的触点对应于该位的状态,可以反复读取,故称 PLC 有无限对触点。梯形图中触点可以任意串联、并联。

梯形图中输出线圈对应 PLC 内存的相应位,输出线圈包括输出继电器线圈、辅助继电器线圈以及定时器、计数器线圈等,其逻辑动作只有线圈接通后,对应的触点才可能发生动作。用户程序运算结果可以立即为后续程序所利用。

(2) 助记符语言。助记符语言又称命令语句表达式语言,它常用一些助记符来表示 PLC 的某种操作。它类似微机中的汇编语言,但比汇编语言更直观易懂。用户可以很容易地将梯形图语言转换成助记符语言。

例:某一过程控制系统中,工艺要求开关 1 闭合 40 s 后,指示灯亮,按下开关 2 后灯熄灭,采用三菱 FX_{2N} 系列 PLC 实现控制。图 10-6(a)为实现这一功能的梯形图程序,它是由若干个梯级组成,每一个输出元素构成一个梯级而每个梯级可由多条支路组成。图 10-6(b)梯形图对应的用助记符表示的指令表。

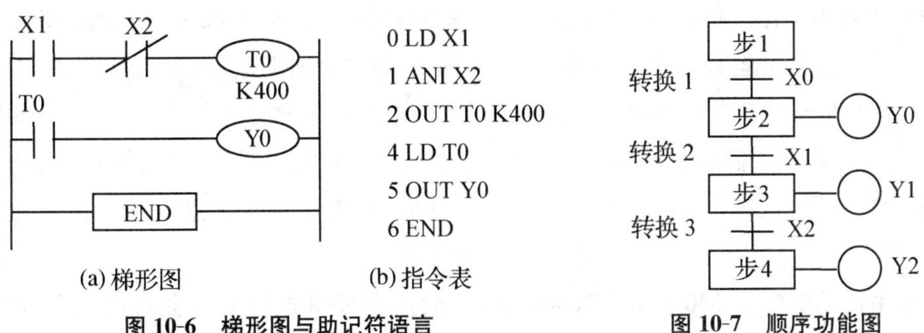

(a) 梯形图　(b) 指令表

图 10-6　梯形图与助记符语言

图 10-7　顺序功能图

这里要说明的是不同厂家生产的 PLC 所使用的助记符各不相同,因此同一梯形图写成的助记符语句不相同。用户在将梯形图转换为助记符时,必须弄清 PLC 的型号及内部各器件编号、使用范围和每一条助记符的使用方法。

(3) 顺序功能图。顺序功能图也是一种编程方法,这是一种图形说明语言,它用于表示顺序控制的功能,目前国际电工协会(IEC)正在实施发展这种新式的编程标准。现在,不同的 PLC 生产厂家对这种编程语言所用的符号和名称也是不一样的,三菱公司称其为功能图语言。图 10-7 表示一个顺序功能图的编程示例。采用功能图对顺序控制系统编程非常方便,同时也很直观,在功能图中用户可以根据顺序控制步骤执行条件的变化,分析程序的执行过程,可以清楚地看到在程序执行过程中每一步的状态,便于程序的设计和调试。

3. FX_{2N} 系列 PLC 的软元件(内部继电器)

软元件简称元件,PLC 的内部存储器的每一个存储单元均称为元件,各个元件与 PLC

的监控程序、用户的应用程序合作，会产生或模拟出不同的功能。当元件产生的是继电器功能时，称这类元件为软继电器，简称继电器，它不是物理意义上的实际器件，而是一定的存储单元与程序结合的产物。后面介绍的各类继电器、定时器、计数器都是指此类软元件。

元件的数量及类别是由 PLC 的监控程序规定的，它的规模决定着 PLC 整体功能及数据处理能力。通常在使用时，主要查看相关的操作手册。

(1) 输入继电器 X。输入继电器是 PLC 中用来专门存储系统输入信号的内部虚拟继电器。它又被称为输入映像区，它可以提供无数个动合触点和动断触点，供编程使用，编程使用次数不限。这类继电器的状态只能用输入信号驱动，不能用程序驱动。FX 系列 PLC 的输入继电器采用八进制的地址编号，地址为：X000～X007、X010～X017、X020～X027、…、X260～X267，共 184 个点。

(2) 输出继电器 Y。输出继电器是 PLC 中专门用来将运算结果经输出接口电路及输出端子控制外部负载的虚拟继电器。它在内部直接与输出接口电路相连，它可以提供无数个动合触点和动断触点，供编程使用，编程使用次数不限。这类继电器的状态只能用程序驱动，外部信号无法直接驱动输出继电器。FX 系列 PLC 的输出继电器采用八进制的地址编号，地址为：Y000～X267，共 184 个点。

(3) 内部辅助继电器 M。PLC 内有很多辅助继电器，辅助继电器的线圈与输出继电器一样，由 PLC 内各软元件的触点驱动。辅助继电器的动合和动断触点使用次数不限，在 PLC 内可以自由使用。但是，这些触点不能直接驱动外部负载，外部负载的驱动必须由输出继电器执行。在逻辑运算中经常需要一些中间继电器作为辅助运算用。这些元件不直接对外输入、输出，但经常用作状态暂存、移位运算等。它的数量比软元件 X、Y 多。内部辅助继电器中还有一类特殊辅助继电器，它有各种特殊功能，如定时时钟、进/借位标志、启动/停止、单步运行、通信状态、出错标志等。FX_{2N} 系列 PLC 的辅助继电器按照其功能分成以下三类：

①通用辅助继电器 M0～M499(500 点)　通用辅助继电气元件是按十进制进行编号的，FX_{2N} 系列 PLC 有 500 点，其编号为 M0～M499。

②断电保持辅助继电器 M500～M1023(524 点)　PLC 在运行中发生停电，输出继电器和通用辅助继电器全部成断开状态。再运行时，除去 PLC 运行时就接通的以外，其他都断开。但是根据不同控制对象要求，有些控制对象需要保持停电前的状态，并能在再运行时再现停电前的状态情形。断电保持辅助继电器完成此功能，停电保持由 PLC 内装的后备电池支持。

③特殊辅助继电器 M8000～M8255(256 点)　这些特殊辅助继电器各自具有特殊的功能，一般分成两大类。一类是只能利用其触点，其线圈由 PLC 自动驱动。例如：M8000(运行监视)、M8002(初始脉冲)、M8013(1 s 时钟脉冲)。另一类是可驱动线圈型的特殊辅助继电器，用户驱动其线圈后，PLC 做特定的动作。例如，M8033 指 PLC 停止时输出保持，M8034 是指禁止全部输出，M8039 是指定时扫描。

(4) 内部状态继电器 S。状态继电器是 PLC 在顺序控制系统中实现控制的重要内部元

件。它与后面介绍的步进顺序控制指令 STL 组合使用，运用顺序功能图编制高效易懂的程序。状态继电器与辅助继电器一样，有无数的动合触点和动断触点，在顺控程序内可任意使用。状态继电器分成四类，其编号及点数如下：

初始状态：S0～S9(10 点)

回零：S10～S19(10 点)

通用：S20～S499(480 点)

保持：S500～S899(400 点)

报警：S900～S999(100 点)

有关状态继电器的应用，可参考项目 23STL 指令的有关内容。

(5) 内部定时器 T。定时器在 PLC 中相当于一个时间继电器，它有一个设定值寄存器(一个字)、一个当前值寄存器(字)以及无数个触点(位)。对于每一个定时器，这三个量使用同一个名称，但使用场合不一样，其所指意义也不一样。通常在一个可编程控制器中有几十个至数百个定时器，可用于定时操作。其详细介绍参照项目 20。

(6) 内部计数器 C。计数器是 PLC 的重要内部部件，它在执行扫描操作时对内部元件 X、Y、M、S、T、C 的信号进行计数。当计数达到设定值时，计数器触点动作。计数器的动合、动断触点可以无限使用。其详细介绍参照项目 22。

(7) 数据寄存器 D。可编程控制器用于模拟量控制、位置控制、数据 I/O 时，需要许多数据寄存器存储参数及工作数据。这类寄存器的数量随着机型不同而不同。

每个数据寄存器都是 16 位，其中最高位为符号位，可以用两个数据寄存器合并起来存放 32 位数据(最高位为符号位)。

①通用数据寄存器 D0～D199 只要不写入数据，则数据将不会变化，直到再次写入。这类寄存器内的数据，一旦 PLC 状态由运行(RUN)转成(STOP)时全部数据均清零。

②停电保持数据寄存器 D200～D7999。除非改写，否则数据不会变化。即使 PLC 状态变化或断电，数据仍可保持。

③特殊数据寄存器 D8000～D8255。这类数据寄存器用于监视 PLC 内各种元件的运行方式用，其内容在电源接通(ON)时，写入初始化值(全部清零，然后由系统 ROM 安排写入初始化值)。

④文件寄存器 D1000～D7999。文件寄存器实际上是一类专用数据寄存器，用于存储大量的数据，例如采集数据、统计计数器数据、多组控制参数等。其数量由 CPU 的监视软件决定。在 PLC 运行中，用 BMOV 指令可以将文件寄存器中的数据读到通用数据寄存器中，但不能用指令将数据写入文件寄存器。

(8) 内部指针(P、I)。内部指针是 PLC 在执行程序时用来改变执行流向的元件。它有分支指令专用指针 P 和中断指针 I 两类。

①分支指令专用指针 P0～P63。分支指令专用指针在应用时，要与相应的应用指令 CJ、CALL、FEND、SRET 及 END 配合使用，P63 为结束跳转使用。

②中断用指针 I 是应用指令 IRET 的返回、EI 开中断、DI 关中断配合使用的指令。

10.4 实训内容和步骤

1. 实训内容和控制要求

按照前面的例子完成接线，输入程序，按照要求进行观察。

2. 实训步骤及要求

(1) 按照提供的PLC原理接线图10-3完成接线。

(2) 将提供的参考程序写入PLC。

(3) 根据操作步骤进行操作，观察输入、输出设备的状态。通过计算机监视画面，观察并记录各元件的状态。

(4) 结合PLC程序执行过程，分析程序结果。

3. 注意事项

(1) 图中如果接信号发生器，因为脉冲信号发生器的信号与按钮信号不同，因此不能共用一个COM端。

(2) 程序执行过程的梯形图可用计算机利用软件写入，也可以用助记符语言由编程器写入PLC。

4. 思考与练习

(1) 可编程控制器目前常用的编程语言有哪几种？

(2) PLC对输入/输出的处理规则有哪几条？

(3) 当PLC投入运行后，其工作过程一般分为哪几个阶段？

10.5 任务考核

任务考核标准见表10-2。

表10-2 任务考核标准

考核项目	考核内容	配分	考核要求及评分标准	得分
元件及输出状态分析	元件映像寄存器状态 输出端状态	30分	正确分析元件映像寄存器状态15分 能正确分析输出端状态15分	
程序执行分析	输入采样 程序执行 输出刷新	40分	输入采样时序分析正确10分 程序执行时序分析正确20分 输出刷新时序分析正确10分	
运行分析	系统组成 系统调试 程序运行	30分	能说明系统组成10分 会调试系统程序10分 会运行结果分析10分	
实际总得分				

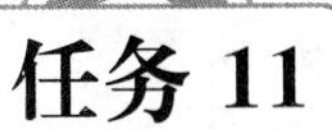

任务 11 手持编程器和程序的写入、调试及监控

11.1 任务目标

1. 通过编程器的实际操作，熟悉 FX_{2N} 主机及编程器操作面板上各部分的作用。
2. 初步掌握编程器的操作方法。

11.2 实训设备

任务所需实训设备和器件见表 11-1。

表 11-1 实训设备和元件明细表

名称	型号或规格	数量	名称	型号或规格	数量
可编程控制器	FX_{1N}-40MR	1 台	电缆	FX-20P-CABO	1 根
手持编程器	FX-20P-E	1 只			

11.3 相关知识

模块 1 FX-20P-E 编程器

编程器是用来对 PLC 进行编程以及对其工作进行监视的重要设备。FX 系列 PLC 的编程设备有手持式简易编程器（FX-20P-E）、图形编程器（GP-80FX-E）及编程软件包 MELSEC-MEDOC，FX-PCS/WIN-C。本处重点介绍 FX-20P-E 编程器及其使用。

FX-20P-E 手持式简易编程器由液晶显示屏、ROM 写入器接口、存储卡盒的接口及功能键、指令键、元件符号键和数字键等键盘组成，如图 11-1 所示。

1. 液晶显示屏

FX-20P-E 简易编程器的液晶显示屏很小，能同时显示 4 行，每行 16 个字符，在编程操作时，显示屏上显示的画面如图 11-2 所示。液晶显示屏左上角的黑三角提示符是功能方式说明，下面分别予以介绍。

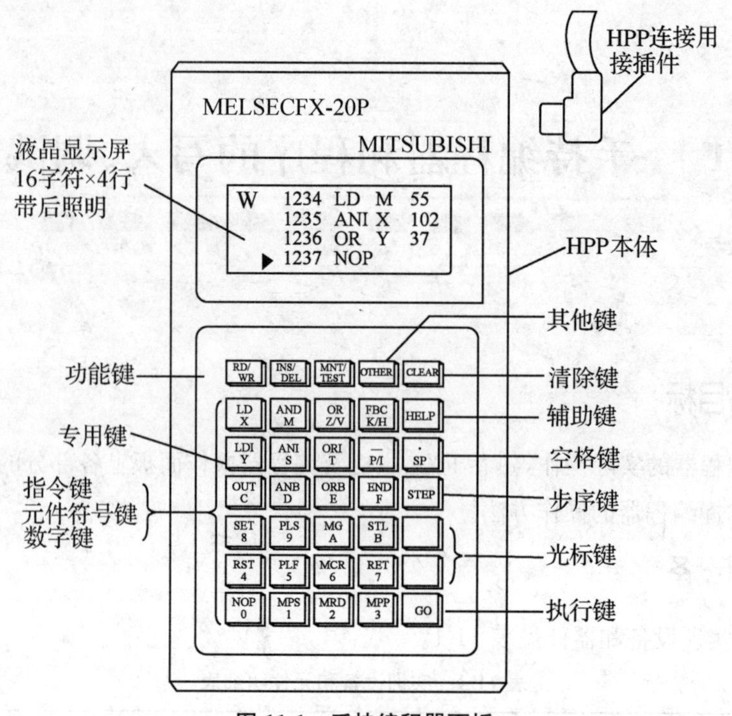

图 11-1 手持编程器面板

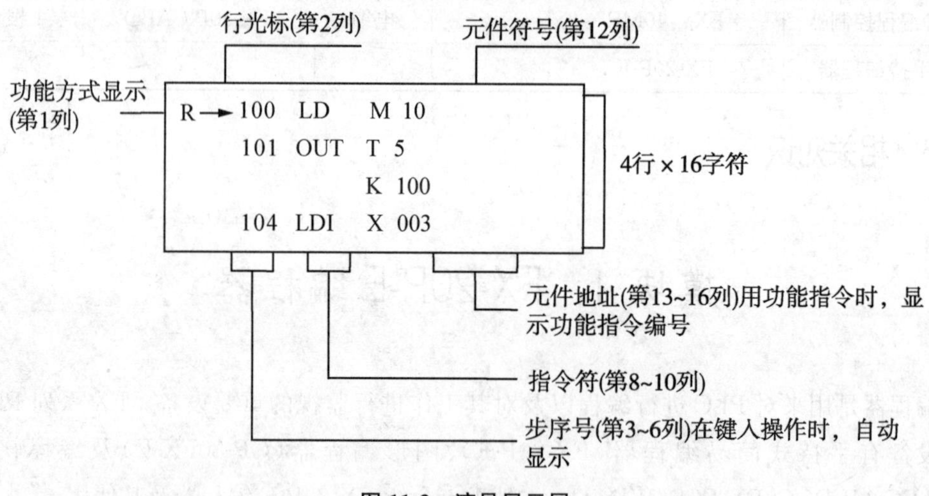

图 11-2 液晶显示屏

功能方式显示的含义：

R(Read)—读出；W (Write)—写入；I(Insert)—插入；D(Delete)—删除；M(Monitor)—监视；T(Test)—测试。

2. 键盘

键盘由 35 个按键组成，包括功能键、指令键、元件符号键和数字键等。

(1) 功能键。(RD/WR)读出/写入键，(INS/DEL)插入/删除键，(MNT/TEST)监视/测试键。各功能键交替起作用，按一次时选择键左上方表示的功能；再按一次，则选择右下

方表示的功能。

(2) 其他键(OTHER)。在任何状态下按此键,显示方式项目单(菜单)。安装ROM写入模块时,在脱机方式项目单上进行项目选择。

(3) 清除键(CLEAR)。如在按(GO)键前(即确认前)按此键,则清除键入的数据。此键也可用于清除显示屏上的错误信息或恢复原来的画面。

(4) 帮助键(HELP)。显示功能指令一览表。在监视时,进行十进制数和十六进制数的转换。

(5) 空格键(SP)。在输入时,用此键指定元件号和常数。

(6) 步序键(STEP)。设定步序号时按此键。

(7) 光标键(↑)、(↓)。用该键移动光标和提示符,指定已指定元件前一个或后一个地址号的元件,作行滚动。

(8) 执行键(GO)。此键用于指令的确认、执行、显示后面的画面和再搜索。

(9) 指定键、元件符号键、数字键。这些都是复用键。每个键的上面为指令符号,下面为元件符号或者数字。上、下的功能是根据当前所执行的操作自动进行切换,其中下面的元件符号(Z/V)、(K/H)、(P/I)交替起作用,反复按键时,互相切换。指令键共有26个,操作起来方便、直观。

模块2 编程操作

编程操作不管是联机方式还是脱机方式,其基本编程操作相同,步骤如下:

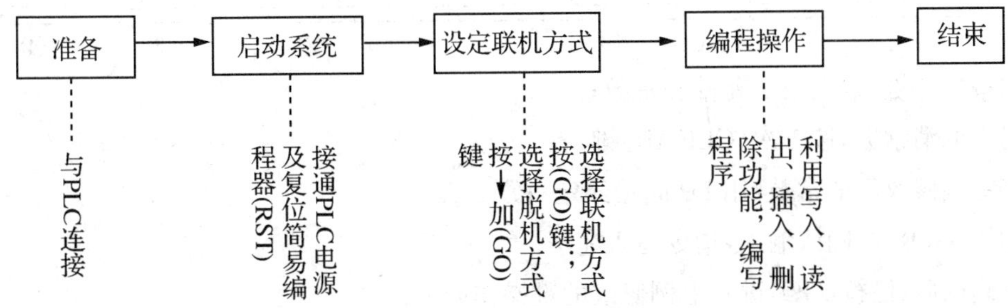

1. 程序写入W

在写入程序之前,要将PLC内部存储器的程序全部清除(清零),使每个寄存器里的指令都变成NOP,按键的操作顺序W:→NOP→A→GO→GO。

(1) 基本指令的写入。基本指令有三种情况:一是仅有指令助记符,不带元件;二是有指令助记符和一个元件;三是指令助记符带两个元件。在选择写入功能的前提下,写入上述三种基本指令的键操作如下:

①写入功能→指令→(GO)(只需输入指令);

②写入功能→指令→元件符号→元件号→(GO)(需要指令和元件的输入);

③写入功能→指令→元件符号→元件号→(SP)→元件符号→元件号→(GO)(需要指令、第 1 元件和第 2 元件的输入)。

例如要将图 11-3 所示的梯形图程序写入到 PLC 中,可按如下操作进行:

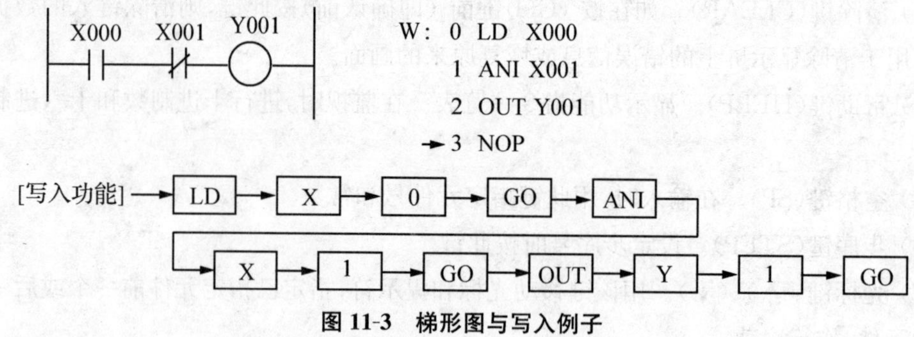

图 11-3 梯形图与写入例子

在指令输入过程中,若要修改,可按图 11-4 所示的操作进行。

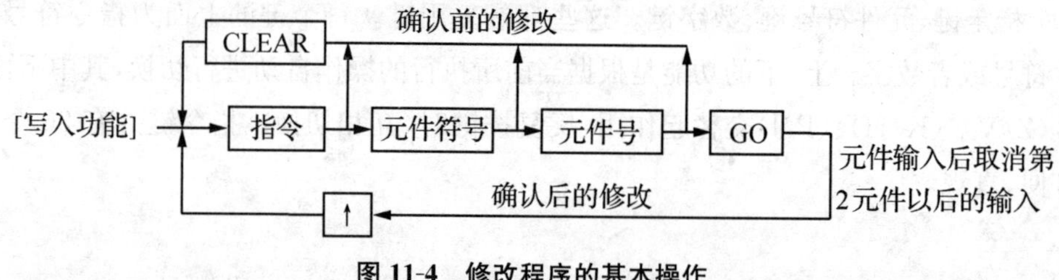

图 11-4 修改程序的基本操作

例如:输入指令 OUT T0 K10,确认前(按(GO)键前),欲将 K10 改为 D9,其操作如下:

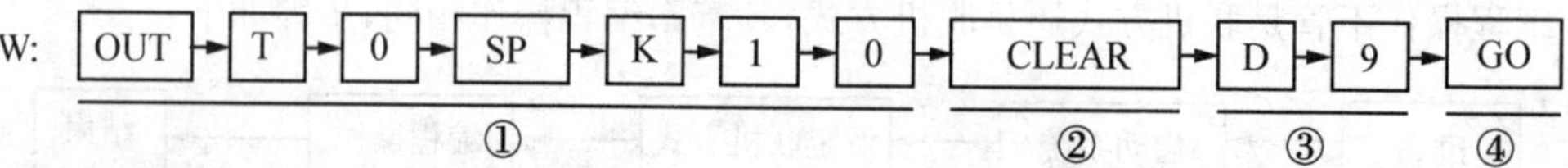

①按指令键,输入第 1 元件和常数;

②为取消常数,按 1 次(CLEAR)键;

③键入修改后的常数(用 D9 间接给定);

④按(GO)键,确认输入,指令写入完毕。

若确认后(已按(GO)键),上例修改的键操作如下:

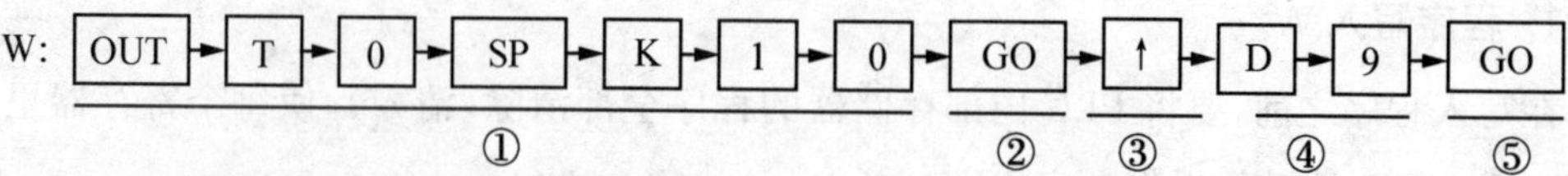

①按指令键,写入第 1 元件、第 2 元件。

②按(GO)键,①的内容输入完毕。

③将行光标移到 K10 的位置上。

④键入修改后的第 2 元件。

⑤按(GO)键,指令写入完毕。

(2) 功能指令的写入。写入功能指令时，按(FNC)键后再输入功能指令号。这里不要像输入基本指令那样，使用元件符号键。

输入功能指令号有两种方法：一是直接输入指令号；二是借助于(HELP)键的功能，在所显示的指令一览表上检索指令编号后再输入。功能指令写入的基本操作如图 11-5 所示。

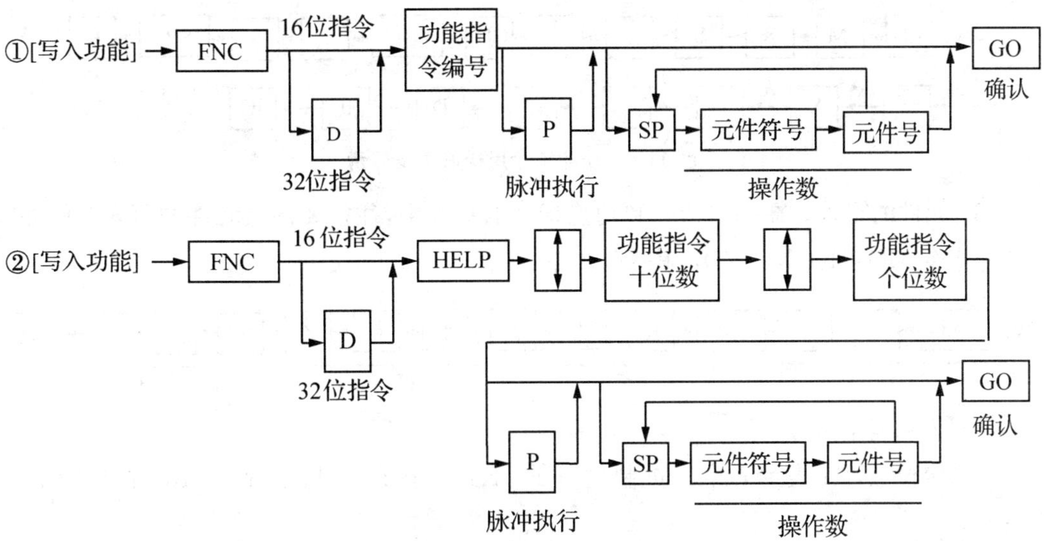

图 11-5　功能指令输入的基本操作

例如：写入功能指令 (D) MOV (P) D0 D2，其键操作如下：

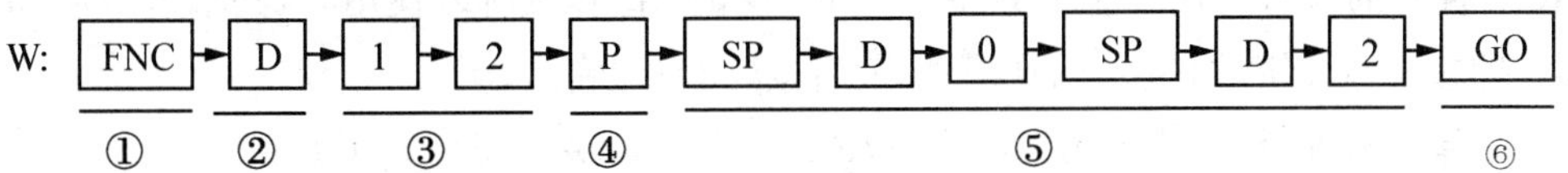

①按(FNC)键，选择功能指令；

②指定 32 位指令时，在键入指令号之前按(D)键；

③键入指令号；

④在指令脉冲指令时，键入指令号后按(P)键；

⑤写入元件时，按(SP)键，再依次键入元件符号和元件号；

⑥按(GO)键，确认输入。

上述操作完成后，显示屏的显示如下：

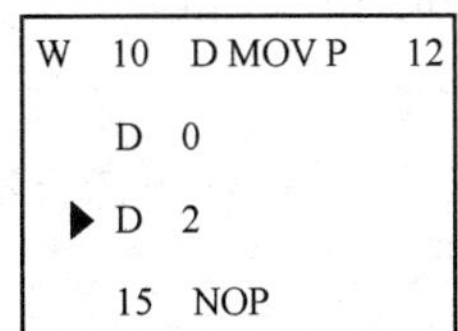

例如键入图 11-6 所示梯形图键操作如下：

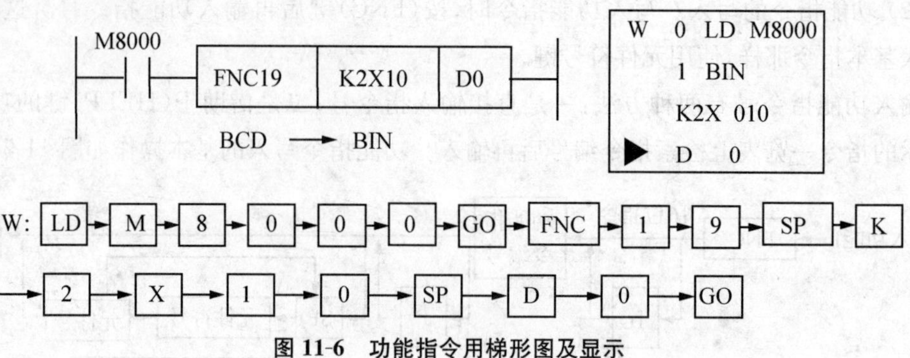

图 11-6 功能指令用梯形图及显示

(3) 元件的写入。在基本指令和功能指令的写入中，往往要涉及元件的写入。例如写入功能指令 MOV K1 X10 ZD1，其操作如下：

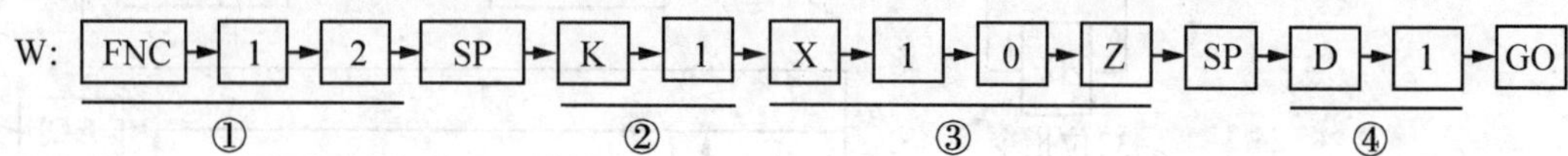

①写入功能指令号；

②指定位数，K1 表示 4 个二进制位（K1～K4 用于 16 位指令，K1～K8 用于 32 位指令）；

③键入第 1 个元件符号和第 1 个元件号，变址寄存器 Z、V 附加在元件号一起使用；

④键入第 2 个元件符号和第 2 个元件号。

(4) 标号的写入。在程序中 P(指针)、I(中断指针)作为标号使用时，其输入方法和指令相同。即按 P 或 I 键，再键入标号编号，最后按(GO)键确认。

(5) 程序的改写。[读出第 100 步]WRT503①②GO2KSP1④③OUT。

在指定的步序上改写指令。如果要将原 100 步上的指令改写为 OUT T50 K123，其键操作如下：

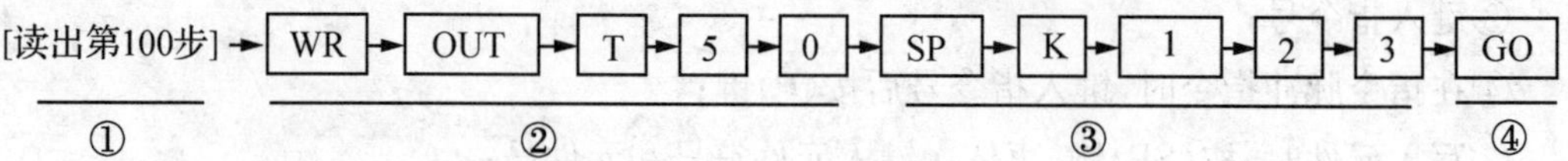

①根据步序号读出要改写的程序；

②按(WR)键后，依次键入指令、元件符号和元件号；

③按(SP)键，键入常数或第 2 个元件符号和第 2 个元件号；

④按(GO)键，确认重新写入的指令。

如果需要改写读出步数中的某些内容，可将光标直接移到需要改写的地方，重新键入新的内容即可。

(6) NOP 的成批写入。在指定范围内，将 NOP 成批写入的基本操作如图 11-7 所示。

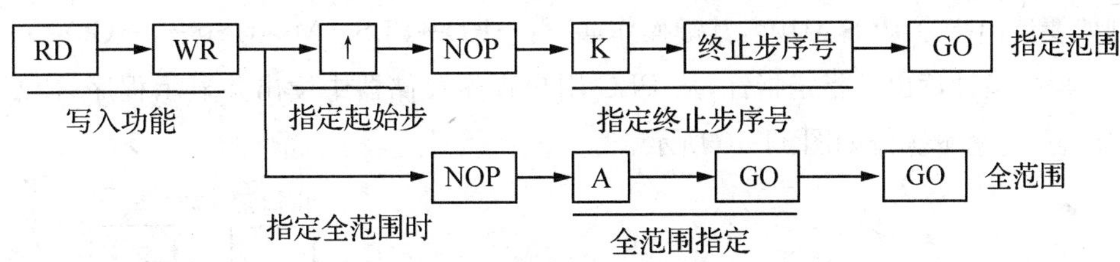

图 11-7　NOP 成批写入的基本操作

例如在 1014 步到 1024 步范围内成批写入 NOP 的键操作如下：

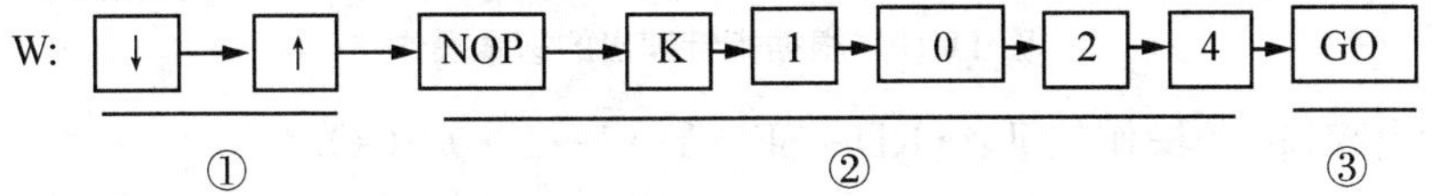

①按(↓)或(↑)键，将行光标移至写入(NOP)的起始位置；

②依次按(NOP)、(K)键，再键入终止步序号；

③按(GO)键，则在指定范围内成批写入(NOP)。

2. 读出程序 R

从 PLC 的内存中读出程序，可以根据步序号、指令、元件及指针等几种方法读出，在联机方式时，PLC 的运行状态时要读出指令，只能根据步序号读出；若 PLC 为停止状态时，还可以根据指令、元件以及指针读出。在脱机方式中，无论 PLC 处于何种状态，四种读出方式均可。

(1) 根据步序号读出。指定步序号，从 PLC 用户程序存储器中读出并显示程序的基本操作如图 11-8 所示。

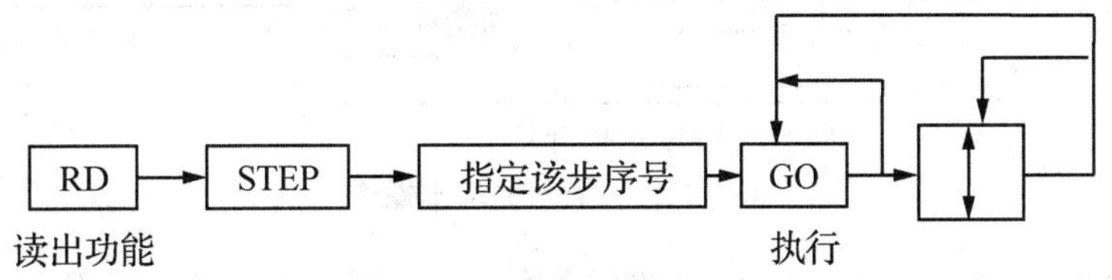

图 11-8　根据步序号读出的

例如要读出第 50 步的程序，其键操作如下：→RD→STEP→5→0→GO。

①按(STEP)键，键入指定的步序号；

②按(GO)键，执行读出。

(2) 根据指令读出。指定指令，从 PLC 用户程序存储器中读出并显示程序(PLC 处于 STOP 状态)的基本操作如图 11-9 所示。

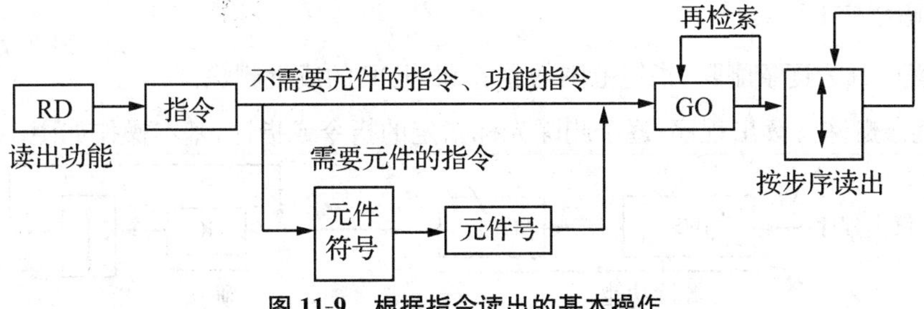

图 11-9　根据指令读出的基本操作

例如要读出指令 PLS M104，其键操作如下：→RD→PLS→M→1→0→4→GO。

(3) 根据指针读出。指定指针，从 PLC 用户程序存储器中读出并显示程序(PLC 处于 STOP 状态)的基本操作如图 11-10 所示。

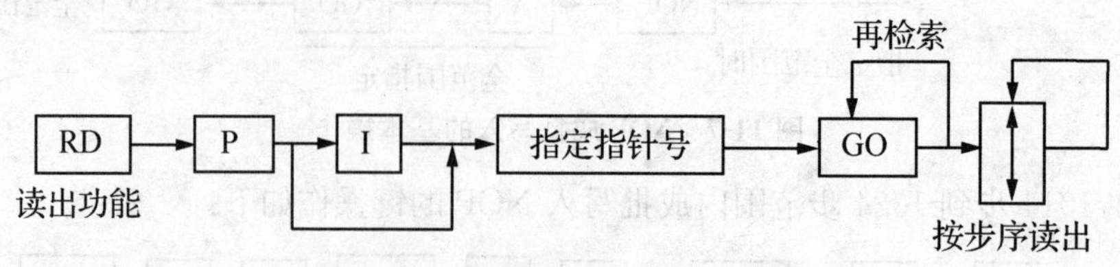

图 11-10　根据指针读出的基本操作

例如读出 Y140 的操作如下：→RD→SP→Y→1→4→0→GO。

3. 插入程序 I

插入程序操作是根据步序号读出程序后，在指定的位置上插入指令或指针，其操作如图 11-11所示。

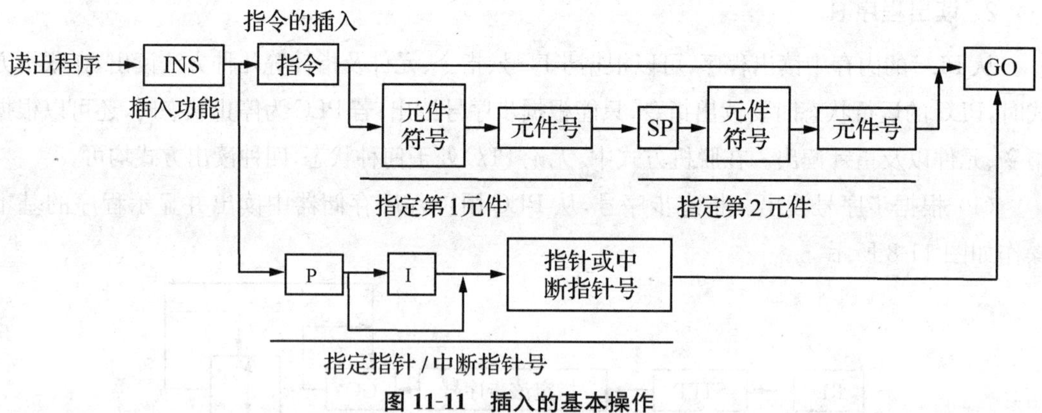

图 11-11　插入的基本操作

例如，在 200 步前插入 AND M5 的键操作如下：[读出 200 步序] →INS→AND→M→5 →GO。

①根据步序号读出相应的程序，按 INS/DEL 键(选择插入功能)，设定在行光标指定步序处插入(无步序号的行不能插入)；

②键入指令、元件符号、元件号(或指针符号和指针号)；

③按 GO 键后就可以把指令或指针插入。

4. 删除程序 D

删除程序分为逐条删除、指定范围的删除和 NOP 的成批删除。

(1) 逐条删除。读出程序，逐条删除光标指定的指令或指针，基本操作如图 11-12 所示。

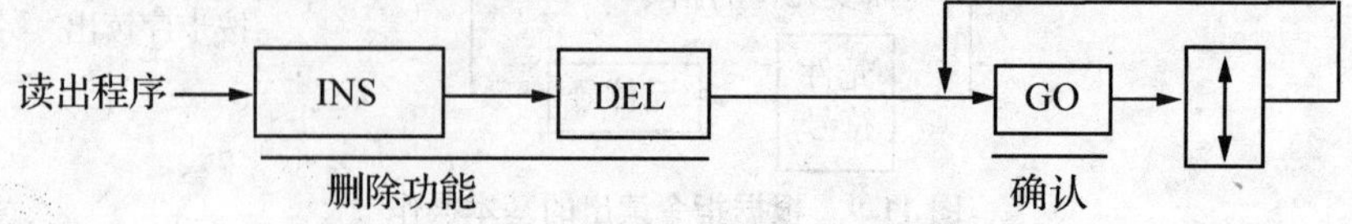

图 11-12　逐条删除的基本操作

例如：要删除第 50 步 ANI 指令，其键操作如下：读出第 50 步程序→INS→DEL→GO。

①根据步序号读出相应的程序，按 INS/DEL 键，选择删除功能；

②按(GO)键后，即删除行光标所指定的指令或指针，而且以后的各步的步序号自动向前提。

(2) 指定范围的的删除。从指定的步序号到终止步序号之间的程序，成批删除的键操作如下：

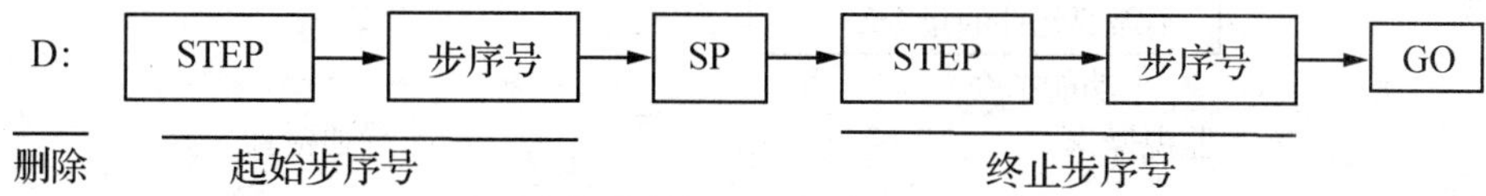

(3) NOP 的成批删除。将程序中所有的 NOP 一起删除的键操作如下：

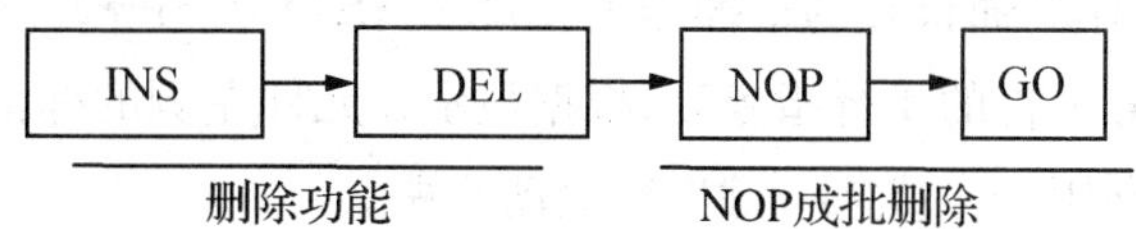

5. 监控操作 M

编程器的监视功能符号为 M，监视功能是在和 PLC 联机的方式下，利用编程器的显示屏监视用户程序中元件的 ON/OFF 状态，以及 T、C 元件当前值的变化。

(1) 元件的监视。所谓元件监视是指监视指定元件的 ON/OFF 状态以设定值和当前值。元件监视的基本操作如图 11-13 所示。

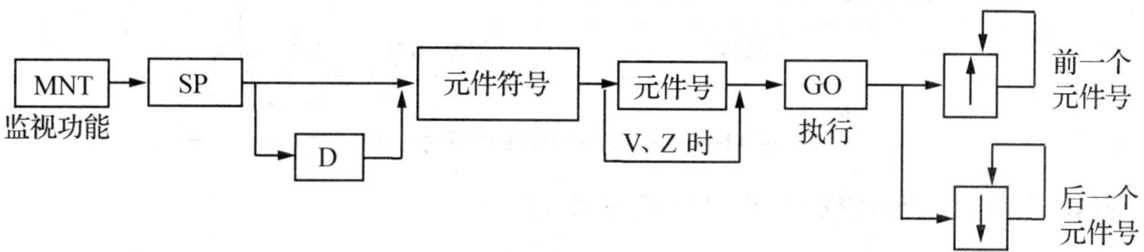

图 11-13　元件监视的基本操作

例如监视 X000 及其以后元件的操作和显示如图 11-14 所示。

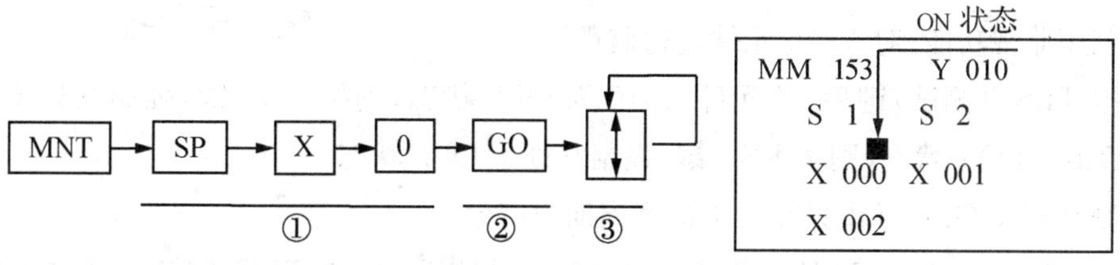

图 11-14　监视 X0 等元件的操作及显示

①按(MNT)键后，按 SP 键，键入元件符号及元件号；

②按(GO)键后，有标记的元件，则为 ON 状态，否则为 OFF 状态；

③按↑或↓键，监视前后元件的 ON/OFF 状态。

(2) 导通检查。根据步序号或指令读出的程序，监视元件触点的动作及线圈导通，基本

操作如图 11-15 所示。

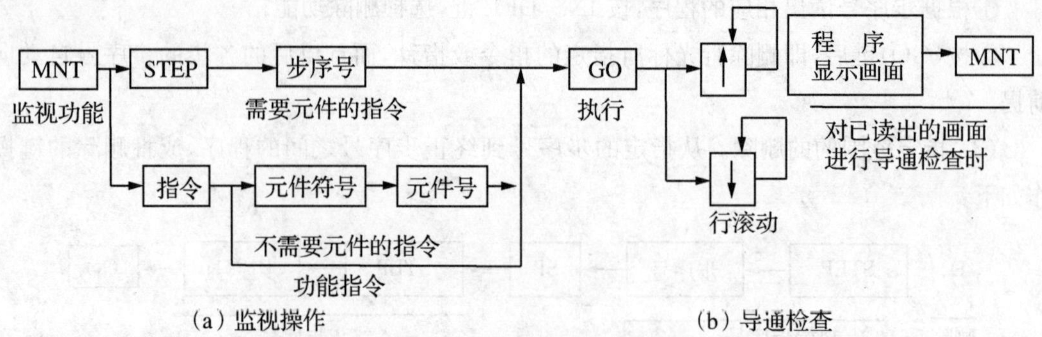

(a) 监视操作　　(b) 导通检查

图 11-15　监视及导通检查基本操作

例如,读出 126 步作导通检查的键操作是:MNT→STEP→1→2→6→GO。

读出以指定步序号为首的 4 行指令后,根据显示在元件左侧的标记,可监视触点的导通和线圈的动作状态。利用(↑)或(↓)键进行滚动监视。

(3) 动作状态的监视。利用步进指令,监视 S 的动作状态(状态号从小到大,最多为 8 点)的键操作如下:MNT→STL→GO。

(4) 强制 ON/OFF。元件强制 ON/OFF 的测试,要先进行元件监视,而后进行测试功能。基本操作如图 11-16 所示。

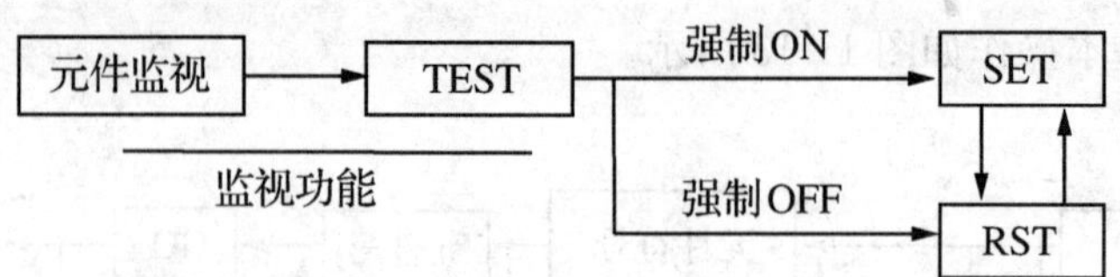

图 11-16　强制 ON/OFF 的基本操作

例如:对 Y010 进行强制 ON/OFF 的键操作如下。

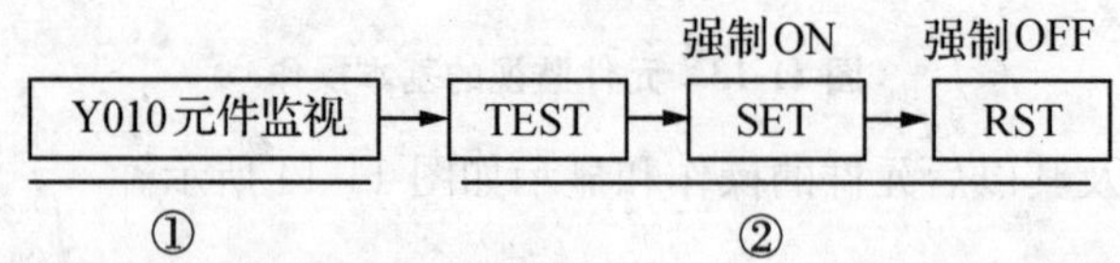

①利用监视功能,对 Y010 元件进行监视;

②按 TEST(测试)键后,若元件 Y010 为 OFF 状态,则按 SET 键,强制其处于 ON 状态;若 Y010 为 ON 状态,则按 RST 键,强制其处于 OFF 状态。

强制其 ON/OFF 操作只在一个运算周期内有效。

(5) 修改 T、C、D、Z、V 的当前值。先进行元件监视,再按 TEST 键转到测试功能,然后修改 T、C、D、Z、V 等当前值,其基本操作如图 11-17 所示。

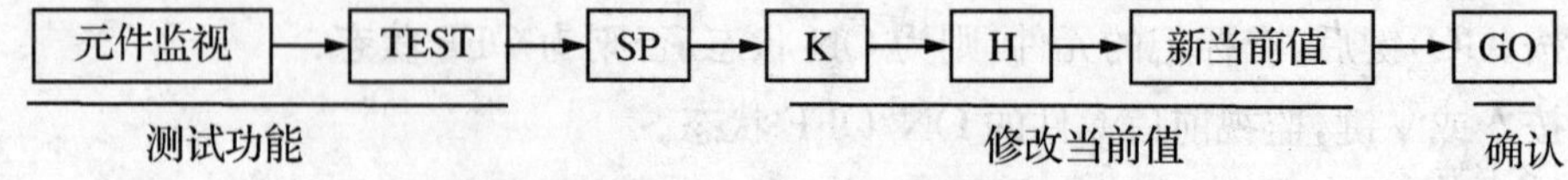

图 11-17　修改 T、C 等当前值的基本操作

例如将 32 位计数器当前值寄存器(D1、D0)的当前值 K1234 修改为 K10,其键入操作如下:

D0 元件监视→TEST→SP→K→1→0→GO。

①应用监视功能,对设定值寄存器进行监视;

②按(TEST)键后按(SP)键,再按 K/H 键(常数 K 为十进制数设定;H 为十六进制数设定),键入新的当前值;

③按(GO)键,确认当前值的变更。

(6) 修改 T、C 设定值。元件监视或导通检查后,按(TEST)键转到测试功能,可修改 T、C 设定值,其基本操作如图 11-18 所示。

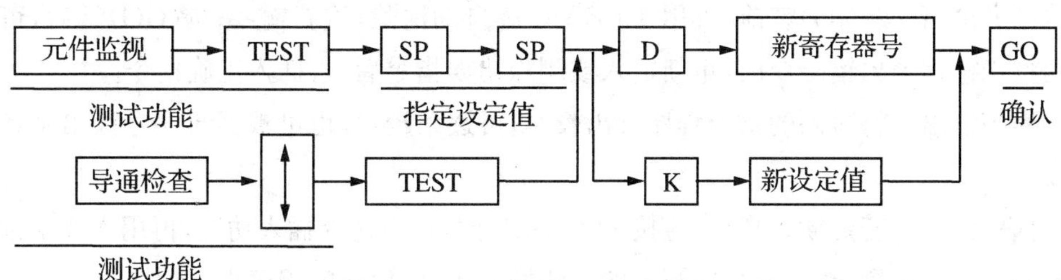

图 11-18　修改 T、C 等设定值的基本操作

例如将 T5 的设定值 K300 修改为 K500,其键操作如下:

T5 元件监视→TEST→SP→SP→K→5→0→0→GO

①利用监视功能对 T5 进行监视;

②按(TEST)键后,按一下(SP)键,则提示符出现在当前值的显示位置上;

③再按一下(SP)键,提示符移到设定值的显示位置上;

④键入新的设定值,按(GO)键,设定值修改完成。

例如将 T10 的设定值 D123 变更为 D234,其键操作表示如下:

T10 监视→TEST→SP→SP→D→2→3→4→GO

例如将第 251 步的 OUT T50 指令的设定值 K1234 变更为 K123,其键操作如下:

251 步导通检查→↓→TEST→K→1→2→3→GO

①利用监控功能,将 251 步 OUT T50 器件显示于导通检查画面;

②将行光标移到设定值行;

③按(TEST)键后,键入新的设定值,再按(GO)键后,修改变更完毕。

11.4　实训内容和步骤

1. 编程操作

(1) 接线。在主机的输入端子 X000～X007 与 COM 间接上开关或按钮;在电源端子"L"和"N"端接上 AC220 V 电源;将主机的运行开关置于"STOP"位置。

(2) 编程准备。

①将编程器与主机连接;

②将主机运行开关断开,使主机处于“停机”状态;

③接通电源,主机面板上的“POWER”灯亮,即可进行编程。

(3) 编程操作。

①程序“清零”。“清零”后显示屏上全为NOP指令,表明存储器RAM中的的程序已被全部清除。

②程序写入。例如将图11-19所示梯形图所对应的指令程序写入主机RAM,并调试运行程序。

每键入一条指令,必须按一下(GO)键确认,输入才有效,步序号自动递增;每写完一条指令时,显示屏上将显示步序号、指令及元件号。

若输入出错,按(GO)键前,可用(CLEAR)键自动清除,重新输入;按(GO)键后,可用↑或↓键将光标移至出错指令前,重新输入或删除错误指令后,再插入正确指令。

③程序读出。将写入的指令程序读出校对,可逐条校对,也可根据步序号读出某条指令进行校对。

④程序修改。若要插入指令,应按INS/DEL键,首先选择插入功能,再用↑或↓键将光标移至要插入的位置,然后按程序写入的方法插入指令,后面的程序步自动加1。

若要删除某条指令,应再按一次INS/DEL键,首先选择删除功能,再将光标移至要删除的指令前,然后按(GO)键,指令即被删除,后面的程序步自动减1。

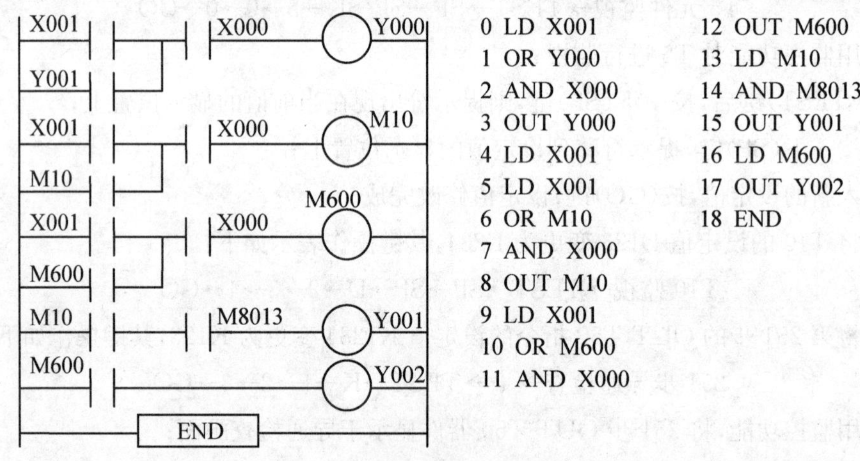

图11-19 简易编程器实用程序

2. 运行操作

(1) 将图11-19中的指令程序写入主机RAM后,可按以下操作步骤投入运行:

接通主机运行开关,主机面板上RUN灯亮,表明程序已投入运行;如果主机面板上“PROGE”灯闪烁,表明程序有错。此时应终止运行,并检查和修改程序中可能存在的语法错误或回路错误,然后重新运行。

(2) 在不同输入状态下观察输入、输出指示灯的状态。若输出指示灯的状态与控制程序的要求一致,则表明程序调试成功。

3. 监视操作

(1) 元件监视。监视 X000～X001、Y000～Y002 的 ON/OFF 状态，监视 M10、M600、M8013 的状态。

(2) 导通检查。读出图 11-19 中的指令，利用显示元件左侧的标记，监视触点和线圈的动作状态。

(3) 强制 ON/OFF。对 Y001、Y002 进行强制 ON/OFF 操作。

(4) 将图 11-20 中的指令程序写入主机 RAM 后，监视 T0 的设定值及当前值；修改 T 当前值；将 T0 的设定值 K50 修改为 K40，写出其键操作过程。

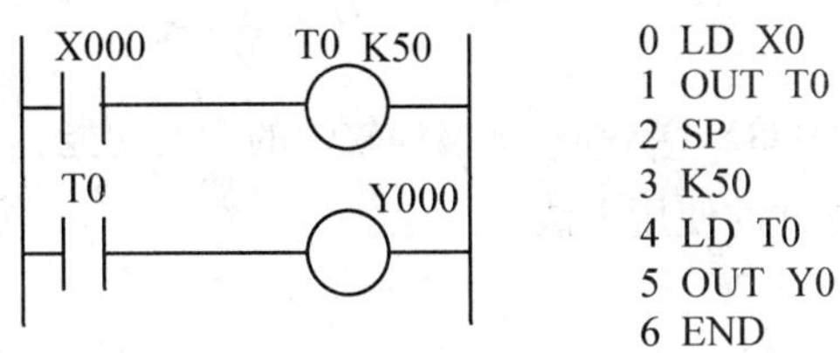

图 11-20　简易编程器定时器实训程序

11.5　任务考核

任务考核标准见表 11-2。

表 11-2　任务考核标准

考核项目	考核内容	配分	考核要求及评分标准	得分
编程操作	清零 程序写入、读出 程序修改	40 分	会清零 5 分 能正确写入、读出程序 20 分 会插入、删除程序 15 分	
监控操作	元件监视 导通检查 强制元件 ON/OFF 修改 T、C 设定值	30 分	会监视元件的动作状态 5 分 会监视元件的导通状态 5 分 能强制元件 ON/OFF 5 分 会修改 T、C 设定值 15 分	
运行操作	系统建立 程序运行 程序调试	30 分	会选择 I/O 5 分 会运行系统程序 5 分 会调试程序、运行结果分析 20 分	
实际总得分				

任务12 GX Developer编程软件及其使用

12.1 任务目标

1. 通过上机操作，熟悉 GX Developer 编程软件的主要功能。
2. 初步掌握该编程软件的使用方法。

12.2 实训设备

任务所需实训设备和器件见表 12-1。

表 12-1 实训设备和元件明细表

名称	型号或规格	数量	名称	型号或规格	数量
可编程控制器	FX_{1N}-40MR	1台	缆线	RS-422 FX_{2N}	1根 0.3 m
计算机		1台套	缆线	RS-422 FX_{2N}	1根 1.5 m
编程软件	GX Developer	1套			

12.3 相关知识

模块 1 GX Developer 微机编程软件

1. 软件概述

GX Developer 是三菱通用性较强的编程软件，它能够完成 Q 系列、QnA 系列、A 系列（包括运动控制 CPU）、FX 系列 PLC 梯形图、指令表、SFC 等的编辑。该编程软件能够将编辑的程序转换成 GPPQ、GPPA 格式的文档，当选择 FX 系列时，还能将程序存储为 FXGP(DOS)、FXGP(WIN)格式的文档，以实现与 FX-GP/WIN-C 软件的文件互换。该编程软件能够将 Excel、Word 等软件编辑的说明性文字、数据，通过复制、粘贴等简单操作导入程序中，使软件的使用、程序的编辑更加便捷。

此外，GX Developer 编程软件还具有以下特点：

(1) 操作简便；

(2) 能够用各种方法和可编程控制器 CPU 连接；

（3）丰富的调试功能。

2. GX Developer 与 FX 专用编程软件使用区别

（1）软件适用范围不同

FX-GP/WIN-C 编程软件为 FX 系列可编程控制器的专用编程软件，而 GX Developer 编程软件适用于 Q 系列、QnA 系列、A 系列（包括运动控制 SCPU）、FX 系列所有类型的可编程控制器。需要注意的是使用 FX-GP/WIN-C 编程软件编辑的程序是能够在 GX Developer 中运行，但是使用 GX Developer 编程软件编辑的程序并不一定能在 FX-GP/WIN-C 编程软件中打开。

（2）操作运行不同

①步进梯形图命令（STL、RET）的表示方法不同。

②GX Developer 编程软件编辑中新增加了监视功能。监视功能包括回路监视、软元件同时监视和软元件登录监视功能。

③GX Developer 编程软件编辑中新增加了诊断功能，如可编程控制器 CPU 诊断、网络诊断、CC-Link 诊断等。

④FX-GP/WIN-C 编程软件中没有 END 命令，程序依然可以正常运行，而 GX Developer 在程序中强制插入 END 命令，否则不能运行。

3. GX Developer 编程软件的操作界面

图 12-1 为 GX Developer 编程软件的操作界面，该操作界面大致由下拉菜单、工具条、编程区、工程数据列表、状态条等部分组成。这里需要特别注意的是在 FX-GP/WIN-C 编程软件里称编辑的程序为文件，而在 GX Developer 编程软件中称之为工程。

与 FX-GP/WIN-C 编程软件的操作界面相比，该软件取消了功能图、功能键，并将这两部分内容合并，作为梯形图标记工具条；新增加了工程参数列表、数据切换工具条、注释工具条等。这样友好的直观操作界面使操作更加简便。

图 12-1 中引出线所示的名称、内容说明如表 12-2 所示。

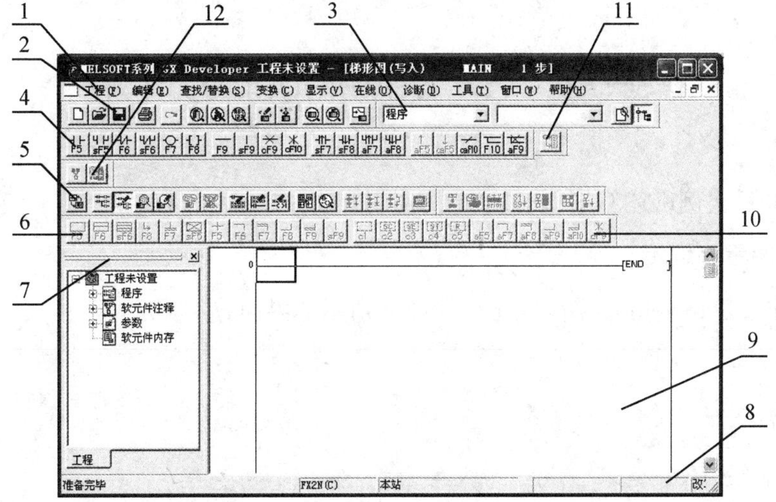

图 12-1　GX Developer 编程软件操作界面图

表 12-2　GX Developer 编程软件操作界面相关内容说明

序号	名称	内容
1	下拉菜单	包含工程、编辑、查找/替换、交换、显示、在线、诊断、工具、窗口、帮助，共10个菜单
2	标准工具条	由工程菜单、编辑菜单、查找/替换菜单、在线菜单、工具菜单中常用的功能组成
3	数据切换工具条	可在程序菜单、参数、注释、编程元件内存这四个项目中切换
4	梯形图标记工具条	包含梯形图编辑所需要使用的常开触点、常闭触点、应用指令等内容
5	程序工具条	可进行梯形图模式、指令表模式的转换；进行读出模式、写入模式、监视模式、监视写入模式的转换
6	SFC 工具条	可对 SFC 程序进行块变换、块信息设置、排序、块监视操作
7	工程参数列表	显示程序、编程元件注释、参数、编程元件内存等内容，可实现这些项目的数据的设定
8	状态栏	提示当前的操作：显示 PLC 类型以及当前操作状态等
9	操作编辑区	完成程序的编辑、修改、监控等的区域
10	SFC 符号工具条	包含 SFC 程序编辑所需要使用的步、块启动步、选择合并、平行等功能键
11	编程元件内存工具条	进行编程元件的内存的设置
12	注释工具条	可进行注释范围设置或对公共/各程序的注释进行设置

模块 2　GX Developer 的使用

本模块通过实例讲述 GX Developer 的使用方法。

1. 梯形图程序编辑

(1) 双击 GX Developer 图标，进入图 12-2 所示的界面。

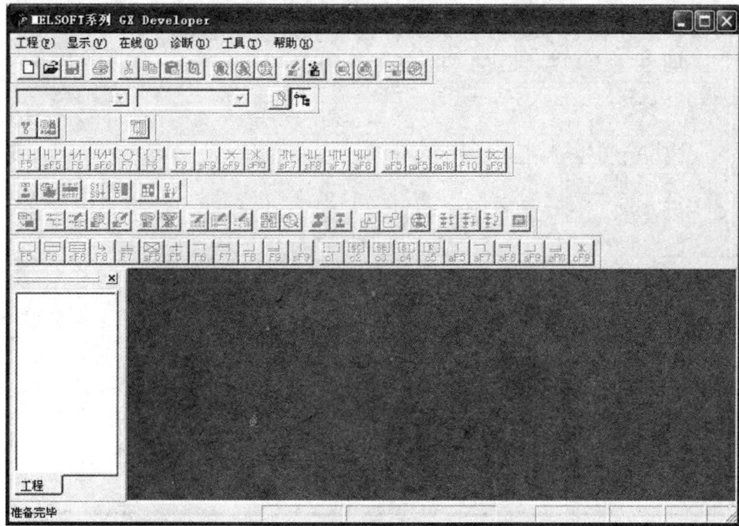

图 12-2

(2) 单击“工程”，选择“创建新工程”，弹出图 12-3 所示的对话框，在“PLC 系列”下拉选项中选择“FXCPU”，在“PLC 类型”中选择“FX_{1N}”，“程序类型”选择“梯形图逻辑”。在“设置工程名”一项前打勾，可以输入工程要保存到的路径(E:\stepper)和名称(stepper)。

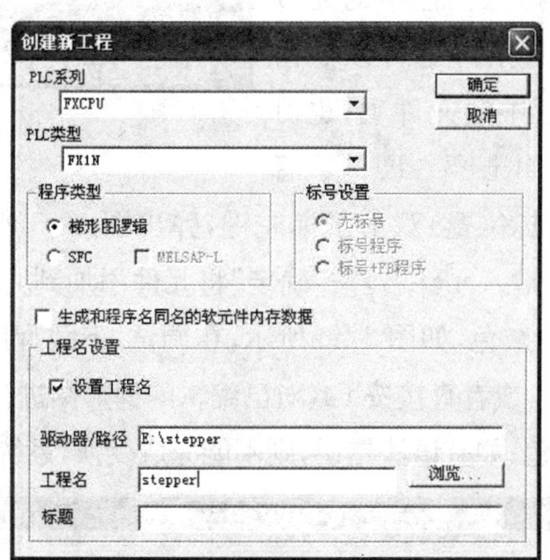

图 12-3

(3) 点击“确定”后，进入梯形图编辑界面，如图 12-4 所示。

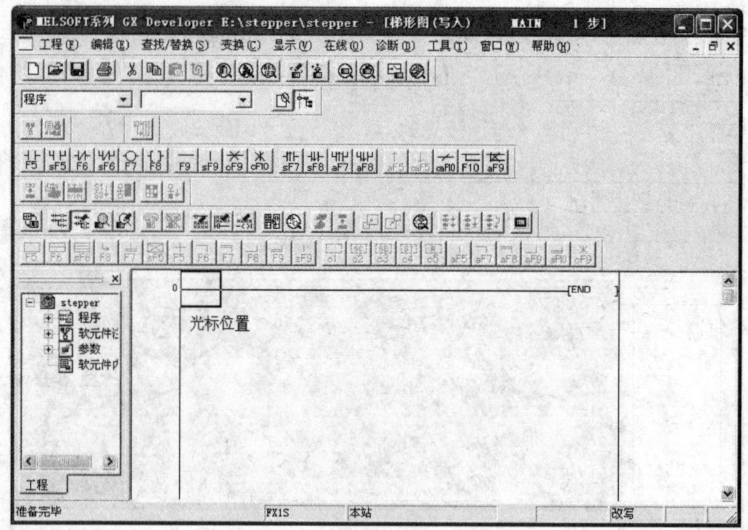

图 12-4

当梯形图内的光标为蓝边空心框时为写入模式，可以进行梯形图的编辑，当光标为蓝边实心框时为读出模式，只能进行读取、查找等操作，可以通过选择“编辑”中的“读出模式”或“写入模式”进行切换。

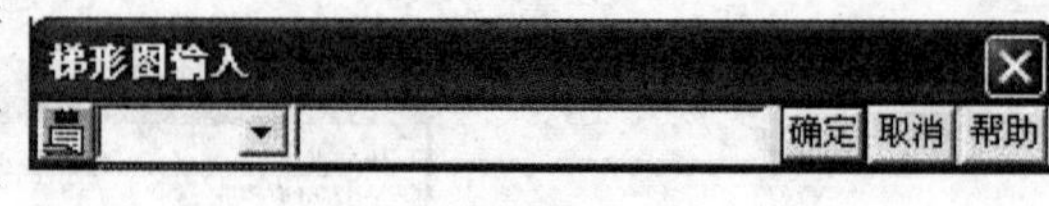

图 12-5

梯形图的编辑可以选择工具栏中的元件快捷图标（梯形图标记工具条），也可以点击“编辑”，选择“梯形图标记”中的元件项，也可以使用快捷键 F5～F10，shift＋F5～F10，或者在想要输入元件的位置（光标位置）双击鼠标左键，弹出图 12-5 所示的对话框，在下拉列表中选择元件符号，编辑栏中输入元件名，按“确定”将元件添加到光标位置。

编辑过的梯形图背景为灰色，如图 12-6 所示，在调试、下载程序之前，需要对程序进行变换，点击“变换”，选择“变换”，或者直接按 F4，对已编辑的梯形图进行变换。如果梯形图语法正确，变换完成后背景变回白色；如有语法错误，则不能完成变换，系统会弹出消息框提示。

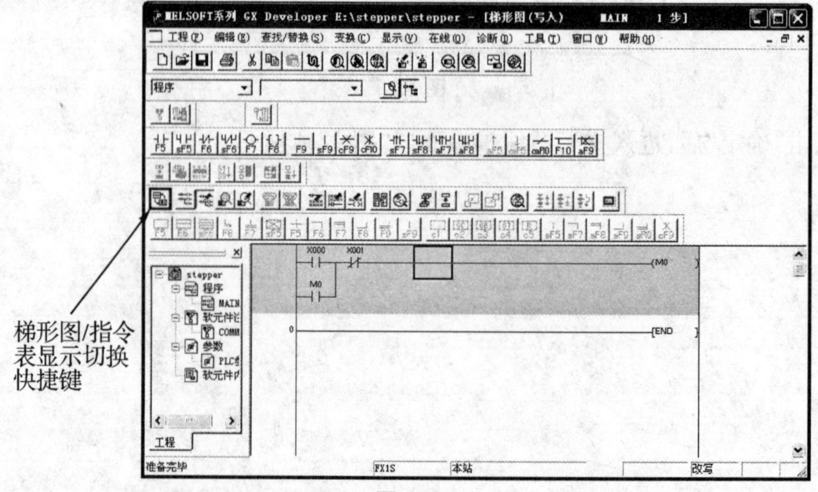

图 12-6

点击快捷键“梯形图/指令表显示切换”(见图 12-6)可以在梯形图程序与相应的语句表之前进行切换。此外 GX Developer 具备返回、复制、粘贴、行插入、行删除等常用操作,具体可参考 GX Developer 用户操作手册。

(4) 按照图 12-7 进行编辑,输入梯形图,按 F4 进行变换。变换后,如果 PLC 与电脑通信连接正常,点击“在线”,选择“写入”,就可将编写好的程序写入到 PLC 中。

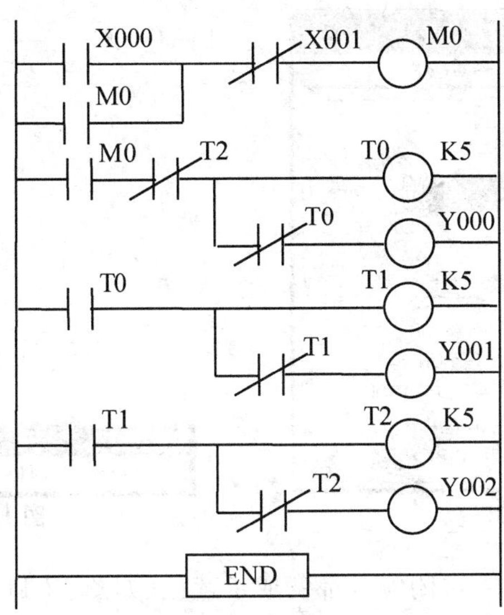

图 12-7　梯形图编辑例程

2. 梯形图程序仿真

图 12-7 中为单 3 拍步进电机的模拟程序,X0 与 X1 分别为启动、停止输入,Y0、Y1、Y2 为三相输出,连接步进电机的三对绕组。第 0 行,当按下 X0 后,中间继电器 M0 接通,从而常开触点 M0 闭合,此后除非按下 X1,否则 M0 一直保持接通状态。第 4 行,M0 接通后,定时器 T0 开始计时,与常闭触点相连的 Y0 接通为 ON,T0 的设定时间为 0.5 s,当 T0 计时满 0.5 s 时,常闭触点 T0 断开,因此 Y0 变为 OFF,至此 Y0 导通了 0.5 s。同时,第 11 行,常开触点 T0 接通,T1 开始计时,Y1 接通为 ON,与上面一样,在导通 0.5 s 后,Y1 变为 OFF。第 17 行常开触点 T1 接通,从而 Y2 接通为 ON,0.5 s 后,Y2 又变为 OFF。此时第 4 行常闭触点 T2 断开,线圈 T0 失电使触点 T0、线圈 T1、触点 T1、线圈 T2 依次断开,最后常闭触点 T2 恢复到闭合状态,T0 开始导通计时,从而整个线路开始进行下一周期的动作。这样从 Y0、Y1、Y2 三点上不断循环输出如图 12-8 所示的脉冲波,驱动步进电机以 2/3 Hz 的频率转动。当按下 X1 时,M0 失电断开,使 T0、T1、T2 失电从而停止动作,步进电机停转。

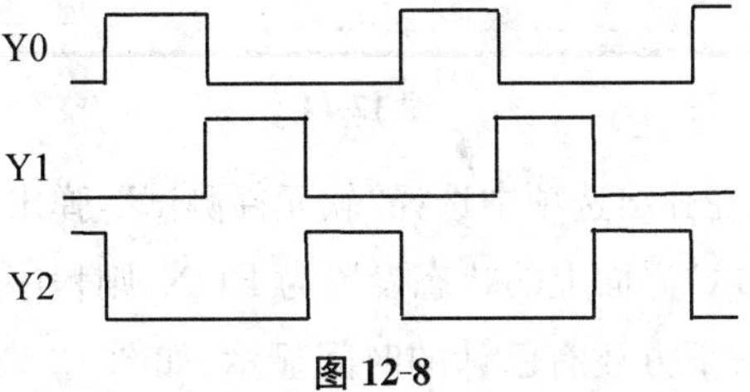

图 12-8

(1) 梯形图程序编辑完成后，点击“工具”，选择“梯形图逻辑测试启动”，等待模拟写入 PLC 完成后，弹出一个标题为“LADDER LOGIC TEST TOOL”的对话框，如图 12-9 所示，该对话框用来模拟 PLC 实物的运行界面。此外在 GX Developer 的右上角还会弹出一个标题为监视状态的消息框，如图 12-10 所示，它显示的是仿真的时间单位和模拟 PLC 的运行状态。

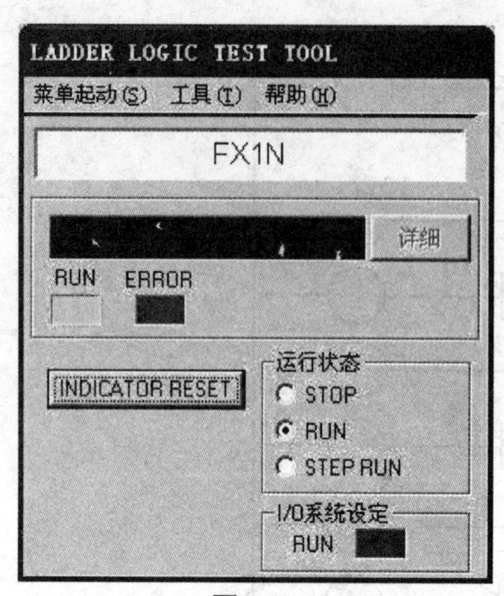

图 12-9

图 12-10

在原来的梯形图程序中，常闭触点都变成了蓝色(如图 12-11)，这是因为梯形图逻辑测试启动后，系统默认状态是 RUN，因此开始扫描和执行程序，并同时输出程序运行的结果，在仿真中，导通的元件都会变成蓝色。这里由于 X0 处于断开状态，所有线圈都没有通电，因此只有常闭触点为蓝色。

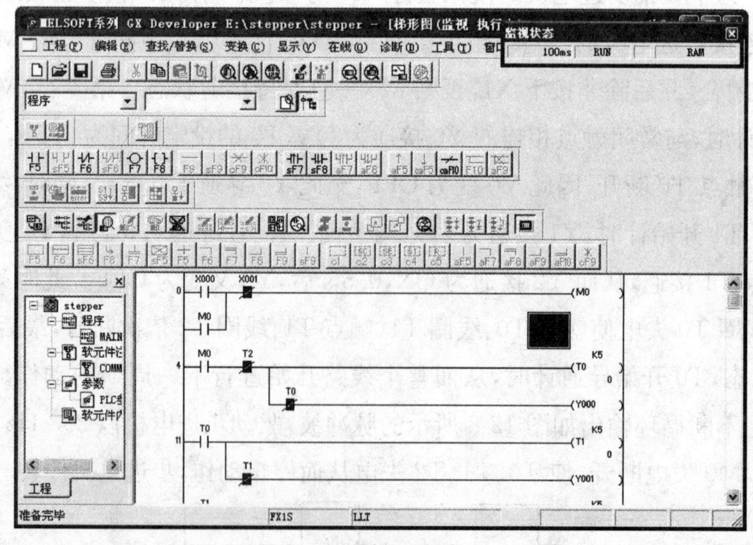

图 12-11

如果选择 X0 并右击，在弹出选项中选择“软元件测试”，弹出图 12-12 所示的对话框，点击“强制 ON”，并将模拟 PLC 界面上的状态设置为 RUN，则程序开始运行，M0 变为 ON，定时器开始计时，在定时器的下方还有已计的时间显示，如图 12-13。观察仿真的整个运行过

程，可以大致判断程序运行的流程。如果仿真中元件状态变化太快，可以通过选择模拟 PLC 界面上的 STEP RUN，并依次点击主窗口中的“在线”，“调试”下的“步执行”来仿真。

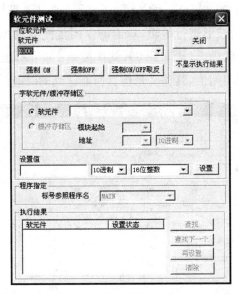

图 12-12

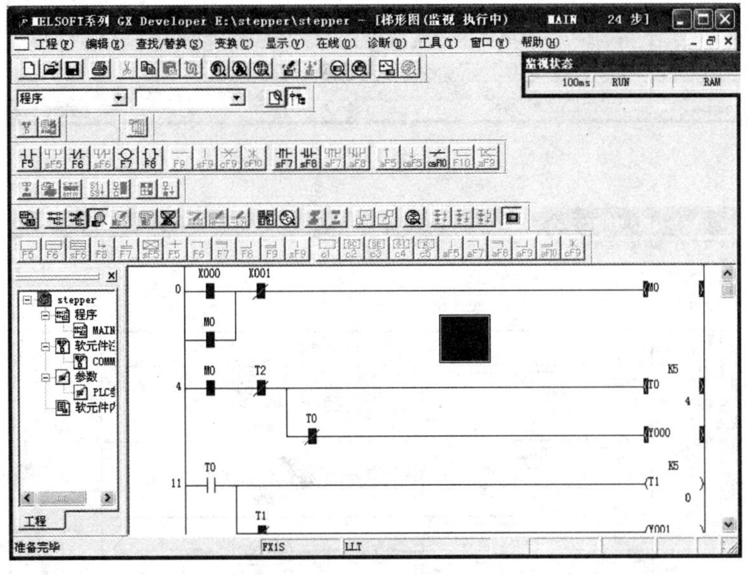

图 12-13

(2) 对于较复杂的程序，如果需要对时序进行分析，可以先将模拟 PLC 界面的状态设为 STOP，单击“LADDER LOGIC TEST TOOL”对话框上的“菜单起动”(图 12-9)，选择“IO 系统设定”，弹出图 12-14 所示窗口。在左边输入方式一列中双击“时序图输入”下方展开的“No. 1-No. 10”，单击编辑窗口中的 No. 1 一栏“条件”列下方的下拉箭头(图 12-15 蓝框所示)，弹出图 12-16 所示的对话框。选择“通常 ON”，按“OK”确定。用同样的方法将右方与其串联的下拉框设为“通常 ON”，再单击“时序图形式”一列下的“以时序图形式进行编辑”按扭，弹出图 12-17 所示的时序图编辑窗口。单击“软元件”，选择“软元件登录”，弹出图 12-18

所示窗口，这里需要设置的输入是 X0 和 X1，因此软元件名选择“X”，软件号输入 0，初值设为 OFF。点击登录，用同样方法登录 X1，初值也设为 OFF，点击关闭。回到时序图输入编辑窗口中，可以看到窗口中增加了 X0 和 X1 两条波形，通过工具栏中的快捷图标可以对波形进行编辑，或者直接双击波形进行编辑，双击的作用是使红色光标位置以后的波形取反。波形编辑的时间轴上有刻度标志，从 0 到 99，其单位是 100 ms，也就是进入仿真时“监视状态”框(图 12-10)所显示的时间值，其含义是仿真所能达到的时间最小精度。

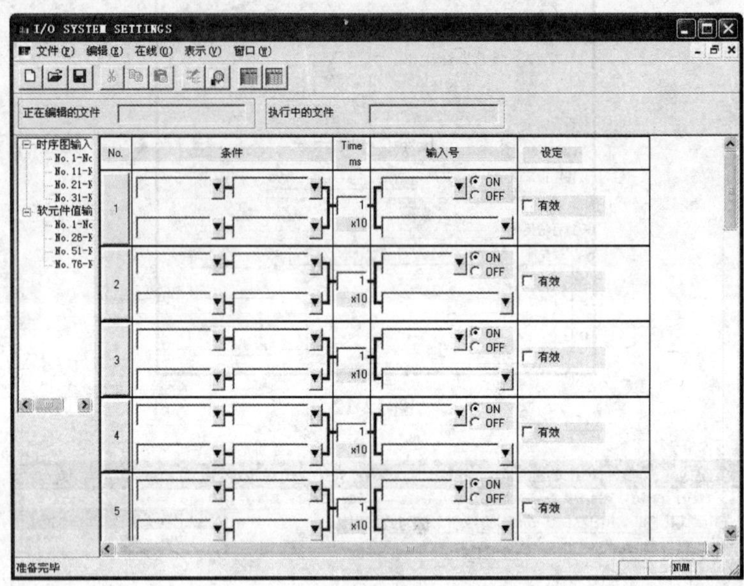

图 12-14

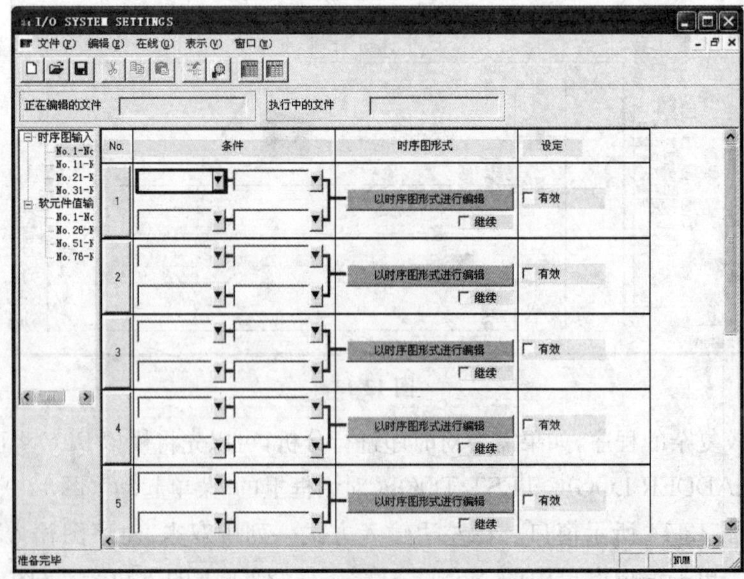

图 12-15

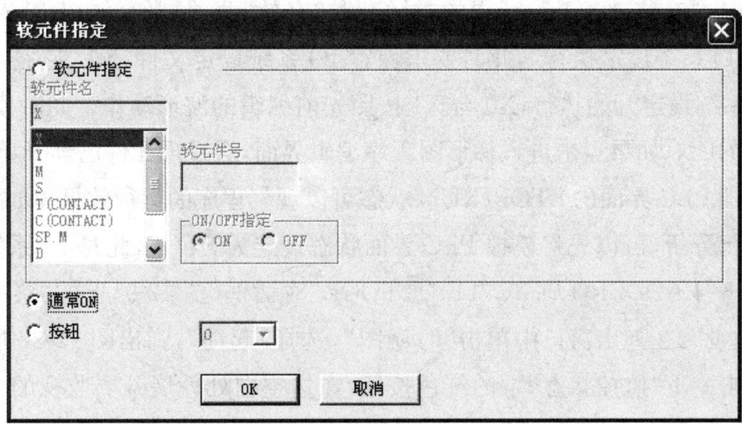

图 12-16

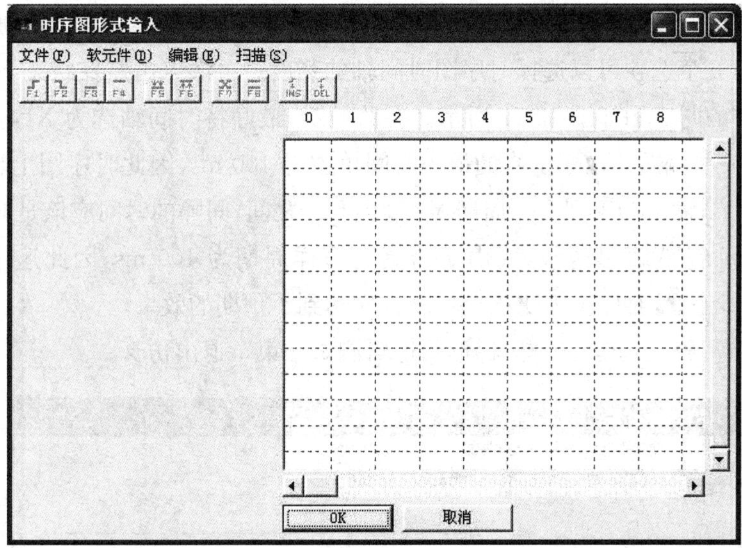

图 12-17

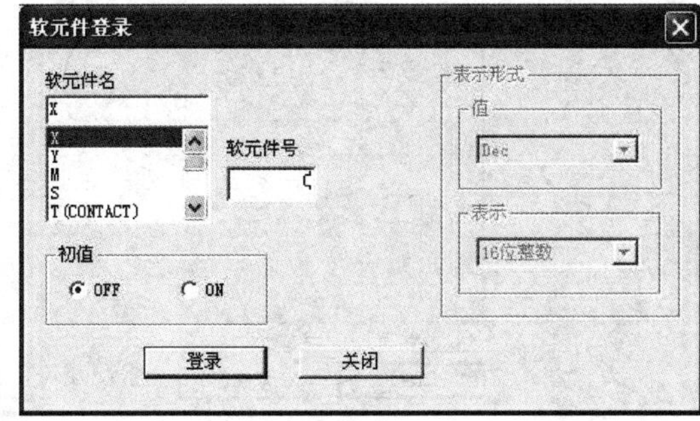

图 12-18

这里需要设置的是步进电机的一开一关两个输入状态，即在开始时接通 X0，过一段时间后接通 X1，因此将波形编辑成如图 12-19 与图 12-20 所示的形状。X0 在 0.1 s 左右时接通一小段时间，X1 在 4.0 s 左右时接通一小段时间。单击“OK”，IO 输入波形编辑完成，回到 IO 系统设定窗口，将 No. 1 一行中的“继续”和“有效”两项打勾，如图 12-21 所示。单击“文件”，选择“IO 系统设定执行”，此时要求保存 IO 系统设定文件，输入路径与文件名。保存完毕后，IO 系统设定开始执行，X0 与 X1 按照先前编辑的波形动作。此时模拟 PLC 界面状态自动转为 RUN，如果点击进入梯形图程序编辑界面，会发现元件已经开始动作，此时通过反复切换模拟 PLC 界面的 STOP/RUN 状态可以观察程序的运行效果。如果要对元件动作的时序图进行分析，可以先将模拟 PLC 界面状态设定为 STOP，此时 IO 系统设定窗口也可关闭。再单击“LADDER LOGIC TEST TOOL”对话框(图 12-9)上的“菜单起动”，选择“继电器内存监视”，在弹出窗口中单击“时序图”，选择“起动”，弹出图 12-22 所示的时序图窗口。此时点击一下“监控状态”下的红色按钮，左边空白处就展开要监视的元件，将“软元件登录”设为“手动”，单击“软元件”，通过选择“软元件登录”与“软元件删除”，将需要观察的元件添加到左边一栏中，将不需要观察的元件删除。这里主要观察 X0、X1、Y0、Y1、Y2 五个元件，将模拟 PLC 界面的状态设为 RUN，则时序图监控窗口开始采样波形，通过选择“图表表示范围”下的五个选项可以选择时序图时间轴的刻度。再次点击监控状态下的按钮，监控停止，得到需要的时序图如图 12-23 所示。在监控时，最好将时间轴选为 X1，否则仿真出来的时序图会有一些偏差。由于仿真的最小时间单位是 100 ms，因此时序图上也出现了一些偏差。例如从 Y2 输出 ON 到下一周期 Y0 输出 ON 之间，间隔的时间应该是 PLC 完全扫描一次程序的时间，应为微秒量级，而由于仿真时采样周期为 100 ms，因此这中间就间隔了 100 ms。从整体上看，时序图表明该梯形图程序达到了预期的效果。

单击主菜单中的“工具”，选择“梯形图逻辑测试结束”，退出仿真。

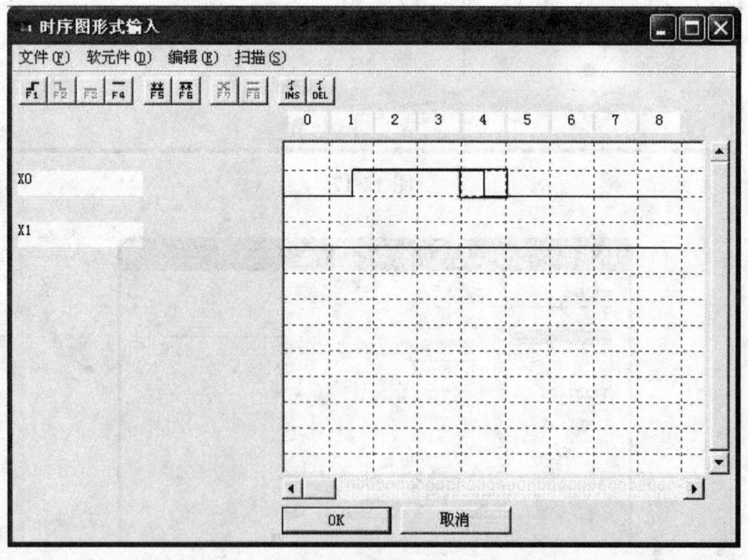

图 12-19

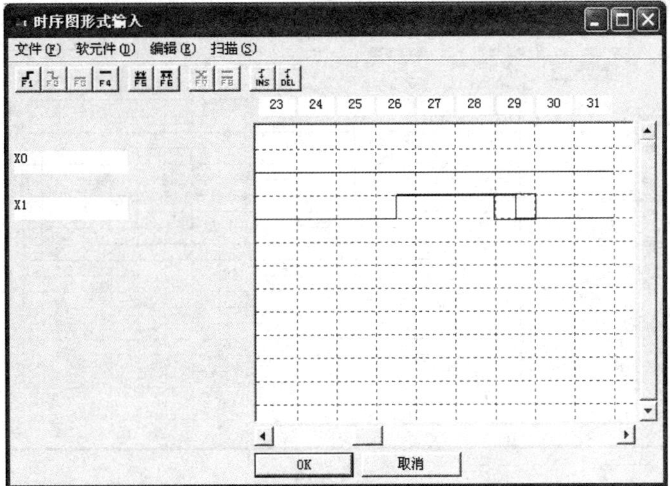

图 12-20

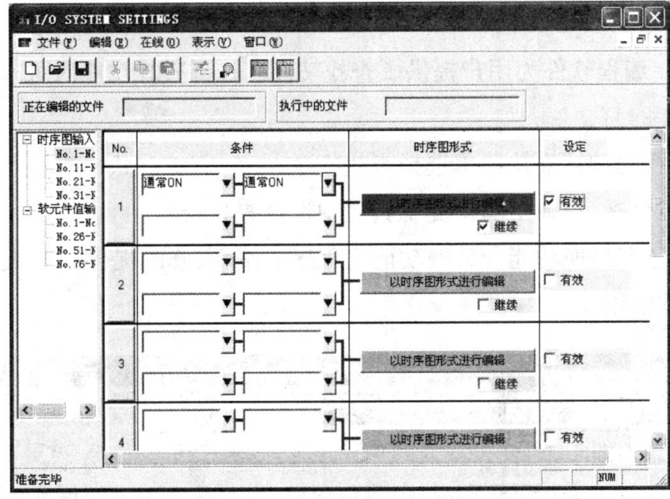

图 12-21

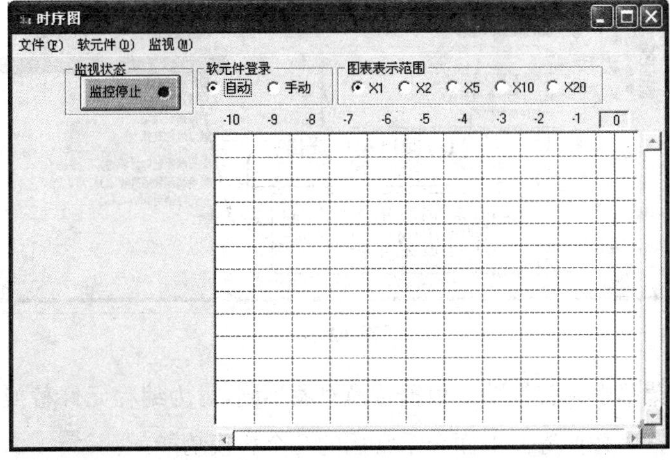

图 12-22

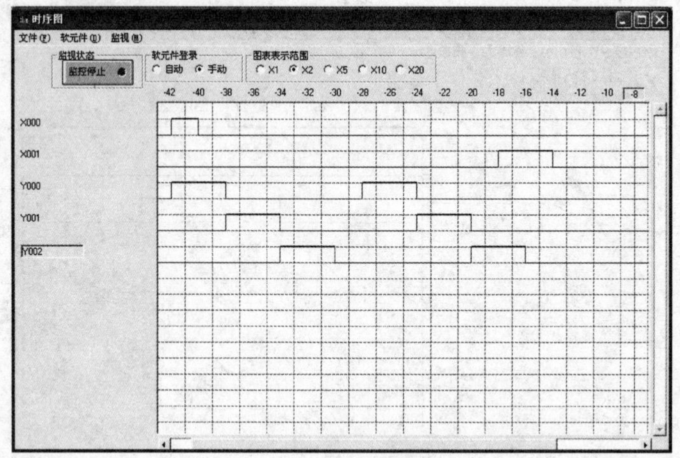

图 12-23

3. 查找与注释

(1) 查找/替换

GX Developer 编程软件为用户提供了查找功能。选择查找功能时可以通过以下两种方式来实现(见图 12-24):

通过点选“查找/替换”下拉菜单选择查找指令;

在编辑区右击鼠标,在弹出的快捷工具栏中选择查找指令。

此外,该软件还有替换功能。替换功能为程序的编辑、修改提供了极大的便利。下面介绍一下替换功能的使用。

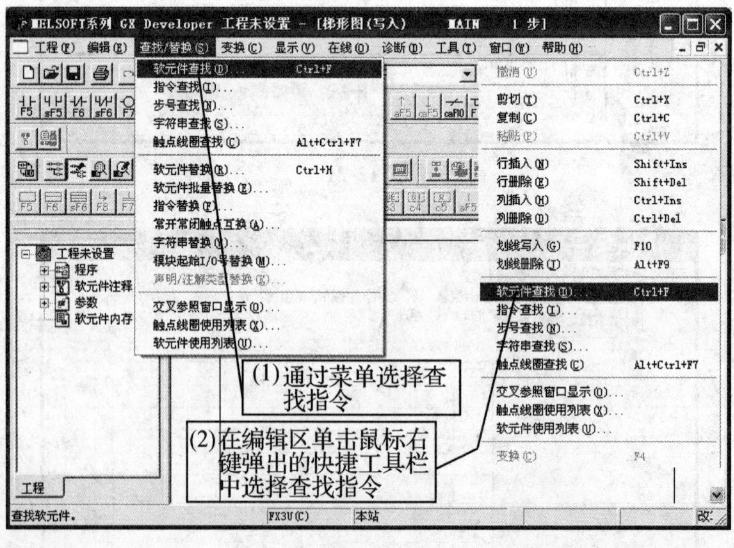

图 12-24

“查找/替换”菜单中的替换功能根据替换对象不同,可为编程元件替换、指令替换、常开常闭触点互换、字符串替换等。下面介绍常用的几个替换功能。

1) 编程元件替换

功能:通过该指令的操作可以用一个或连续几个元件把旧元件替换掉,在实际操作过程中,可根据用户的需要或操作习惯对替换点数、查找方向等进行设定,方便使用者操作。

操作步骤:

①选择“查找/替换”菜单中的编程元件替换功能,并显示编程元件替换窗口,如图 12-25 所示。

②在“旧软元件”一栏中输入将被替换的元件名。

③在“新软元件”一栏中输入新的元件名。

④根据需要可以对查找方向、替换点数、数据类型等进行设置。

⑤执行替换操作,可完成全部替换、逐个替换、选择替换。

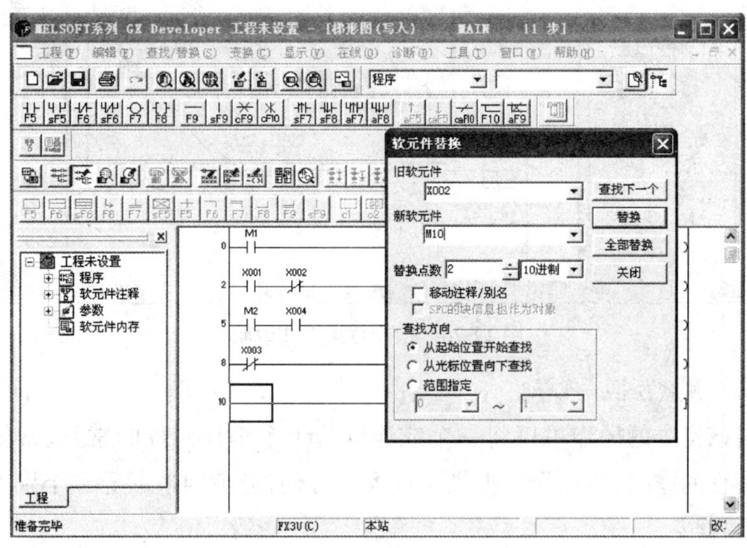

图 12-25　编程元件替换操作

说明:

①替换点数。举例说明:当在“旧软元件”一栏中输入“X002”,在“新软元件”一栏中输入“M10”且替换点数设定为“3”时,执行该操作的结果是:“X002”替换为“M10”;“X003”替换为“M11”;“X004”替换为“M12”。此外,设定替换点数时可选择输入的数据为 10 进制或 16 进制的。

②移动注释/机器名。在替换过程中可以选择注释/机器名不跟随旧元件移动,而是留在原位成为新元件的注释/机器名;当该选项前打勾时,则说明注释/机器名将跟随旧元件移动。

③查找方向。可选择从起始位置开始查找、从光标位置向下查找、在设定的范围内查找。

2) 指令替换

功能:通过该指令的操作可以用一个新的指令把旧指令替换掉。在实际操作过程中,可根据用户的需要或操作习惯进行替换类型、查找方向的设定,方便使用者操作。

操作步骤:

①选择查找/替换菜单中指令替换功能,并显示指令替换窗口,如图 12-26 所示。

②选择旧指令的类型(常开、常闭),输入元件名。

③选择新指令的类型,输入元件名。

④根据需要可以对查找方向、查找范围进行设置。

⑤执行替换操作,可完成全部替换、逐个替换、选择替换。

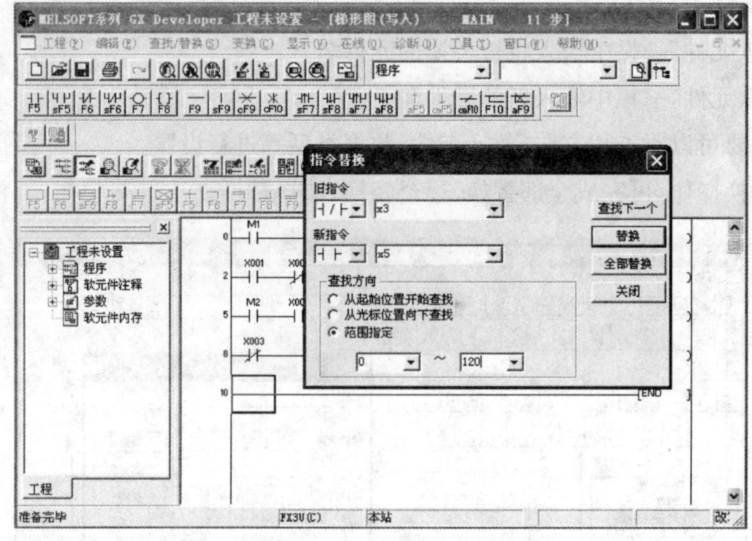

图 12-26 指令替换操作说明

3) 常开常闭触点互换

功能:通过该指令的操作可以将一个或连续若干个编程元件的常开、常闭触点进行互换,该操作为编程的修改、编程程序提供了极大的方便,避免因遗漏导致个别编程元件未能修改而产生的错误。

操作步骤:

①选择"查找/替换"菜单中"常开常闭触点互换"功能,并显示互换窗口,如图 12-27 所示。

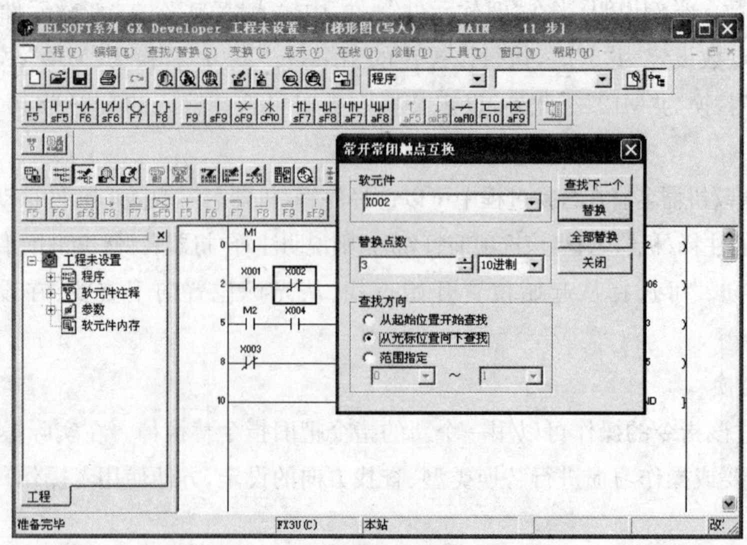

图 12-27 常开/常闭触点互换操作说明

②输入元件名。

③根据需要对查找方向、替换点数等进行设置。这里的替换点数与编程元件替换中的替换点数的使用和含义是相同。

④执行替换操作，可完成全部替换、逐个替换、选择替换。

(2) 注释/机器名(别名)

在梯形图中引入注释/机器名后，使用户可以更加直观地了解各编程元件在程序中所起的作用。下面介绍怎样编辑元件的注释以及机器名。

1) 注释/机器名的输入

操作步骤：

①单击“显示”菜单，选择“工程数据列表”，并打开工程数据列表。也可按“Alt+O ”键打开、关闭工程数据列表(见图 12-28)。

②在工程数据列表中单击“软元件注释”选项，显示 COMMENT(注释)选项，双击该选项。

③显示注释编辑画面。

④在“软元件名”一栏中输入要编辑的元件名，单击“显示”键，画面就显示编辑对象。

⑤在注释/机器名栏目中输入欲说明内容，即完成注释/机器名的输入。

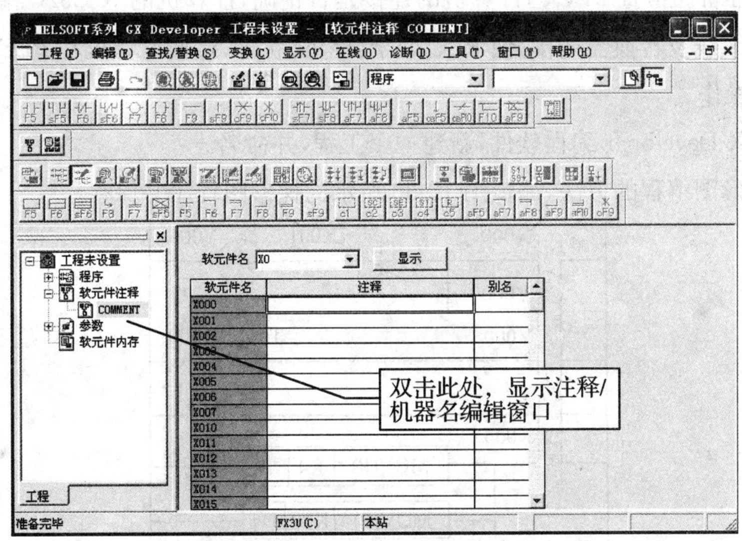

图 12-28　注释/机器名输入操作说明

2) 注释/机器名的显示

用户定义完软元件注释和机器名，如果没有将注释/机器名显示功能开启，软元件是不显示编辑好的注释和机器名的，进行下面的操作可显示注释和机器名。

操作步骤：

①单击“显示”菜单，选择注释显示(可按 Ctrl+F5)、机器名显示(可按 Alt+Ctrl+F6)即可显示编辑好的注释、机器名(见图 12-29)。

②单击“显示”菜单，选择注释显示形式，还可定义显示注释、机器名字体的大小。

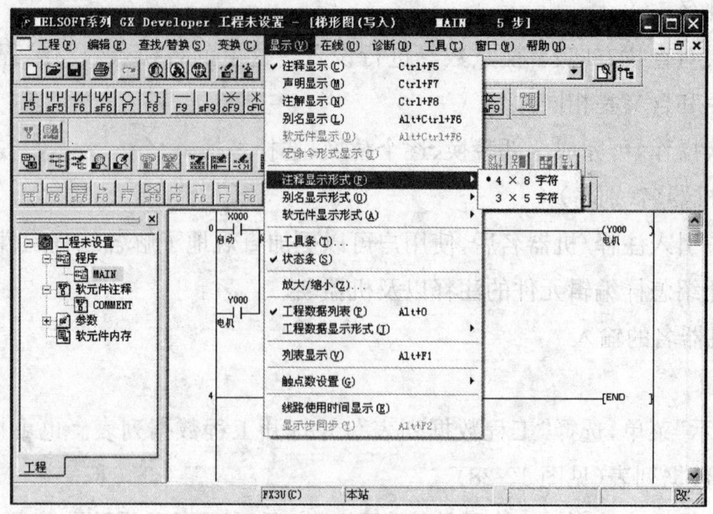

图 12-29　注释/机器名显示操作说明

12.4　实训内容和步骤

1. 编程操作

(1) 编程准备。检查 PLC 与计算机的连接是否正确,计算机的 RS232C 端口与 PLC 之间是否指定电缆线及转换器连接;使 PLC 处于"停机"状态;接通计算机和 PLC 的电源。

(2) 编程操作。

①打开 GX Developer 编程软件,新建一个工程,并命名。

②采用梯形图编程的方法,编辑图 12-30 所示的梯形图程序并保存。

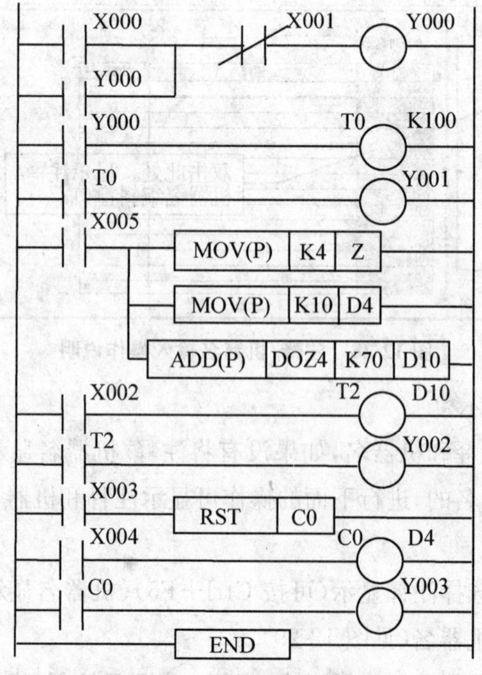

图 12-30　梯形图程序

(3) 程序的传送。

①程序的写出。将编辑好的程序写入到 PLC 用户存储器 RAM 中，然后进行核对。

②程序的读入。通过“读入”操作将 PLC 用户存储器中程序读入到计算机中，然后进行核对。

③程序的核对。在上述程序核对过程中，只有当计算机两端程序比较无误后，方可认为程序传送正确，否则应查清原因，重新传送。

2. 运行操作

程序传送到 PLC 用户存储器后，可按以下操作步骤运行程序。

①根据梯形图程序，将 PLC 的输入/输出端与部输入信号连接好，PLC 的输入/输出端编号及说明如表 12-3 所示。

②接通 PLC 运行开关，PLC 面板上 RUN 灯亮，表明程序已投入运行。

③结合控制程序，操作有关输入信号，在不同输入状态下观察输入/输出指示灯的变化，若输出指示灯的状态与程序控制要求一致，则表明程序运行正常。

3. 监控操作

(1) 元件的监视。监视 X000～X005、Y000～Y003 的 ON/OFF 状态，监视 T0、T2 和 C0 的设定值及当前值，并将结果填于表 12-4 中。

(2) 输出强制 ON/OFF。对 Y000、Y001 进行强制 OFF 操作，对 Y002、Y003 进行强制 ON 操作。

(3) 修改 T、C、D、Z 的当前值。

①将 Z 的当前值 K4 修改为 K6 后，观察运行结果，分析变化的原因。

②将 D4 作为当前值，观察运行结果，分析变化的原因。

(4) 修改 T、C 的当前值。

①将 T0 的设定值 K100 修改为 K150 后，观察运行结果，并写出操作过程。

②将 C0 的设定值 D4 修改为 K10 后，观察运行结果，并写出操作过程。

表 12-3　PLC 的输入/输出端编号及说明

输入端编号	功能说明	输出端编号	功能说明
X000	Y000 启动按钮	Y000	连续运行
X001	Y000 停止按钮	Y001	T0 控制的输出
X002	T2 控制按钮	Y002	T2 控制的输出
X003	C0 复位控制	Y003	C0 控制的输出
X004	C0 计数控制		
X005	赋值控制		

表 12-4 PLC 输入/输出端编号及说明

元件	ON/OFF	元件	ON/OFF	元件	设定值	当前值
X000		X005		T0		
X001		Y000		T2		
X002		Y001		C0		
X003		Y002				
X004		Y003				

12.5 任务考核

任务考核标准见表 12-5。

表 12-5 任务考核标准

考核项目	考核内容	配分	考核要求及评分标准	得分
编程操作	建立程序文件 程序的编辑 程序的传送	40 分	建立程序文件 5 分 正确输入程序 20 分 能写入/读出程序 15 分	
监控操作	元件监视 修改当前值 强制输出 ON/OFF 修改设定值	30 分	会监视元件的动作状态 5 分 会修改元件的当前值 5 分 能强制元件 ON/OFF5 分 会修改 T、C 设定值 15 分	
运行操作	系统建立 程序运行 运行调试	30 分	会选择 I/O 5 分 会运行系统程序 5 分 会调试程序、结果正确 20 分	
实际总得分				

三相异步电动机的正、反转

13.1 任务目标

1. 通过编程并上机操作训练，加深对基本指令的理解。
2. 熟练掌握编程的方法和技巧，进一步熟悉编程器的使用。
3. 进一步理解 PLC 工作原理，掌握 PLC 外围的接线方法。

13.2 实训设备

项目所需设备、工具、材料见表 13-1。

表 13-1 任务单元所需实训设备和元器件明细表

名称	型号或规格	数量	名称	型号或规格	数量
可编程控制器	FX_{1N}-40MR	1 台	计算机	内置三菱软件	1 台
PLC 调试单元和实验板		1 台	连接导线		若干

13.3 相关知识

FX_{1N}/FX_{2N}可编程控制器的基本逻辑指令有 27 条(本任务只介绍 18 条，其他的分别在后面的任务中描述)，其指令助记符及其功能如表 13-2 所示。

表 13-2 基本逻辑指令一览表

指令助记符	功　能	指令助记符	功　能
LD	常开触点逻辑运算开始	LDP	上升沿脉冲逻辑运算开始
LDI	常闭触点逻辑运算开始	LDF	下降沿脉冲逻辑运算开始
OUT	线圈驱动	ANDP	上升沿脉冲串联连接
AND	常开触点串联连接	ANDF	下降沿脉冲串联连接
ANI	常闭触点串联连接	ORP	上升沿脉冲并联连接
OR	常开触点并联连接	ORF	下降沿脉冲并联连接
ORI	常闭触点并联连接	MC	公共串联触点的连接
ORB	串联电路块的并联连接	MCR	公共串联触点的清除
ANB	并联电路块的串联连接	PLS	上升沿微分输出

续表

指令助记符	功　能	指令助记符	功　能
SET	动作接通并保持	PLF	下降沿微分输出
RST	动作断开，寄存器清零	INV	逻辑运算结果取反
MPS	进栈(运算存储)	NOP	空操作(程序清除或空格用)
MRD	读栈(读出存储)	END	输出处理以及程序返回到 0 步
MPP	出栈(读出存储或复位)		

模块 1　FX 系列 PLC 的部分基本指令及编程方法

1. 逻辑取与输出线圈驱动指令 LD、LDI、OUT

表 13-3　逻辑取、取反、输出线圈指令

符号、名称	功能	电路表示	操作元件	程序步
LD 取	常开触点逻辑运算开始	Y001	X、Y、M、S、T、C	1 步
LDI 取反	常闭触点逻辑运算开始	Y001	X、Y、M、S、T、C	1 步
OUT 输出	线圈驱动	Y001	Y、M、S、T、C	Y、M:1;特 M:2;T:3,C:3—5

(1) 使用方法

LD(Load)、LDI(Load Inverse)、OUT(Out)指令的使用方法如图 13-1 所示。

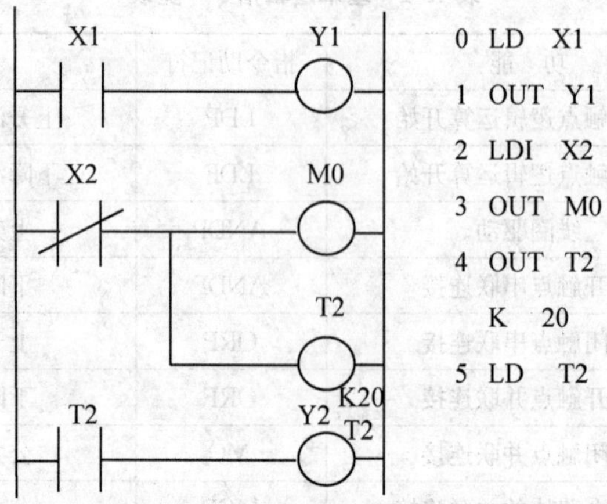
X1
Y1
X2
M0
T2
K20
T2
Y2
T2
0 LD X1
1 OUT Y1
2 LDI X2
3 OUT M0
4 OUT T2
K 20
5 LD T2

(2) 使用说明

①LD、LDI:是将常开、常闭触点连接到母线上，若与后述的 ANB、ORB 指令组合，则可

用于串、并联电路块的起始触点。可以用于:X,Y,M,T,C,S。

②OUT:驱动线圈的输出指令,可以用于:Y,M,T,C,S。但不能用于输入继电器。

③并行的 OUT 指令可以使用多次,但不能串联使用。

④对于计数器线圈或定时器线圈,必须在 OUT 后设定常数。

2. 触点串联指令 AND、ANI

表 13-4　触点串联指令

符号、名称	功能	电路表示	操作元件	程序步
AND 与	常开触点串联连接	Y001	X、Y、M、S、T、C	1 步
ANI 与非	常闭触点串联连接	Y001	X、Y、M、S、T、C	1 步

(1) 使用方法

AND(And)、ANI(And Inverse)指令的使用方法如图 13-2 所示。

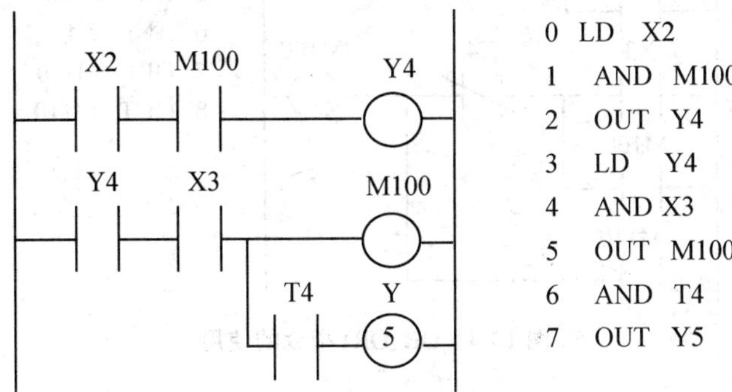
X2
M100
Y4
Y4
X3
M100
T4
Y
5
0 LD X2
1 AND M100
2 OUT Y4
3 LD Y4
4 AND X3
5 OUT M100
6 AND T4
7 OUT Y5

图 13-2　AND、ANI 指令的使用

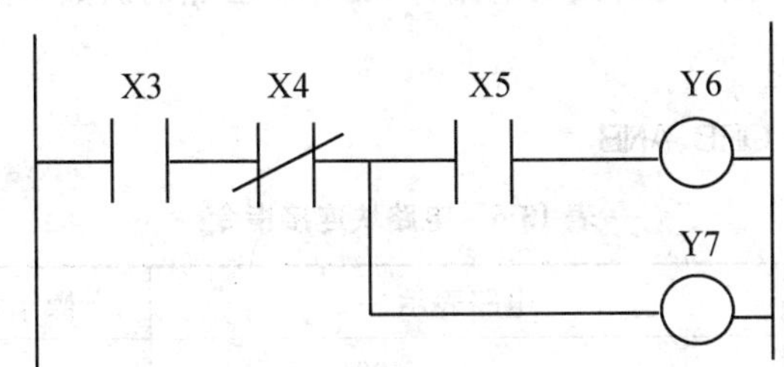
X3
X4
X5
Y6
Y7

图 13-3　不推荐的梯形图形式

(2) 使用说明

①AND 、ANI:将单个触点与前面的触点串联,串联触点的次数不限,即可多次使用,可以用于:X、Y、M、T、C 和 S。

②在连续输出中不能采用图 13-3 所对应的指令语句,必须使用后面要讲到的 MPS(堆栈)和 MPP(出栈)指令。

3. 触点并联指令 OR、ORI

表 13-5　触点串联指令

符号、名称	功能	电路表示	操作元件	程序步
OR 或	常开触点并联连接	Y001	X、Y、M、S、T、C	1 步
ORI 或非	常闭触点并联连接	Y001	X、Y、M、S、T、C	1 步

(1) 使用方法

OR(Or)、ORI (Or Inverse)指令的使用方法如图 13-4 所示。

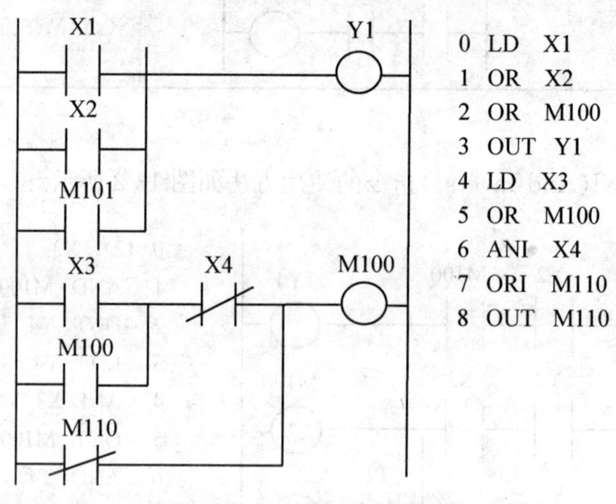
X1
Y1
X2
M101
X3
X4
M100
M100
M110
0 LD X1
1 OR X2
2 OR M100
3 OUT Y1
4 LD X3
5 OR M100
6 ANI X4
7 ORI M110
8 OUT M110

图 13-4　OR、ORI 指令的使用

(2) 使用说明

①OR 、ORI:将单个触点与前面的电路并联,并联触点的次数不限,即可多次使用,可以用于:X、Y、M、T、C 和 S。

4. 电路块连接指令 ORB、ANB

表 13-6　电路块连接指令

符号、名称	功能	电路表示	操作元件	程序步
ORB 电路块或	串联电路块的并联连接	Y001 Y001	无	1 步
ANB 电路块与	并联电路块的串联连接	Y001 Y001	无	1 步

(1) 使用方法

ORB(Or Block)、ANB(And Block)指令的使用方法如图 13-5 、14-6 所示。

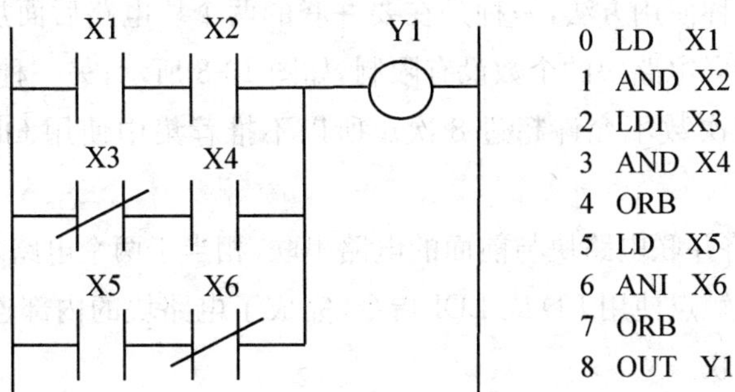
X1
X2
Y1
X3
X4
X5
X6
0 LD X1
1 AND X2
2 LDI X3
3 AND X4
4 ORB
5 LD X5
6 ANI X6
7 ORB
8 OUT Y1

图 13-5　ORB 指令的使用说明

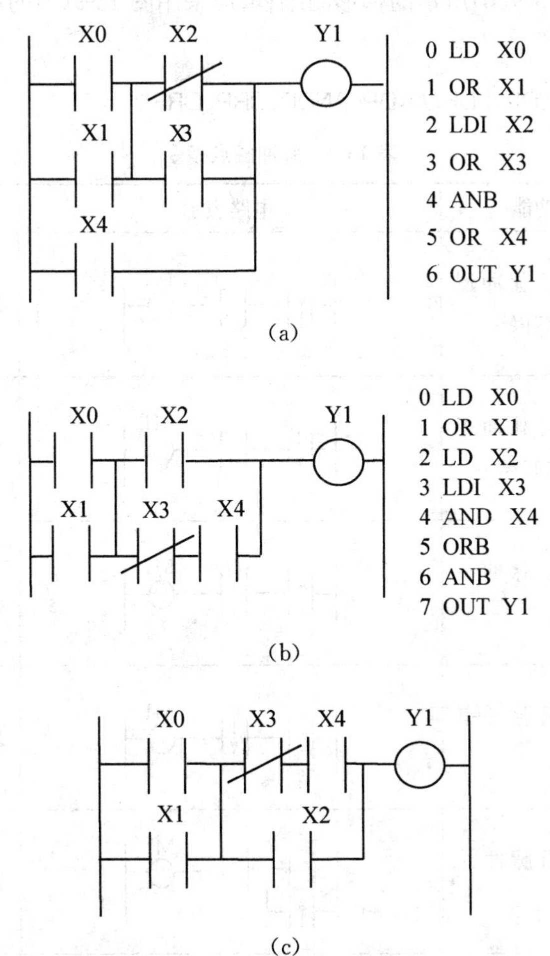
X0
X2
Y1
X1
X3
X4
0 LD X0
1 OR X1
2 LDI X2
3 OR X3
4 ANB
5 OR X4
6 OUT Y1
(a)
X0
X2
Y1
X1
X3
X4
0 LD X0
1 OR X1
2 LD X2
3 LDI X3
4 AND X4
5 ORB
6 ANB
7 OUT Y1
(b)
X0
X3
X4
Y1
X1
X2
(c)

图 13-6　ANB 指令的使用说明

(2) 使用说明

①ORB、ANB 都没有操作元件，可以多次重复使用。

②ORB 指令是将串联电路块与前面的电路并联，相当于电路块间右侧的一段竖直连

线。并联的电路块的起始触点要使用 LD 或 LDI 指令，完成了电路块的内部连接后，用 ORB 指令将它与前面的电路并联。

③在使用时有两种使用方法，一种是在要并联的两个块电路后面加 ORB 指令，即分散使用 ORB 指令，其并联电路块的个数没有限制，如图 13-8 所示；另一种是集中使用 ORB 指令，集中使用 ORB 的次数不允许超过 8 次。所以不推荐集中使用 ORB 指令的这种编程方法。

④ANB 指令是将并联电路块与前面的电路串联，相当于两个电路之间的串联连接。要串联的电路块的起始触点使用 LD 或 LDI 指令，完成了电路块的内部连接后，用 ANB 指令将它与前面的电路串联。

⑤ANB 指令和 ORB 同样有两种用法，不推荐集中使用的方法。ANB 指令的使用如图 13-9(a)所示，对图 13-9(b)所示的梯形图编程，应采用图 13-9(c)的形式编程，这样可以简化程序。

5. 脉冲触点指令 LDP、LDF、ANDP、ANDF、ORP、ORF

表 13-7　脉冲触点指令

符号、名称	功能	电路表示	操作元件	程序步
LDP 取脉冲上升沿	上升沿脉冲逻辑运算开始	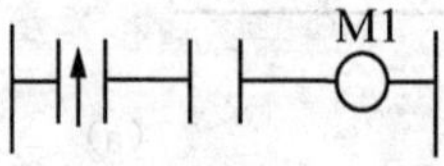 M1	X、Y、M、S、T、C	2 步
LDF 取脉冲下降沿	下降沿脉冲逻辑运算开始	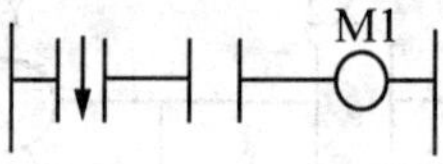 M1	X、Y、M、S、T、C	2 步
ANP 与脉冲上升沿	上升沿脉冲串联连接	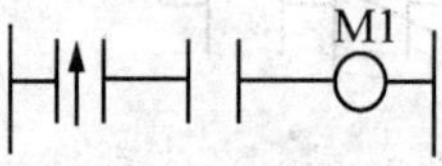 M1	X、Y、M、S、T、C	2 步
ANF 与脉冲下降沿	下降沿脉冲串联连接	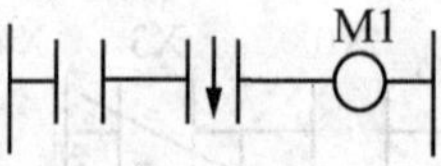 M1	X、Y、M、S、T、C	2 步
ORP 或脉冲上升沿	上升沿脉冲并联连接	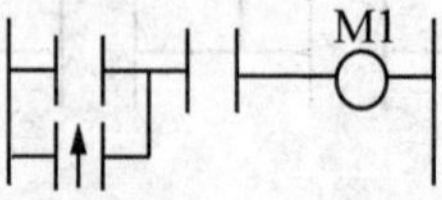 M1	X、Y、M、S、T、C	2 步
ORF 或脉冲下降沿	下降沿脉冲并联连接	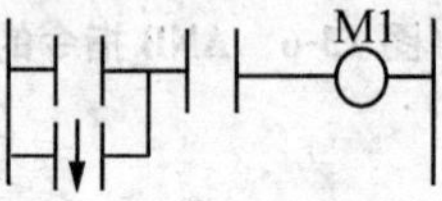 M1	X、Y、M、S、T、C	2 步

(1) 使用方法

脉冲触点指令的使用方法如图 13-7、14-8、14-9 所示。

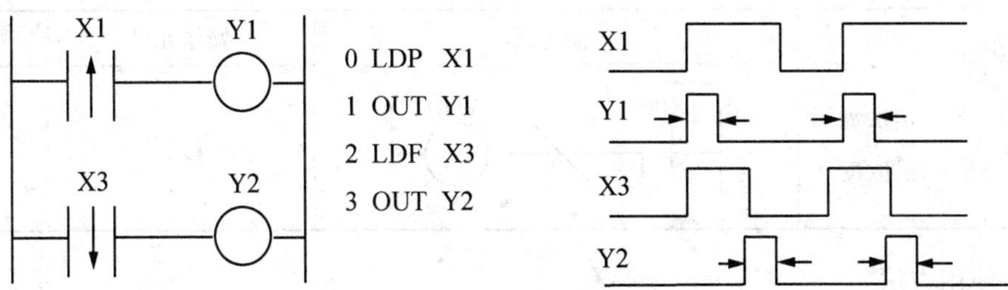
X1
Y1
X3
Y2
0 LDP X1
1 OUT Y1
2 LDF X3
3 OUT Y2
X1
Y1
X3
Y2

图 13-7　LDP、LDF 指令的使用

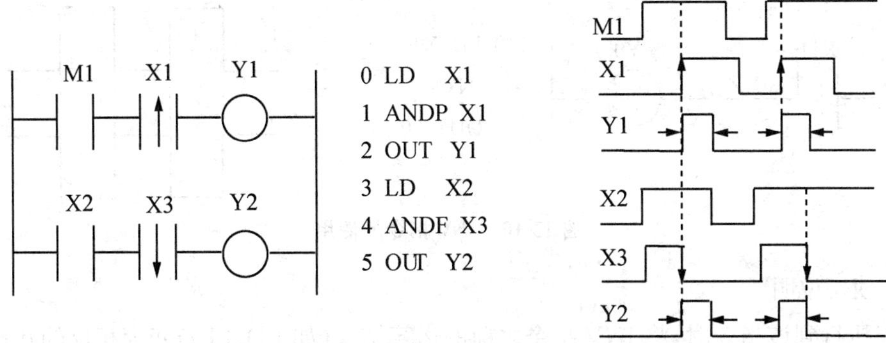
M1
X1
Y1
X2
X3
Y2
0 LD X1
1 ANDP X1
2 OUT Y1
3 LD X2
4 ANDF X3
5 OUT Y2
M1
X1
Y1
X2
X3
Y2

图 13-8　ANDP、ANDF 指令的使用

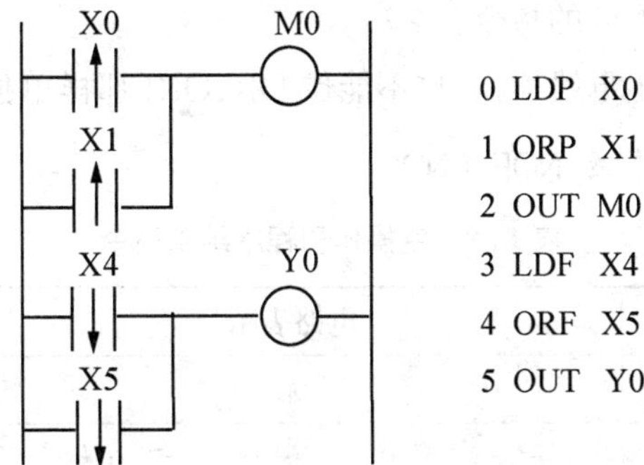
X0
M0
X1
X4
Y0
X5
0 LDP X0
1 ORP X1
2 OUT M0
3 LDF X4
4 ORF X5
5 OUT Y0

图 13-9　ORP、ORF 指令的使用

(2) 使用说明

①LDP、ANDP、ORP 指令是进行上升沿检出的触点指令，触点的中间有↑，对应的触点仅在指定元件波形的上升沿(由 OFF 变成 ON)时接通一个扫描周期。

②LDF、ANDF、ORF 指令是进行下降沿检出的触点指令，触点的中间有↓，对应的触点仅在指定元件波形的下降沿(由 ON 变成 OFF)时接通一个扫描周期。

6. 逻辑取反指令 INV

表 13-8 逻辑取反指令

符号、名称	功能	电路表示	操作元件	程序步
INV 取反	逻辑运算结果取反	X000 Y001	无	1 步

(1) 使用方法

取反指令 INV(Inverse)的使用方法如图 13-10 所示。

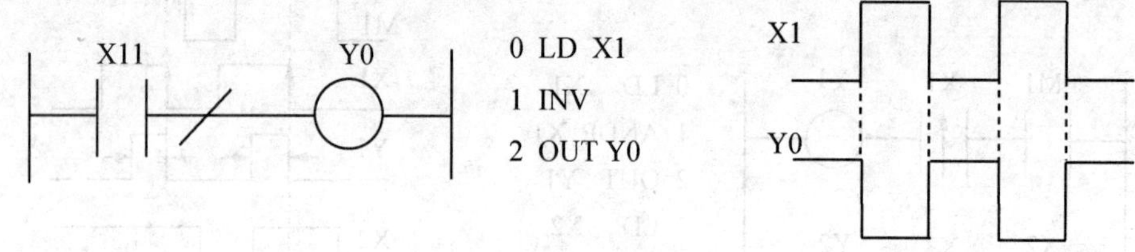

图 13-10 INV 指令的使用

(2) 使用说明

①当执行到该指令时，将 INV 指令之前的运算结果(如 LD、LDI)变为相反的状态，如由原来的 OFF 到 ON 变为由 ON 到 OFF 的状态。

②该指令是一个无操作数的指令。

③该指令不能直接和主母线连接，也不能像 OR、ORI 那样单独使用。

7. 空操作和程序结束指令 NOP、END

表 13-9 空操作和程序结束指令

符号、名称	功能	电路表示	操作元件	程序步
NOP 空操作	无动作	无	无	1 步
END 结束	输出处理以及程序返回到 0 步	END	无	1 步

使用说明：

①NOP(No Operation)为空操作指令。NOP 是一条无动作、无目标元件的程序步，它有两个作用：一是在执行程序全部清除后用 NOP 显示；二是用于修改程序，利用在程序中插入 NOP 指令，修改程序时可以使程序步序号的变化减少。

②END 程序结束指令。END 是一个与元件目标无关的指令。PLC 的工作方式为循环扫描工作方式，即开机执行程序均由第一句指令语句(步序号为 0000)开始执行，一直执行到最后一条语句 END，依次循环执行，END 后面的指令无效(PLC 不执行)。所以利用在程序适当位置插入 END，可以方便地进行程序的分段调试。

模块2　典型的控制回路分析

1. 自保持(自锁)电路

在PLC控制程序设计过程中，经常要对脉冲输入信号进行保持，这时常采用自锁电路。自锁电路的基本形式如图13-11所示。将输入触点X001与输出线圈的动合触点Y001并联，这样一旦有输入信号(超过一个扫描周期)，就能保持Y001有输出。要注意的是，自锁电路必须有解锁设计，一般在并联之后采用某一动断触点作为解锁条件。如图13-11中的X000触点。

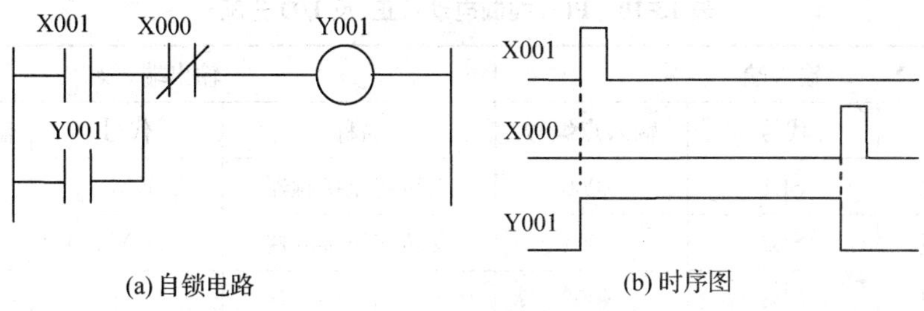

图13-11　自保持电路举例分析

2. 优先(互锁)电路

如图13-12所示，输入信号X000和X001，先到者取得优先权，后到者无效。例如在抢答器程序设计中的抢答优先，又如防止控制电动机的正、反转按钮同时按下的保护电路。图13-12所示为优先电路例图。若X000先接通，M100自保持使Y000有输出，同时M100常闭接点断开，即使X001再接通，也不能使M101动作，故Y001无输出。若X001先接通，则情形正好与上述相反。优先电路在控制环节中可实现信号互锁。

但该电路存在一个问题：一旦X000或X001输入后，M100或M101由于自锁和互锁的作用，使M100或M101永远接通。因此，该电路一般要在输出线圈的前面串联一个用于解锁的动断触点，如图13-12(a)中所示的动断触点X002。

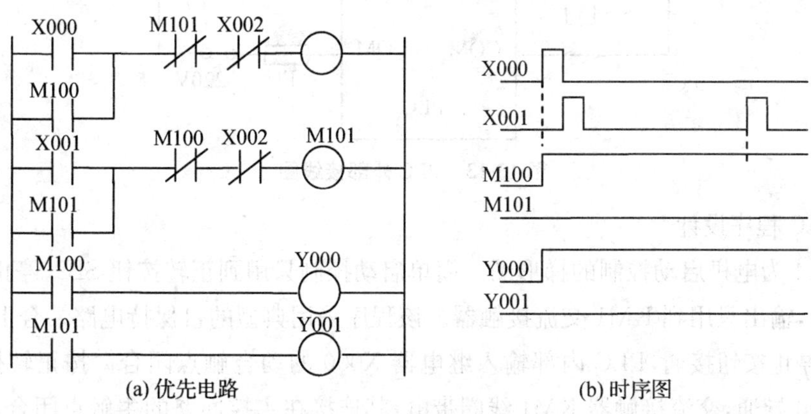

图13-12　优先电路举例分析

13.4 实训内容和步骤

1. 实训内容和控制要求

设计一个用 PLC 基本逻辑指令来控制电动机正、反转的控制系统，其控制要求是：按正转启动按钮 SB2，电动机正转；按反转启动按钮 SB3，电动机反转；按停止按钮 SB1，电动机停止运行。为防止主电路短路，正、反转切换时，必须先按下停止按钮后再启动。

2. 实训步骤及要求

(1) I/O 地址分配

如表 13-10 所示。

表 13-10 PLC 控制电动机正、反 I/O 分配

输入端			输出端		
名称	代号	输入点编号	名称	代号	输出点编号
停止按钮	SB1	X000	正转交流接触器	KM1	Y000
正转按钮	SB2	X001	反转交流接触器	KM2	Y001
反转按钮	SB3	X002			

(2) 画 PLC 的外部接线图

根据上述 I/O 信号的对应关系，可画出 PLC 的外部接线图，如图 13-13 所示。

按照图 13-13 完成 PLC 的接线，输入端的电源利用 PLC 提供的内部直流电源，也可以根据功率单独提供电源。若实验用 PLC 的输入端为继电器输入，也可以用 220 V 交流电源。注意停止按钮采用动断按钮。

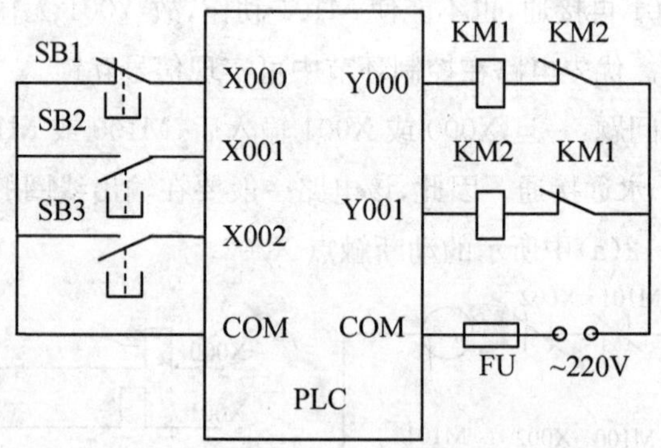

图 13-13 PLC 外部接线图

(3) PLC 程序设计

图 13-14 为电机启动控制的梯形图。简单启动控制只用到正转按钮 SB2、停止按钮 SB1 两个输入端，输出只用到 KM1 交流接触器。该程序采用典型的自保持电路。合上电源刀开关通电后，停止按钮接通，PLC 内部输入继电器 X000 的动合触点闭合。按正转按钮，输出继电器 Y000 导通，交流接触器 KM1 线圈带电，其连接在主控回路的主触点闭合，电机通电转动，同时 Y000 的动合触点闭合，实现自锁。这样，即使松开正转按钮，仍保持 Y000 导通。

按停止按钮，X000 断开，Y000 断开，KM1 线圈失电，主控回路的主触点断开，电机失电而停转。

图 13-15 为电机正、反转控制的梯形图。采用自锁和互锁控制。在图 13-13 的接线图中，将两个交流接触器的动断触点 KM1、KM2 分别连接在 KM2、KM1 的线圈回路中，形成硬件互锁，从而保证即使在控制程序错误或因 PLC 受到影响而导致 Y0、Y1 两个输出继电器同时有输出的情况下，避免正、反转接触器同时带电而造成的主电路短路。

由于停止按钮采用动断按钮，在通电后，X0 动合触点闭合。若先按正转按钮 X1，Y0 导通并形成自锁。同时，Y0 的动断触点断开，即使按反转按钮 Y1 也无法接通，也就无法实现反转。

在正转的情况下，要想实现反转，只有先按一下停止按钮，使 Y000 失电，从而正转接触器断电，即使松开停止按钮 Y000、Y001 仍失电。再按反转按钮后，由于 Y000 失电，其动断触点闭合，Y001 导通，反转接触器 KM2 线圈带电。接前述任务所示主控回路中主触点闭合，由于电源相序变化，电机反转。

同样，在反转状态要正转，都需要先按停止按钮。

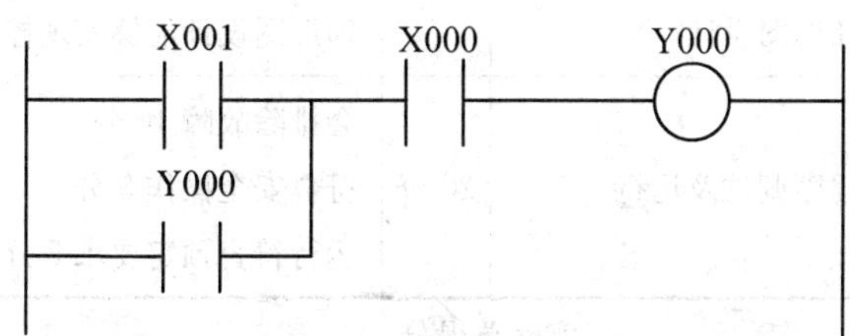

图 13-14　电动机启动控制程序

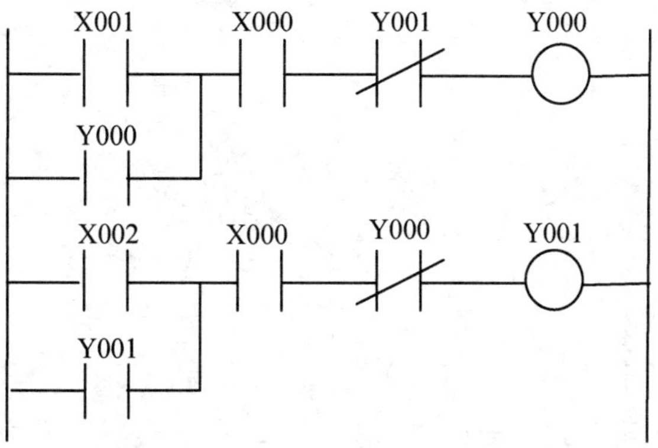

图 13-15　电动机正、反转控制程序

(4) 运行与调试程序

①用 FX_{2N} 编程软件将梯形图输入 PLC 后，将 PLC 置于 RUN，运行程序。

②调试运行，观察能否实现正转，在正转的情况下能否直接转换成反转，同时按下正转、反转按钮会出现什么情况。

③调试运行并记录调试结果。

3. 思考与练习

(1) 如何通过程序实现软互锁?

(2) 根据给出的梯形图,写出指令表。

(3) 什么是自锁?什么是互锁?总结分别在什么场合下使用。

13.5 任务考核

任务考核标准见表13-11。

表 13-11 任务考核标准

考核项目	考核内容	配分	考核要求及评分标准	得分
工艺程序输入	接线 布线工艺 程序写入	40分	按电气原理图接线且正确20分 工艺符合标准10分 程序写入正确10分	
系统与程序设计	I/O端子配置 程序编写 梯形图设计	20分	I/O端子配置合理10分 程序编写正确5分 梯形图设计能够实现控制要求5分	
安全用电程序调试	程序调试及运行	20分	会排除故障10分 符合安全操作5分 运行符合预定要求5分	
实际总得分				

任务 14 三相异步电机过载保护及报警的 PLC 控制

14.1 任务目标

1. 加深对置位、复位指令及脉冲微分指令的理解和应用。
2. 掌握定时器的原理与应用方法；热继电器过载信号的处理方法。
3. 进一步熟悉编程软件的使用方法；通过训练，提高编程技巧。

14.2 实训设备

任务所需实训设备和器件见表 14-1。

表 14-1 任务单元所需实训设备和元器件明细表

名称	型号或规格	数量	名称	型号或规格	数量
可编程控制器	FX_{1N}-40MR	1	熔断器	RC1A-30/15	1
交流接触器	CJ10-20	1	灯泡	220 V/15W	1
按钮	LA10-3H	2	电铃		1
热继电器	JR16-20/3	1	连接导线		若干

14.3 相关知识

模块 1 PLC 的常用指令

1. 置位和复位指令 SET、RST

SET(Set)为操作置位(保持)指令；RST(Reset)为操作复位指令。

SET 指令的目标元件是 Y、M、S,RST 指令的目标元件是 Y、M、S、D、V、Z、T、C。这两条指令占 1～3 个程序步,可以用 RST 指令对定时器、计数器复位;对数据寄存器、变址寄存器的内容清零,如表 14-2 所示。

表 14-2　SET、RST 指令表

符号、名称	功能	电路表示	操作元件	程序步
SET 置位	使目标元件置位并自保持 ON 状态	SET Y0	Y、M、S	Y、M:1 步 S、特 M:2 步
RST 复位	使目标元件复位并自保持 OFF 状态	RST Y0	Y、M、S、D、V、Z、T、C	Y、M:1 步; S、特 M 、C、积 T :2 步; D、V、Z:3 步

SET、RST 指令的使用如图 14-1 所示，图中的 X0 得电使 Y0 置位并保持 ON 状态，即使再断开对 Y0 也无影响，一直到 RST 复位信号到来 Y0 失电并保持 OFF 状态。

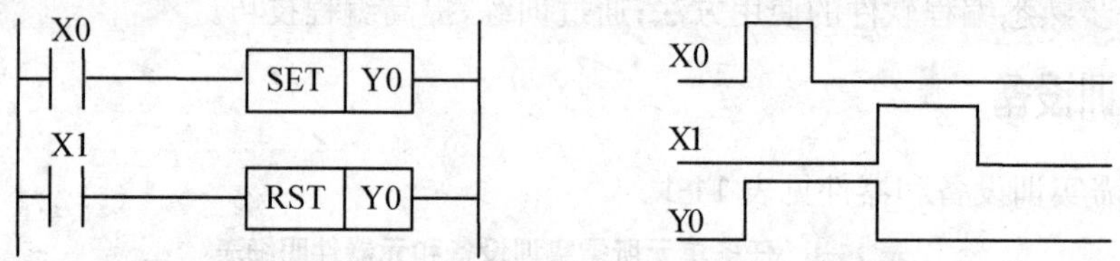

图 14-1　SET、RST 指令的使用

2. 脉冲指令 PLS、PLF

脉冲上微分指令 PLS(Pulse Up)用于在输入信号的上升沿产生脉冲输出，脉冲下微分指令 PLF(Pulse Off)用于在输入信号的下降沿产生脉冲输出，其指令表如表 14-3 所示。

表 14-3　PLS、PLF 指令表

符号名称	功能	电路表示	操作元件	程序步
PLS 上升沿脉冲	上升沿微分输出	PLS M0	Y、M (不含特 M)	2 步
PLF 下降沿脉冲	下降沿微分输出	PLF Y0	Y、M (不含特 M)	2 步

使用 PLS 指令，元件 Y、M 仅在驱动输入触点闭合的一个扫描周期内动作(为 ON)，而使用 PLF 指令，元件 Y、M 仅在驱动输入触点断开后的一个扫描周期内动作。PLS、PLF 指令的使用如图 14-2 所示。

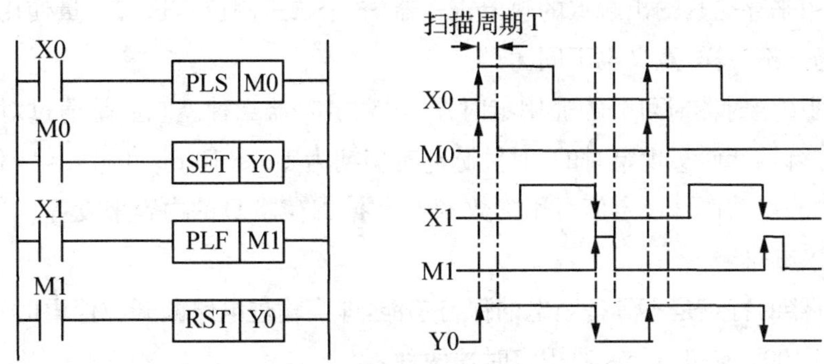

图 14-2　PLS、PLF 指令的使用

(1) 上升沿脉冲电路

PLC 是以循环扫描方式工作的，在 PLC 第一次扫描时，输入信号 X000 由 OFF→ON 时，M100、M101 线圈接通，但处在第一的 M101 的常闭接点仍接通，因为该行已经扫描过了；等到 PLC 第二次扫描时，M101 的接点已断开，M100 已由 ON→OFF，所以 Y000 为 OFF。Y000 输出的脉冲为一个扫描周期，如图 14-3 所示。

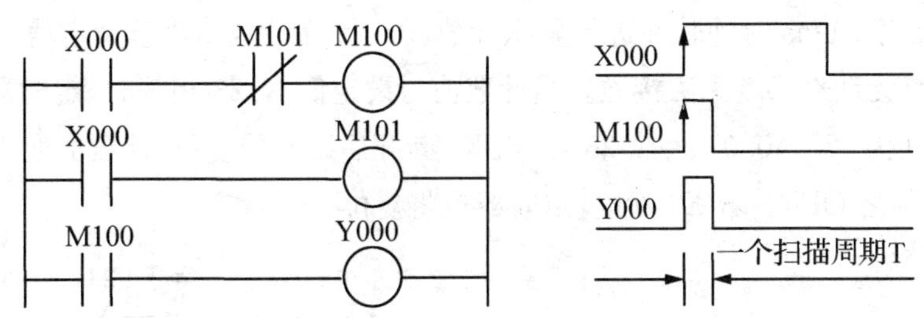

图 14-3　上升沿微分脉冲电路

(2) 下降沿脉冲电路

在 PLC 第一次扫描时，输入信号 X000 由 ON→OFF 时，M100、M101 线圈接通，但处在第一行的 M101 的常闭触点仍接通，因为该行已经扫描过了；等到 PLC 第二次扫描时，M101 的触点已断开，M100 已由 ON→OFF，所以 Y000 为 OFF。Y000 输出的脉冲为一个扫描周期，如图 14-4 所示。

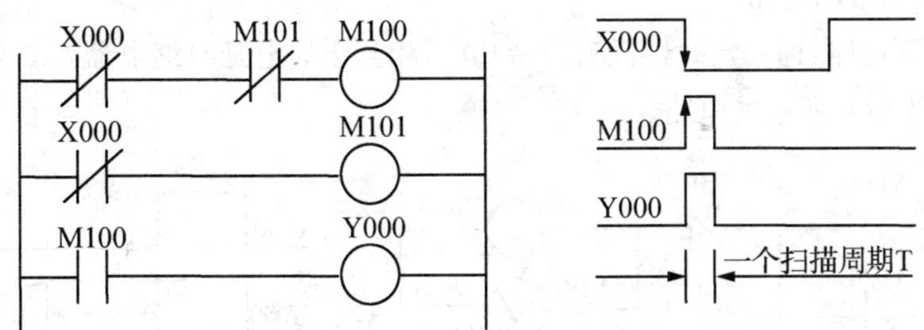

图 14-4　下降沿微分脉冲电路

3. 定时器

PLC 中的定时器(T)相当于继电器控制系统中的通电型时间继电器。它可以提供无穷对常开常闭延时触点。定时器中有一个设定值寄存器(一个字长)，一个当前值寄存器(一个

字长)和一个用来存储其输出触点的映象寄存器(一个二进制位),这三个量使用同一地址编号。但使用场合不一样,意义也不同。

FX_{2N}系列中定时器时可分为通用定时器、积算定时器二种。它们是通过对一定周期的时钟脉冲的进行累计而实现定时的,时钟脉冲有周期为 1 ms、10 ms、100 ms 三种,当所计数达到设定值时触点动作。设定值可用常数 K 或数据寄存器 D 的内容来设置。

(1) 通用定时器

通用定时器的特点是不具备断电的保持功能,即当输进电路断开或停电时定时器复位。通用定时器有 100 ms 和 10 ms 通用定时器两种。

1) 100 ms 通用定时器(T0～T199) 共 200 点,其中 T192～T199 为子程序和中断服务程序专用定时器。这类定时器是对 100 ms 时钟累积计数,设定值为 1～32767,所以其定时范围为 0.1～3276.7 s。

2) 10 ms 通用定时器(T200～T245) 共 46 点。这类定时器是对 10 ms 时钟累积计数,设定值为 1～32767,所以其定时范围为 0.01～327.67 s。

下面举例说明通用定时器的工作原理。如图 14-5 所示,当输进 X0 接通时,定时器 T200 从 0 开始对 10 ms 时钟脉冲进行累积计数,若 X0 在计数值小于设定值 K123 时断电,则 T0 输出触点无动作,Y0 无法接通。当计数值与设定值 K123 相等时,定时器的常开接通 Y0,经过的时间为 123×0.01 s=1.23 s。当 X0 断开后定时器复位,计数值变为 0,其常开触点断开,Y0 也随之 OFF。若 X0 断电,定时器也将复位。

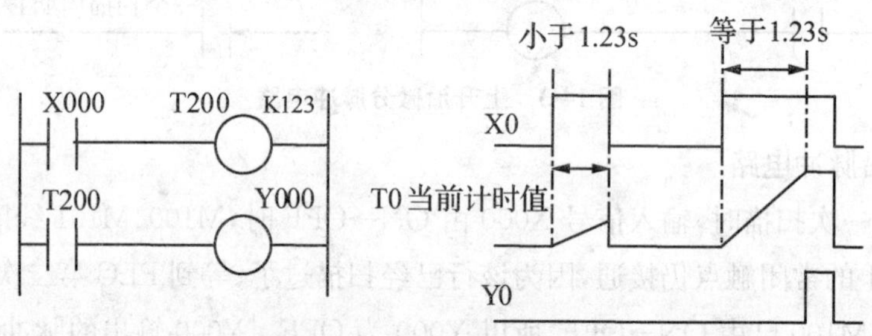

图 14-5 通用定时器的使用

3) 定时器的常用电路

①延时断开电路:通用定时器没有保持功能,相当于通电延时继电器。如果要实现断电延时,可采用图 14-6 所示的电路。

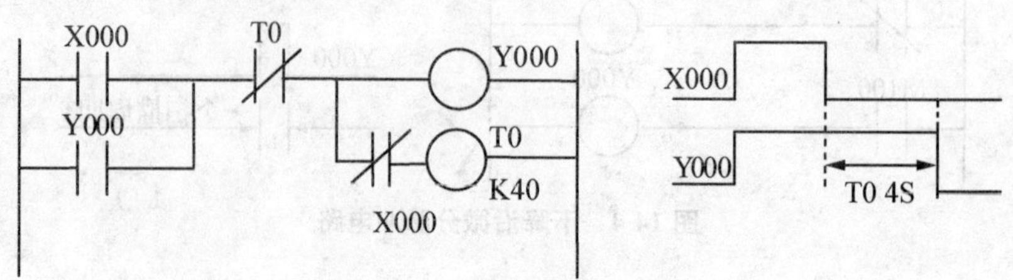

图 14-6 断开延时继电器

②长延时电路:定时器的定时范围有限,若要设置长延时电路,可通过数个定时器的串

级驱动,实现长延时定时,如图 14-7 所示。

该电路总的延时时间是 T=T0+T1=3600 s,即 1 小时。

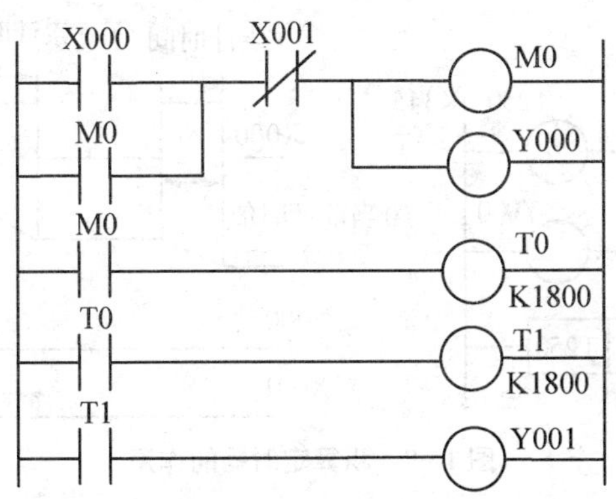

图 14-7　长延时继电器

③振荡电路:振荡电路可以产生特定的通断时序脉冲,它应用在脉冲信号源或闪光报警电路中。定时器组成的 2 种振荡电路如图 14-8(a)、(b)所示。

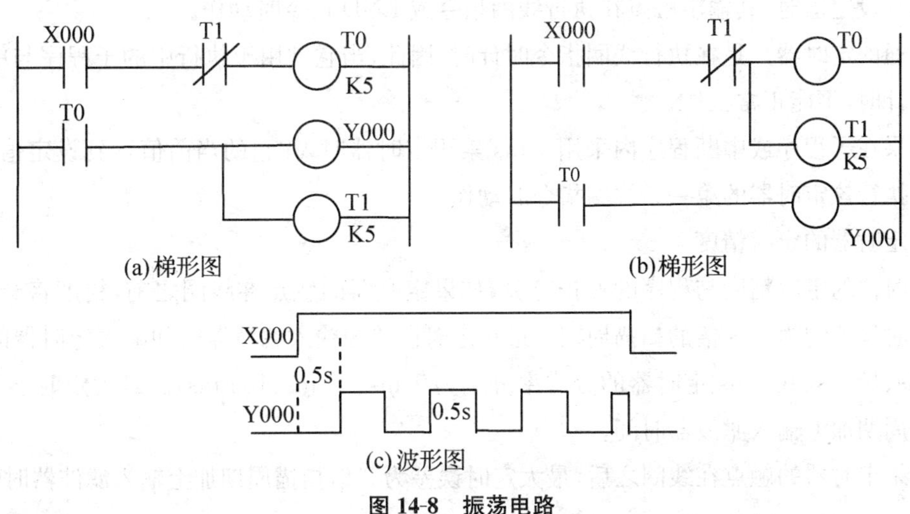

图 14-8　振荡电路

(2) 积算定时器

积算定时器有计数累积的功能。在定时过程中若断电或定时器线圈 OFF,积算定时器将保持当前的计数值(当前值),通电或定时器线圈 ON 后继续累积,即其当前值具有保持功能,只有将积算定时器复位,当前值才变为 0。

1)1 ms 积算定时器(T246～T249) 共 4 点,是对 1 ms 时钟脉冲进行累积计数的,定时的时间范围为 0.001～32.767 s。

2)100 ms 积算定时器(T250～T255)共 6 点,是对 100 ms 时钟脉冲进行累积计数的定时的时间范围为 0.1～3276.7 s。

下面举例说明积算定时器的工作原理。如图 14-9 所示,当 X0 接通时,T253 当前值计数器开始累积 100 ms 的时钟脉冲的个数。当 X0 经 T0 后断开,而 T253 尚未计数到设定值 K345,其计数的当前值保留。当 X0 再次接通,T253 从保留的当前值开始继续累积,经过

T1时间，当前值达到K345时，定时器的触点动作。累积的时间为T0＋T1＝0.1×345＝34.5 s。当复位X1接通时，定时器才复位，当前值变为0，触点也跟随复位。

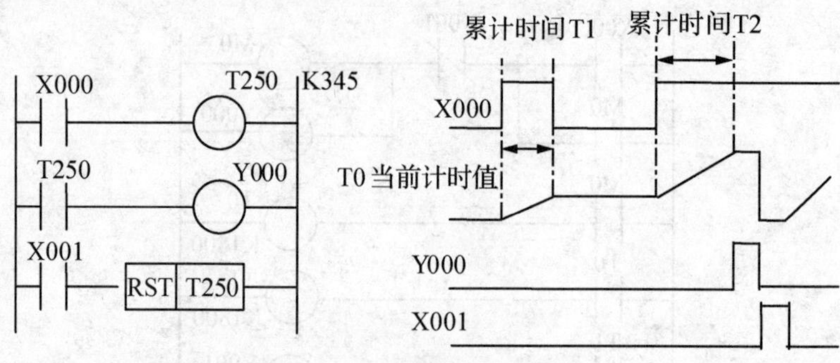

图14-9 积算定时器的作用

(3) 使用定时器注意事项

1)在子程序与中断程序内采用T192-T199定时器

这种定时器既可在执行线圈指令时计时，也可在执行END指令时计时，当定时器的当前值达到设定值时，其输出触点在执行线圈指令或END指令时动作。

普通的定时器只是在执行线圈指令时计时，因此，当它被用于执行中的子程序与中断程序时不计时，不能正常工作。

如果在子程序或中断程序内采用1 ms累积定时器时，在它的当前值达到设定值后，其触点在执行该定时器的第一条线圈指令时动作。

2)定时器的定时精度

定时器的定时精度与程序的安排有关，如果定时器的触点在线圈之前，精度将会降低，平均定时误差约为1.5倍的扫描周期。最小定时误差为输入滤波器时间减去定时器的分辨率(1 ms、10 ms、100 ms定时器的分辨率分别为1 ms、10 ms、100 ms)。最大定时误差为3倍扫描周期加上输入滤波器时间。

如果定时器的触点在线圈之后，最大定时误差为2倍扫描周期加上输入滤波器时间。

4. 热继电器过载信号的处理

如果热继电器属于自动复位型，其触点提供的过载信号必须通过输入电路提供给PLC。在图14-10中，热继电器KH的动断触点就属于这种情况，借助于梯形图程序实现过载保护；如果属于手动复位型，其动断触点可以接在PLC的输出电路中，亦可接在PLC的输入电路中。

14.4 实训内容和步骤

1. 实训内容和控制要求

试设计一电动机过载保护程序，要求电动机过载时能自动停止运转，同时发出10 s的声光报警信号。设电动机只需要连续正转。

2. **实训步骤及要求**

(1) 输入和输出点分配

输入和输出点分配见表 14-4。

表 14-4　输入点和输出点分配表

输入信号			输出信号		
名称	代号	输入点编号	名称	代号	输出点编号
热继电器	KH	X000	报警灯	HL	Y000
启动按钮	SB1	X001	交流接触器	KM	Y001
停止按钮	SB2	X002	蜂鸣器	DL	Y002

(2) PLC 接线图

按照图 14-7 所示 PLC 的 I/O 端子接线图接线。

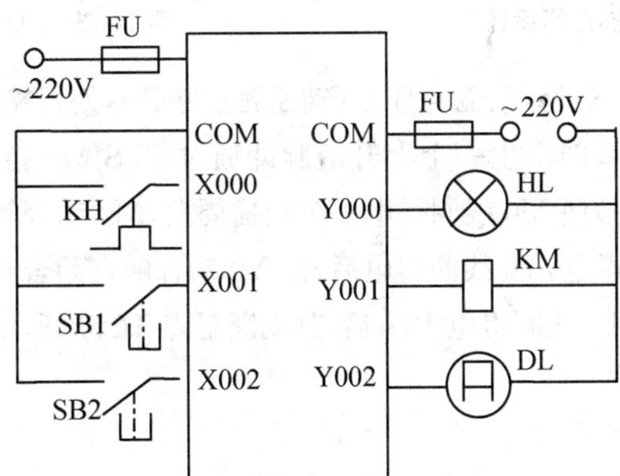

图 14-10　PLC 外部端子(I/O)接线图

(3) 程序设计

采用 PLC 控制的梯形图如图 14-11(或图 14-12、图 14-13)所示。电动机的连续运转控制采用 SET Y1 指令，按下 SBl，X1 动合触点闭合，使 Y1 通电自锁，KM1 得电，电动机运行。电动机的停车控制采用 RST Y1 指令，按下 SB2，X2 动合触点闭合或热继电器动作(X0 动断触点闭合)均可使 Y1 失电，导致接触器 KM1 失电，电动机停车。

当电动机正常工作时，KH 热继电器动合触点断开(KH 动断触点闭合)，输入继电器 X0 处于 OFF 状态，不执行 PLS M0(或 PLF M0 指令或 LDP X0 指令)，故 Y0、T0 、Y2、M0 线圈不能得电，处于断开状态。

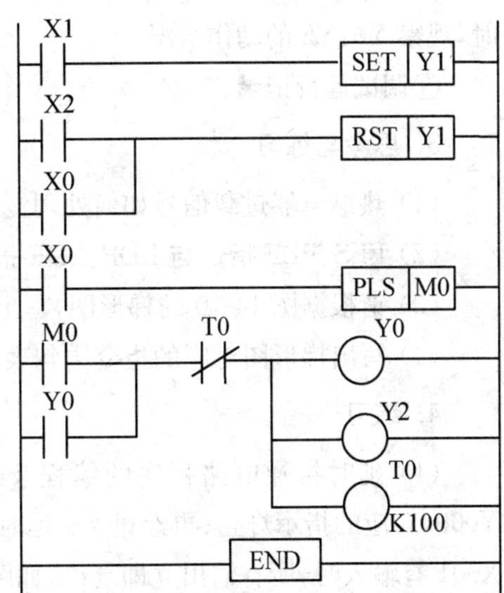

图 14-11　PLC 梯形图设计一

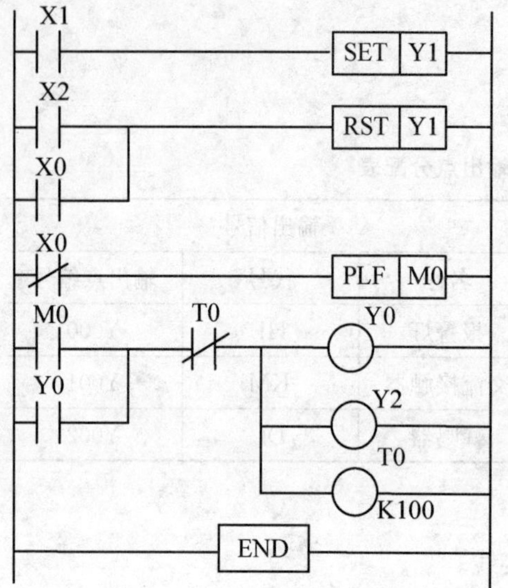

图 14-12　PLC 梯形图设计二

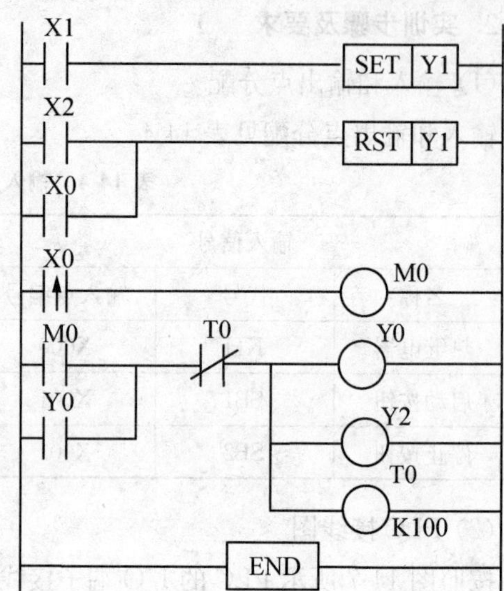

图 14-13　PLC 梯形图设计三

当过载时，热继电器 KH 动合触点闭合(动断触点断开)，使得输入继电器 X0 线圈得电，X0 动合触点闭合，闭合瞬间产生一个上升沿脉冲通过 PLS M0 指令(或 PLF M0 指令或 LDP X0＋OUT M0 指令)使 M0 线圈得电一个扫描周期，M0 动合触点闭合一个扫描周期，使 Y0、Y2、T0 线圈同时得电，Y0 线圈得电后，使 Y0 动合触点闭合自锁，接通报警灯，Y2 线圈得电接通报警铃。当 T0 线圈得电 10 s 后，其动断触点 T0 断开，使 Y0、Y2、T0 同时失电，声光报警均停止。

(4) 运行与调试程序

①将梯形图程序输入到计算机。

②对程序进行调试运行。先将 X0 置 OFF、X1 置 ON，观察 Y1 的动作情况；当 X2 为 ON 时，再观察 Y1 的动作情况。再将 X1 置 ON，X0 由 OFF 改为 ON(模拟热继电器动作)时，观察 Y0、Y2 的动作情况。

③调试运行记录。

3. 思考与练习

(1) 热继电器过载信号如何处理?

(2) PLS、PLF 指令与 LDP、LDF 指令有何异同?

(3) 请根据图 14-10 的梯形图，写出对应的指令语句表。

(4) 写出梯形图对应的指令语句表或按要求编程。

4. 练习

(1) 延时接通电路程序的编程及运行。给 X000 一个输入信号，经过 2 s 延时接通 Y000，对应的指示灯亮；再经过 2 s 延时，接通 Y001；再经过 2 s 延时，接通 Y002；……。当 X001 有输入时，所有输出立即复位，如图 14-14 所示。

①将图 14-14 所对应的指令程序写入主机 RAM 中。

②运行并调试程序，观察运行结果是否符合预定要求。

③分析同样是 2 s，为什么 T0、T1、T200、T246 设置的时间常数不一样。

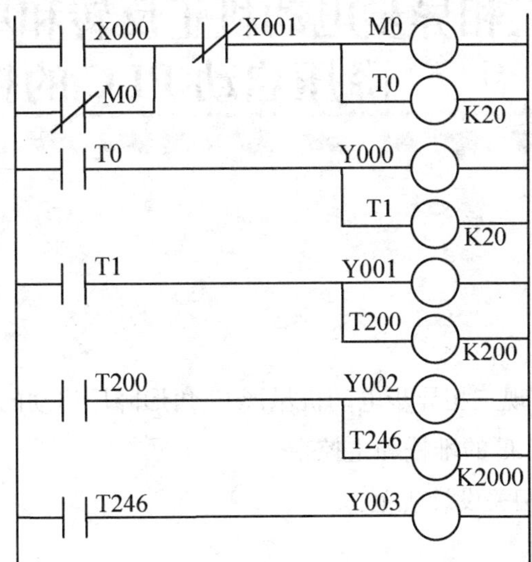

图 14-14　延时扫通电路

（2）八盏灯的闪烁电路：八盏指示灯 L1、L2、L3、L4、L5、L6、L7、L8。

①按下启动按钮以 1 秒的时间间隔按 L1、L2、L3、L4、L5、L6、L7、L8 依次循环点亮，按下停止按钮停止；

②按下启动按钮以 1 秒的时间间隔按 L1L2、L3L4、L5L6、L7L8 依次循环点亮，按下停止按钮停止。请编写相应的梯形图程序和指令表程序。（还可修改闪烁规律，留给同学们思考。）

14.5　任务考核

任务考核标准见表 14-5。

表 14-5　任务考核标准

考核项目	考核内容	配分	考核要求及评分标准	得分
工艺 程序输入	接线 布线工艺 程序写入	40 分	按电气原理图接线且正确 20 分 工艺符合标准 10 分 程序写入正确 10 分	
系统程序设计 延时通断电路	I/O 端子配置 程序编写 梯形图设计	20 分	I/O 端子配置合理 10 分 程序编写正确 5 分 梯形图设计能够实现控制要求 5 分	
振荡电路 程序调试	程序编写 程序写入 程序调试及运行	20 分	会排除故障 10 分 符合安全操作 5 分 运行符合预定要求 5 分	
实际总得分				

任务 15 三相异步电动机正反转和星形-三角形降压启动 PLC 的控制

15.1 任务目标

1. 掌握使用 PLC 实现三相异步电动机星形-三角形降压启动的自动控制方法。
2. 掌握 FX_{1N} 系列 PLC 的堆栈和主控指令。
3. 熟悉梯形图程序相关设计规范。

15.2 实训设备

项目所需设备、工具、材料见表 15-1。

表 15-1 任务单元所需实训设备和元器件名细表

名称	型号规格	数量	名称	型号规格	数量
可编程控制器	FX_{1N}-40MR	1 台	熔断器	RC1A-30/15	1 只
交流接触器	CJ10-20	3 只	熔断器	RL1-60/25	3 只
按钮	LA10-3H	3 只	三相异步电动机	1.1 kW/380 V	1 台
热继电器	JR16-20/3	1 只	连接导线		若干

15.3 相关知识

模块 1 多重输出指令(堆栈指令)MPS、MRD、MPP

MPS 为进栈指令,将状态读入栈存储器;MRD 为读栈指令,读出用 MPS 指令记忆的状态;MPP 为出栈(读并清除)指令,读出用 MPS 指令记忆的状态并清除这些状态。

栈指令用于多输出电路,所完成的操作功能是将多输出电路中连接的状态先存储,以便连接后面电路的编程。FX 系列的 PLC 有 11 个存储中间结果的存储区域称为栈存储器。

MPS 存储该指令处的运算结果(压入堆栈),使用一次 MPS 指令,该时刻的运算结果就推入栈的第一单元。在没有使用 MPP 指令之前,若再次使用 MPS 指令,当时的逻辑运算结果推入栈的第一单元,先推入的数据依次向栈的下一单元推移。

MRD 读出堆栈,读出由 MPS 指令最新存储的运算结果(栈存储器第一单元数据),栈内

数据不发生变化。

使用出栈 MPP 指令，将第一层的数据读出，同时其他数据依次上移，数据读出后，此数据就从栈中消失。

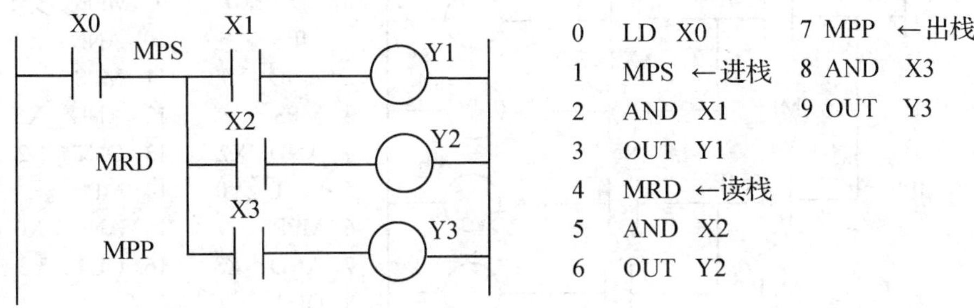

图 15-1　栈指令的使用之一

0 LD	X0	10 OUT	
1 AND	X1	11 MRD	
MPS		12 AND	X5
3 AND	X2	13 OUT	Y5
4 OUT	Y0	14 MRD	
5 MPP		15 AND	X6
6 OUT	Y1	16 OUT	Y6
LD	X3	17 MPP	
8 MPS		18 AND	X7
9 AND	X4	19 OUT	Y7

图 15-2　栈指令的使用之二

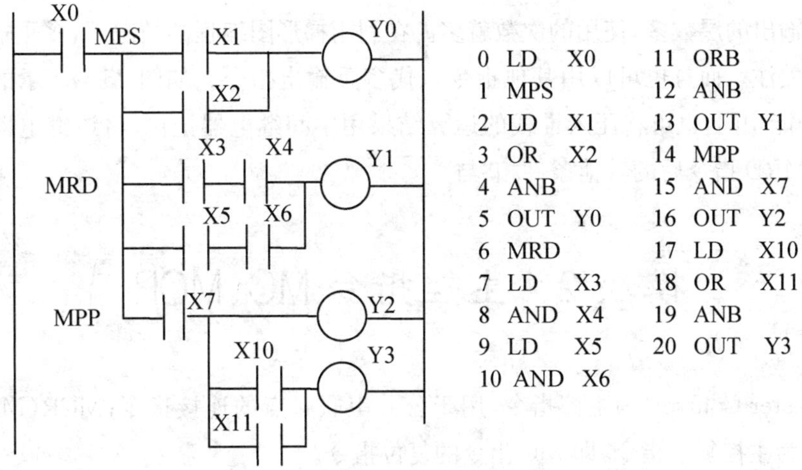

图 15-3　栈指令的使用之三

（1）MPS、MPP 必须成对使用，而且连续使用次数应少于 11 次。

（2）MPS、MPP、MRD 都是不带操作对象的指令。

MPS、MPP、MRD 指令的使用如图 15-1、图 15-2、图 15-3 所示。

多重输出指令的入栈出栈工作方式是:后进先出、先进后出。

X0 MPS X1 MPS X2 Y0
X3 Y1 MPP
X4 X5 MPP MPS Y2
X6 Y3 MPP

0 LD X0	9 MPP
1 MPS	10 AND X4
2 AND X1	11 MPS
3 MPS	12 AND X5
4 AND X2	13 OUT Y2
5 OUT Y0	14 MPP
6 MPP	15 AND X6
7 AND X3	16 OUT Y3
8 OUT Y1	

(a)

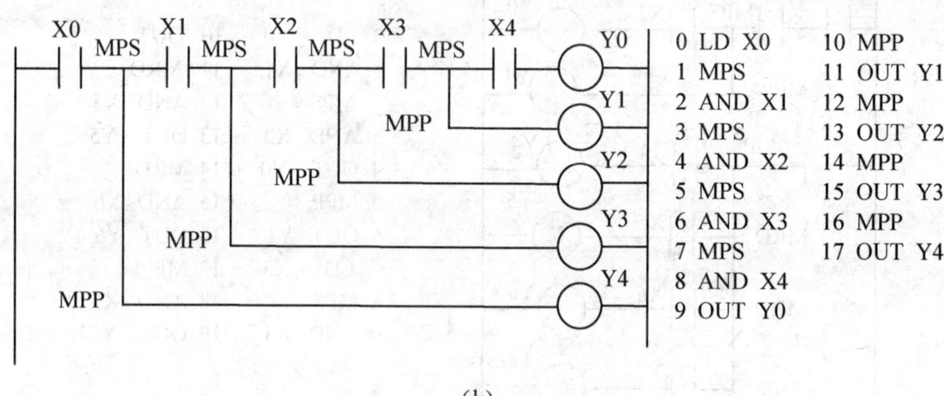

(b)

图 15-4　栈指令的使用之四

MPS、MPP 两指令必须成对出现,而 MPS、MPP 之间的 MRD 指令在只有两层输出时不用。而若输出的层数多,使用的次数就多。在利用梯形图编程的情况下,多重输出指令可以不用过分关注。而且也可以用其他指令取代多重输出指令。如图 15-4 所示的梯形图与图 15-1 的功能相同,也可将压入堆栈的运算结果用中间继电器记忆,将该继电器的动断触点与 MPP、MRD 指令后的其他条件相“与”。

模块 2　主控指令 MC、MCR

MC(Master Control)为主控指令,用于公共串联触点的连接指令;MCR(Master Control Rreset)为主控复位指令,即 MC 指令的复位指令。

主控指令所完成的操作功能是:当某一触点(或某一组触点)的条件满足时,按正常顺序执行;当这一条件不满足时,则不执行某部分程序,与这部分程序相关的继电器状态全为零。

在编程时,经常遇到多个线圈同时受一个或一组触点控制的情况,如果在每个线圈的控

制电路中都编入该逻辑条件，则必然使程序变长，对于这种情况，可以采用主控指令来解决。主控指令利用在母线中串联一个主控触点来实现控制，其作用如控制一组电路的总开关。MC、MCR 指令的使用说明如图 15-5 所示，SP 表示编程输入时所需操作的空格键。

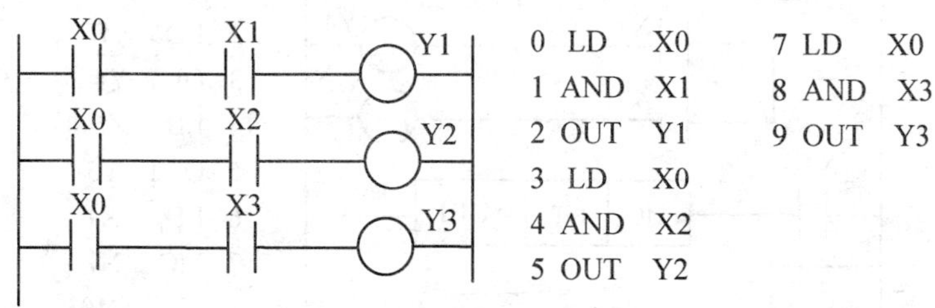

图 15-5　多重输出指令表示方法

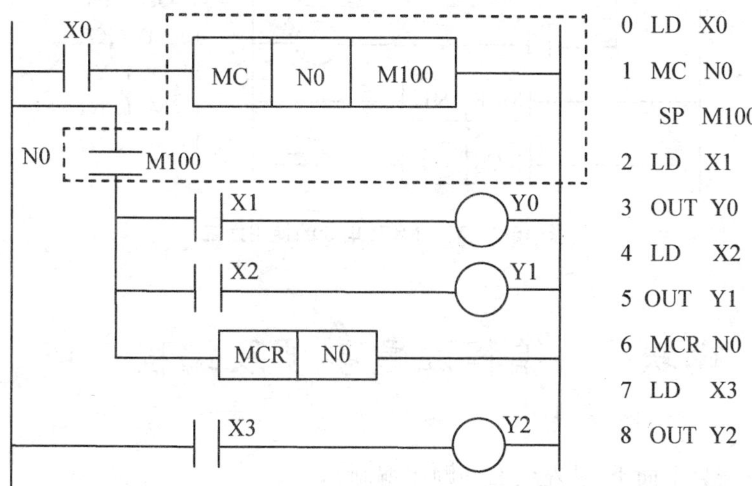

图 15-6　MC、MCR 指令的使用之一

MC、MCR 两条指令的操作目标元件是 Y、M，但不允许使用特殊的辅助继电器。

图 15-5 中 X0 为主控指令的执行条件，当 X0 为 ON 时，执行 MC 与 MCR 之间的指令；当 X0 为 OFF 时，不执行 MC 与 MCR 之间的指令。

在使用时注意以下几点：

(1) 与主控触点相连接的触点用 LD、LDI 指令；

(2) 编程时对于主母线中串联的触点不输入指令，如图 15-5 中的“N0 M100”，它仅是主控指令的标记。

(3) 在 MC 指令内再使用 MC 指令时，嵌套级 N 的编号(0～7)依次增大，返回时使用 MCR 指令，从大的嵌套级开始解除，如图 15-6 所示。

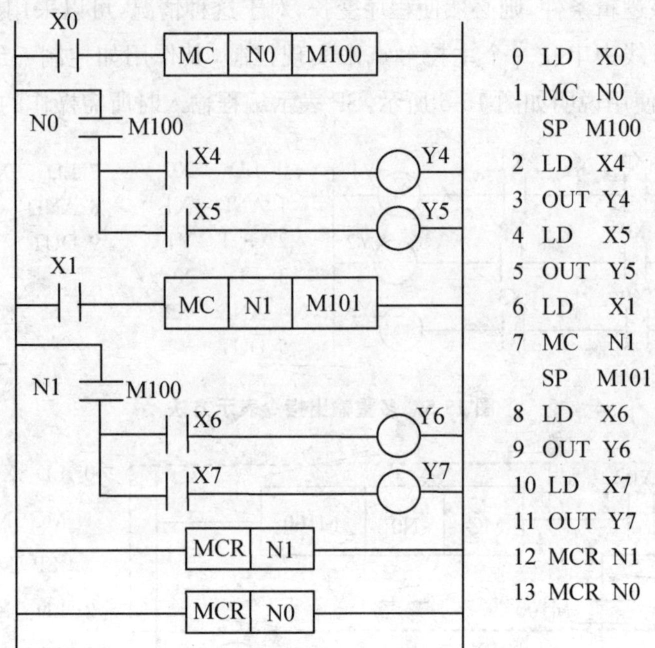

图 15-7　MC、MCR 指令的使用之二

模块 3　编程注意事项及编程技巧

1. 程序应按自上而下、从左到右的顺序编制。

2. 同一编号的输出元件在一个程序中使用两次，即形成双线圈输出，双线圈输出容易引起误操作，应当避免。但不同编号的输出元件可以并行输出，如图 15-7 所示。

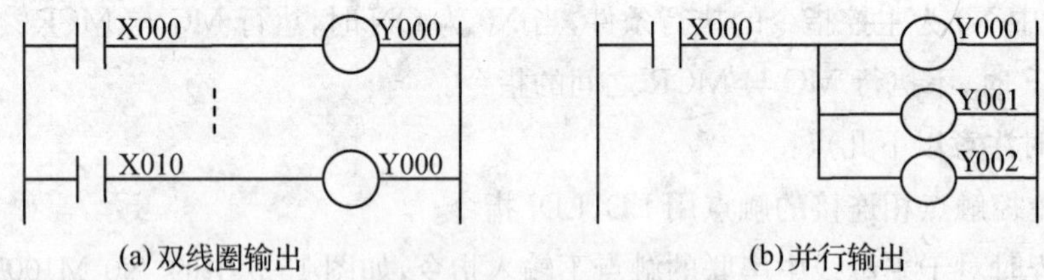

(a)双线圈输出　　(b)并行输出

图 15-8　双线圈及并行输出

3. 线圈不能直接与左母线相连。如果需要，可以通过一个没有使用的元件的常闭接点或者特殊辅助继电器 M8000(常开 ON)来连接，如图 15-8 所示。

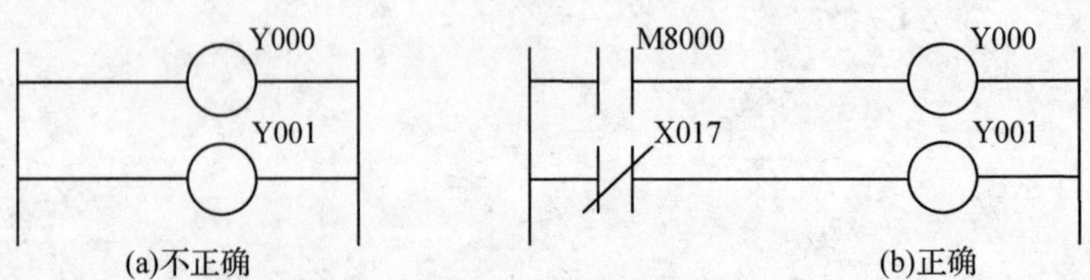

(a)不正确　　(b)正确

图 15-9　线圈与母线的连接

4. 适当安排编程顺序，以减少程序步数。串联多的支路应尽量放在上面，如图 15-9 所示。并联多的电路应靠近左母线，如图 15-10 所示。

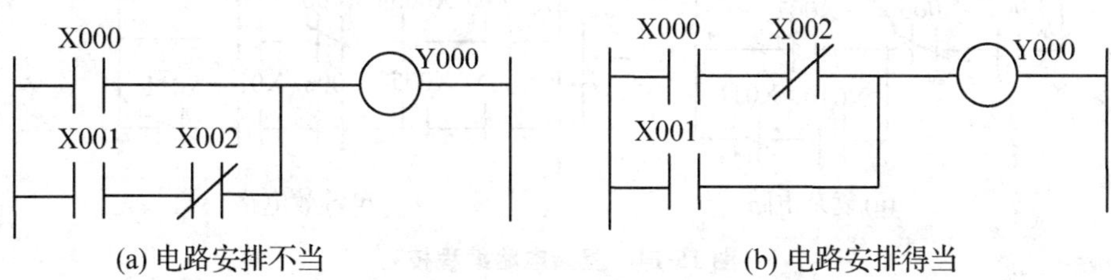

(a) 电路安排不当　　(b) 电路安排得当

图 15-10　串联多的电路应放在上部

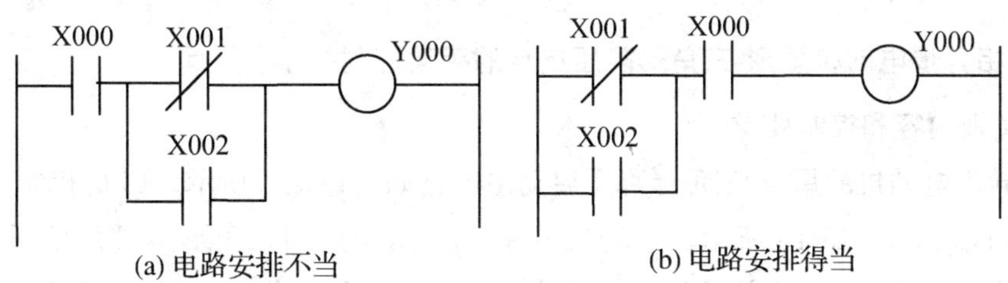

(a) 电路安排不当　　(b) 电路安排得当

图 15-11　串联多的电路应靠近左母线

5. 不能编程的电路应进行等效变换后再编程。桥式电路可变换成图 15-11 所示的电路进行编程。在梯形图中线圈右边的接点应放在线圈的左边才能编程，如图 15-12 所示。

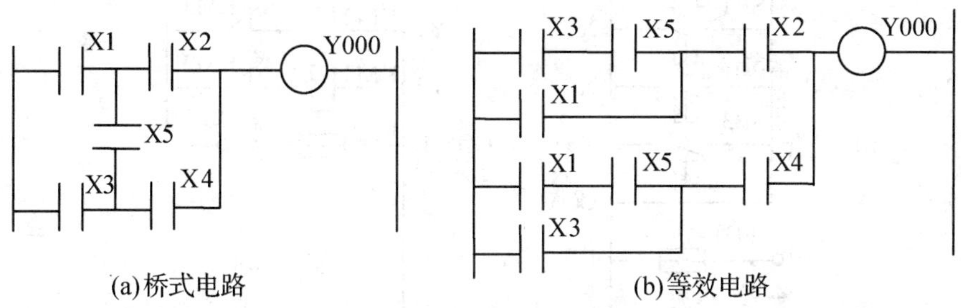

(a)桥式电路　　(b)等效电路

图 15-12　桥式电路的变换方法

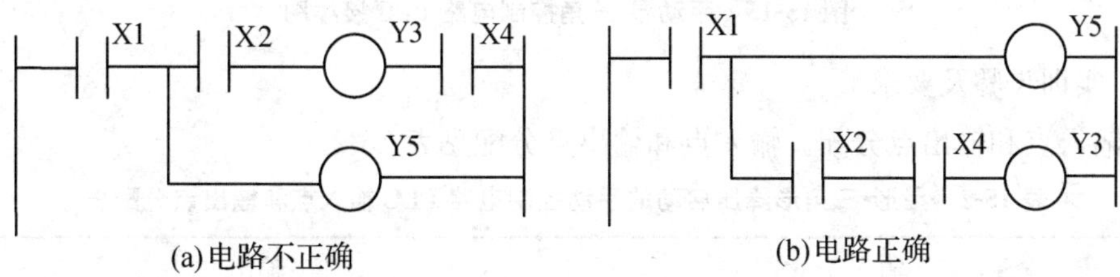

(a)电路不正确　　(b)电路正确

图 15-13　线圈右边的触点应置于左边

6. 对复杂电路，用 ANB、ORB 等指令难以编程，可重复使用一些接点画出其等效电路，然后再进行编程，如图 15-13 所示。

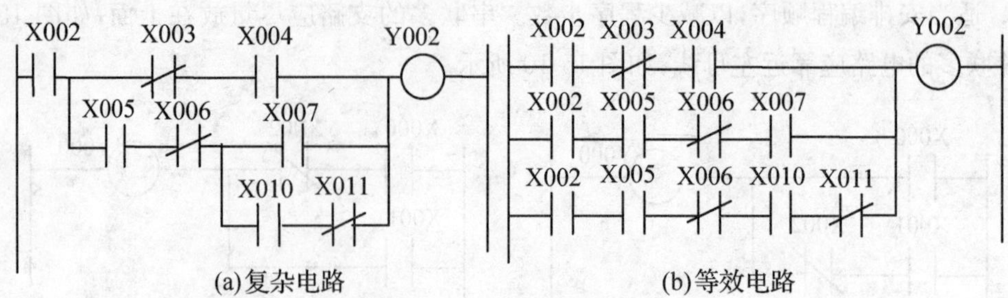

(a)复杂电路　　(b)等效电路

图 15-14　复杂电路编程技巧

15.4　实训内容和步骤

1. 三相异步电动机星形-三角形降压启动的手动控制

(1) 实训内容和控制要求

三相异步电动机的星形-三角形降压启动主电路如前述任务所示。PLC 控制的输入/输出(I/O)外接线如图 15-15 所示。电动机从星形启动切换到三角形运转的信号通过按下 SB3 按钮给出,由于 PLC 内部元件动作的快速性和接触器动作的滞后,可能会造成相间短路,所以在输出回路利用接触器的常闭触点采取了互锁措施。

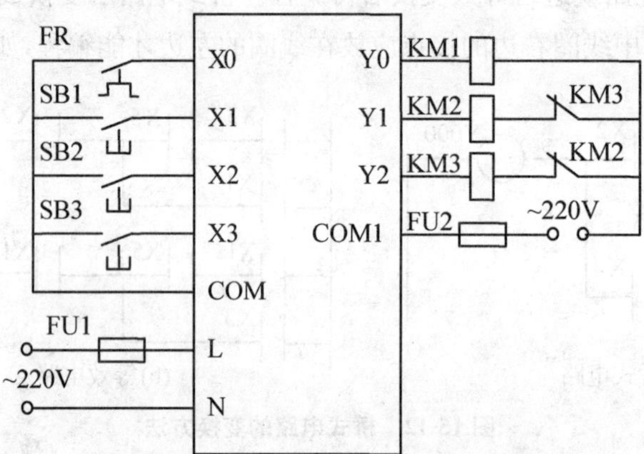

图 15-15　手动星-三角控制电路 PLC 接线图

(2) 实训步骤及要求

1) 输入点和输出点分配。输入点和输出点分配见表 15-2。

表 15-2　星形-三角形降压启动的手动控制电路 PLC 输入点和输出点分配表

输入			输出		
元件名称	元件代号	IO 编号	元件名称	元件代号	IO 编号
热继电器	FR	X0	交流接触器	KM1	Y0
停止按钮	SB1	X1	交流接触器	KM2	Y1
启动按钮	SB2	X2	交流接触器	KM3	Y2
切换按键	SB3	X3			

2）程序设计

用堆栈指令配合其它一般指令梯形图如图 15-16（a）所示，对应的指令程序如图 15-16(b)所示，程序中利用输出继电器 Y2 和 Y3 的常闭触点实现互锁，以防止星形切换到三角形连接时相间短路。

按下启动按钮 SB2 时，输入继电器 X2 的常开触点闭合，接通输出继电器 Y0 线圈（得电）并自锁，接触器 KM1 线圈得电主触点吸合；Y0 常开触点闭合 Y1 线圈得电，接触器 KM2 线圈得电，主触点吸合，电动机实现星形启动。

按下星形-三角形切换按钮 SB3 时，输入继电器 X3 的常闭触点断开 Y1 线圈，使 KM1 失电释放，Y1 的常闭触点复位后闭合；同时 X3 的常开触点闭合接通 Y2 线圈并自锁，接触器 KM3 线圈得电，主触点吸合，电动机切换到三角形运转。

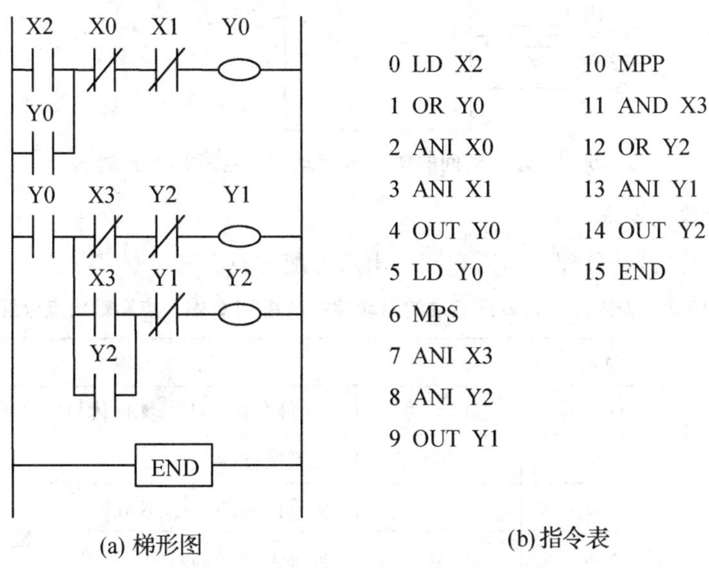


```
0 LD X2        10 MPP
1 OR Y0        11 AND X3
2 ANI X0       12 OR Y2
3 ANI X1       13 ANI Y1
4 OUT Y0       14 OUT Y2
5 LD Y0        15 END
6 MPS
7 ANI X3
8 ANI Y2
9 OUT Y1
```

(a) 梯形图　　(b)指令表

图 15-16　三相异步电动机星-三角手动控制梯形图与指令表

按下停止按钮 SB1，或过载保护 FR 动作，都可使 Y0 失电释放，Y0 常开触点打开，使 Y1、Y2 线圈失电，KM1、KM2、KM3 线圈都失电，主触点复位使电动机停止运行。

3）运行调试程序

①按启动按钮 SB2，输出继电器 Y0、Y1 接通，电动机星形启动。

②按切换按钮 SB3，输出继电器 Y1 断开、Y2 接通，电动机三角形运转。

③按停止按钮 SB1，输出继电器 Y0、Y1、Y2 断开，电动机停转。

④模拟电动机过载，使热继电器 FR 触点动作，电动机停转。

⑤重复上述操作。

记录运行调试结果。

2. 三相异步电动机星形-三角形降压启动的时间继电器自动控制

(1) 实训内容和控制要求

三相异步电动机的星-三角降压启动控制的电路，主电路如前述任务所示。PLC 控制的输入/输出(I/O)外接线如图 15-17 所示。图中的 QS 为电源开关,当 KM1、KM2 主触点闭合时,电动机星形连接;当 KM1、KM3 主触点闭合时,电动机三角形连接。设计一个三相异步电动机星形-三角形降压启动控制程序,要求合上电源刀开关,按下启动按钮 SB2 后,电动机以星形连接启动,开始转动 6 s 后,自动由星形启动切换到三角形运转。

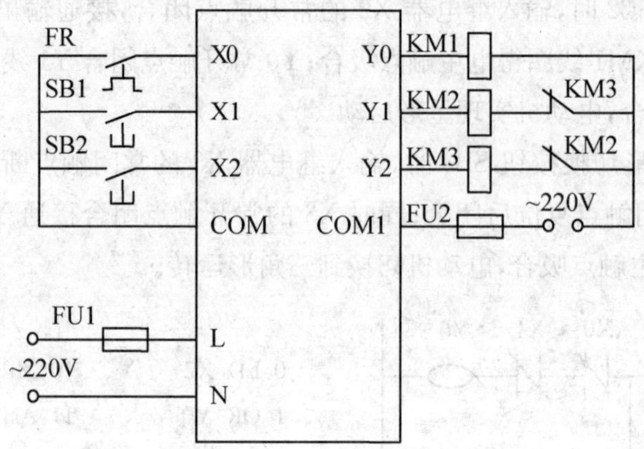

图 15-17　基于时间的星-三角自动控制电路 PLC 接线图

(2) 实训步骤及要求

1) 输入点和输出点分配。输入点和输出点分配见表 15-3。

表 15-3　星形-三角形降压启动的自动控制电路 PLC 输入点和输出点分配表

输入			输出		
元件名称	元件代号	IO 编号	元件名称	元件代号	IO 编号
热继电器	FR	X0	交流接触器	KM1	Y0
停止按钮	SB1	X1	交流接触器	KM2(Y)	Y1
启动按钮	SB2	X2	交流接触器	KM3(△)	Y2

2) 程序设计

用主控指令配合一般指令实现的梯形图如图 15-18(a)所示,对应的指令程序如图 15-18(b)所示。

按下启动按钮 SB2 时,输入继电器 X2 的常开触点闭合,主控指令激活并自锁,输出继电器 Y0、Y1 接通,接触器 KM1、KM2 得电吸合,电动机以星连接启动;同时定时器 T0 开始计时,6 s 后动作使 Y1 断开,Y1 断开后 KM2 失电释放,互锁解除使输出 Y2 继电器接通,接触器 KM3 得电吸合电动机便在三角形连接方式下运行。

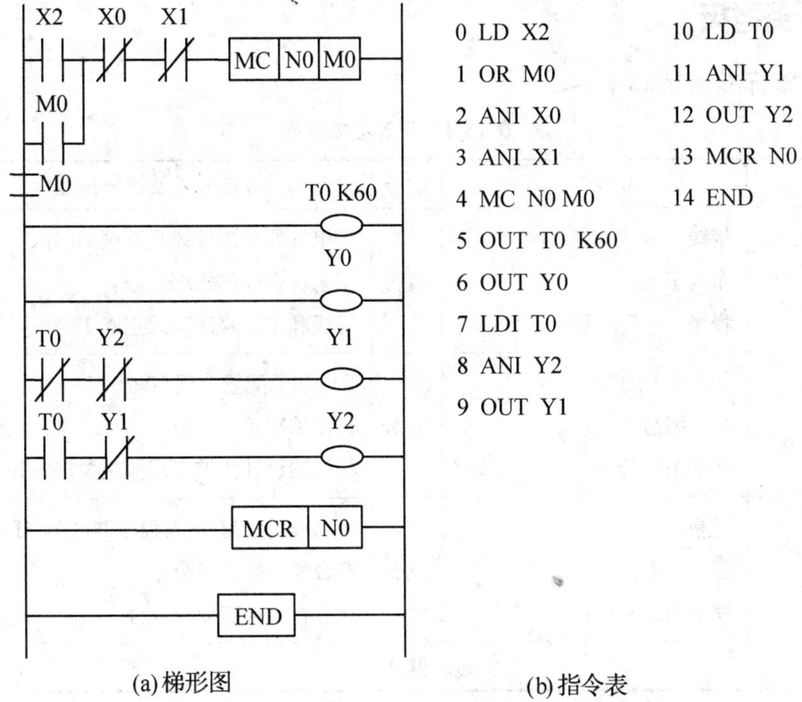

(a) 梯形图　　(b) 指令表

图 15-18　三相异步电动机星-三角手动控制梯形图与指令表

按下停止按钮 SB1 或过载保护 FR 动作，不论是启动或运行都可使主控接点断开，电动机停止运行。

3）运行调试程序

①按启动按钮 SB2，输出继电器 Y0、Y1 接通，电动机定子绕组接成 Y 形降压启动，延时 6 s 后，输出继电器 Y1 断开，Y2 继电器接通，电动机接成△接法全压运行。

②按停止按钮 SB1，主控触点断开，电动机停转。

③重新启动电动机。

④模拟电动机过载，使热继电器 FR 常闭触点断开电动机停转。

⑤重复上述操作。

记录运行调试结果。

3. 思考与练习

(1) 什么是堆栈指令？什么是主控指令？

(2) 用主控指令和一般指令设计出三相异步电动机的自动星-三角降压启动控制的电路的 PLC 程序。

(3) 用堆栈指令和一般指令设计出三相异步电动机的手动星-三角降压启动控制的电路的 PLC 程序。

15.5 任务考核

任务考核标准见表15-4。

表15-4 任务考核标准

考核项目	考核内容	配分	考核要求及评分标准	得分
工艺 程序输入	接线 布线工艺 程序写入	40分	按电气原理图接线且正确20分 工艺符合标准10分 堆栈和主控程序写入正确10分	
系统程序设计 正、反转电路	I/O端子配置 程序编写 梯形图设计	20分	I/O端子配置合理10分 程序编写正确5分 梯形图设计能够实现控制要求5分	
星-三角电路 程序调试	程序编写 程序写入 程序调试及运行	20分	手动或自动星-三角程序调试10分 符合安全操作5分 运行符合预定要求5分	
实际总得分				

注：本项目中有两个课题，可根据实际情况选择（全做或单做）。

任务 16　十字路口交通灯的 PLC 控制

16.1　任务目标

1. 掌握用 PLC 构成十字路口交通信号灯的控制系统和原理。
2. 掌握计数器的工作原理与使用方法。
3. 掌握顺序控制设计法及顺序功能图的画法和根据系统设计梯形图的方法。

16.2　实训设备

项目所需设备、工具、材料见表 16-1。

表 16-1　任务单元所需实训设备和元器件明细表

名称	型号或规格	数量	名称	型号或规格	数量
可编程控制器	FX_{IN}-40MR	1 台	计算机	内置三菱软件	1 台
交通灯演示板		1 只	连接导线		若干

16.3　相关知识

模块 1　计数器

计数器用 C 表示，在程序中用作计数控制。FX 系列 PLC 计数器可分为内部计数器及外部计数器。

1. 内部计数器

对 PLC 的内部元件(X、Y、M、S、T 和 C)的信号进行计数。计数脉冲为 ON/OFF 的持续时间应大于 PLC 的扫描周期，其响应速度通常小于数十赫兹。

内部计数器可分为 16 位加计数器、32 位双向计数器。按功能可分为通用型和断电保持型。

(1) 16 位加计数器

增计数器的含义为每接到一个脉冲，计数器加一，到达设定值后动作，其触点状态反转。16 位指其设定值及当前值寄存器为二进制 16 位寄存器，其设定值范围在 1～32767。FX 系列 PLC 有两种 16 位二进制计数器：

通用型：C0～C99(100 点)；断电保持型：C100～C199(100 点)。

断电保持型的计数器在电源断电时可保持其状态信息，重新送电后能立即按断电时的状态恢复工作。

(2) 32 位加/减计数器

32 位指其设定值寄存器为 32 位，由于是双向计数，除去一个符号位，设定值的最大绝对值为 31 位二进制数所能表示的数，即－2147483648～＋2147483647。32 位加/减计数器也有两种：

通用型：C200～C219(20 点)；断电保持型：C220～C234(15 点)。

计数方向(加计数或减计数)由特殊辅助继电器 M8200～M8234 设定。对应的特殊辅助继电器为 ON 时，为减计数；反之为加计数。

32 位加/减计数器的设定值除了可由常数 K 设定外，还可通过指定数据寄存器来设定，32 位设定值存放在元件号相连的两个数据寄存器中。如果指定的是 D0，则设定值存放在 D1 和 D0 中。如图 16-1 的 C200 的设定值为 5，当 X012 断开时，M8200 为 OFF，此时 C200 为加计数；若计数器的当前值由 4 到 5，计数器的输出触电为 ON；当前值等于 5 时，输出触电仍为 ON；当 X012 接通时，M8200 为 ON，此时 C200 为减计数；当计数器的当前值由 5 到 4 时，计数器的输出触点为 OFF；当前值小于等于 4 时，输出触点仍为 OFF。

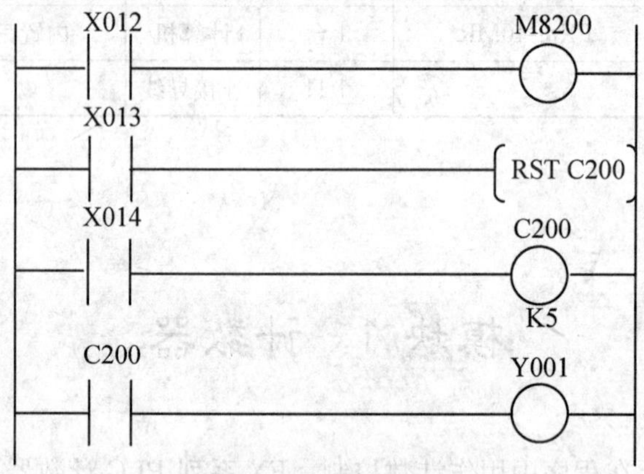

图 16-1　加/减计数器示例

图 16-1 所示的复位输入 X013 的常开触点接通时，C200 被复位，其常开触点断开，常闭触点接通，当前值被置为“0”。

2. 外部计数器

外部计数器对外部信号进行计数。机内信号的频率低于扫描频率，因而是低速计数器，高于机器扫描频率的信号计数需用高速计数器。

高速计数器共有 21 点，地址编号为 C235～C255。但由于适用高速计数器的 PLC 输入端子只有 X0～X5 等 6 点，最多只能有 6 个高速计数器同时工作。除高速计数功能外，高速计数器还可用作比较、直接输出等高速应用功能。

高速计数器的类型如下：

①一相无启动/复位端子高速计数器 C235～C240。

②一相带启动/复位端子高速计数器 C241～C245。

③一相双计数输入(加/减脉冲输入)高速计数器 C246～C250。

④两相(A-B 相型)双计数输入高速计数器 C251～C255。

模块 2　顺序功能图与顺序控制设计法

1. 顺序功能图与顺序控制设计法

如果一个控制系统可以分解成几个独立的控制动作或工序，且这些动作或工序必须严格按照一定的先后次序执行才能保证生产的正常进行，这样的控制系统称为顺序控制系统。其控制总是一步一步按顺序进行。

顺序功能图 SFC(Sequential Function Chart)就是描述控制系统的控制过程、功能及特性的一种图形。顺序功能图的三要素是步、转换条件与动作。初始步用双线框表示，一般步用矩形框表示，矩形框中用数字表示步的编号。转换条件用短划线表示，在旁边可用文字标注。动作用矩形框表示，矩形框可用文字或符号表示，如图 16-2 所示。

一个顺序控制过程可分为若干个阶段，这些阶段称为步(Step)或状态，可用辅助继电器 M 和状态继电器 S 表示。每个步都有不同的动作(但初始步有可能没有动作)。当相邻两步之间的转换条件满足时，就将实现步与步之间的转换，即上一个步的动作结束而下一个步的动作开始。步与步之间实现转换应该同时满足两个条件：①前级步必须是活动步；②对应的转换条件成立。

通常用顺序功能图来描述这种顺序控制过程。如图 16-2 所示。在图中，M0 为初始步，M0、M1、M2 为三个不同的步，M8002、X0、X1、X2 的动合触点分别为它们的转换条件。当 PLC 运行时，M8002 瞬间接通，M0 成为活动步，Y0 接通。X0 闭合时，步由 M0 转换到 M1，即 Y1 接通，M0 成为不活动步，M1 成为活动步；同理，当 X1 闭合时，步由 M1 转换到 M2，M1 成为不活动步，M2 成为活动步。顺序控制设计法就是根据系统的工艺过程绘出顺序功能图，再根据顺序功能图设计出梯形图的方法。它是一种先进的设计方法，很容易被用户所接受，程序的调试修改及阅读都很容易，设计周期短，设计效率高。

根据系统的顺序功能图设计出梯形图的方法，称为顺序控制梯形图的编程方法，目前常用的编程方法有三种，即：使用启保停电路、以转换为中心、使用 STL 指令进行编程。后面的任务将介绍使用 STL 指令进行编程的方法，本任务介绍以转换为中心的编程方法和介绍使用启保停电路进行编程的方法。

2. 以转换为中心的编程方法

图 16-2 是单序列的顺序功能图，由 M0 步转换到 M1 步必须满足两个条件，即前级步

M0是活动步，M0为1;转换条件满足，X0为1。在梯形图中，用M0及X0的动合触点组成串联电路来表示上述条件，当该电路接通时，且两个条件同时满足，应完成两个操作，即通过使用SET指令将后序步M1变为活动步，使用RST指令将前级步M0变为不活动步。这种设计方法特别有规律，即使是设计复杂的顺序功能图的梯形图时，也既易掌握又不易出错。

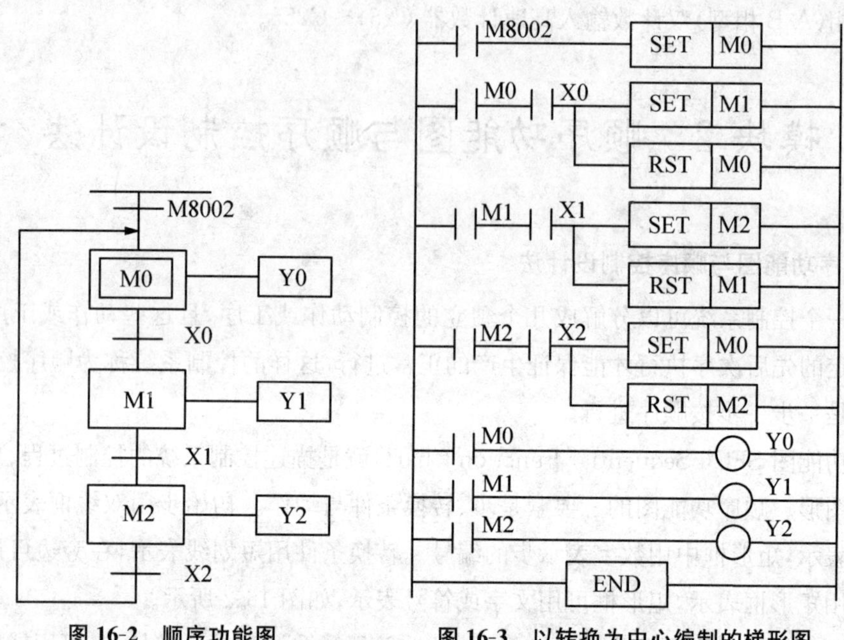

图16-2　顺序功能图　　图16-3　以转换为中心编制的梯形图

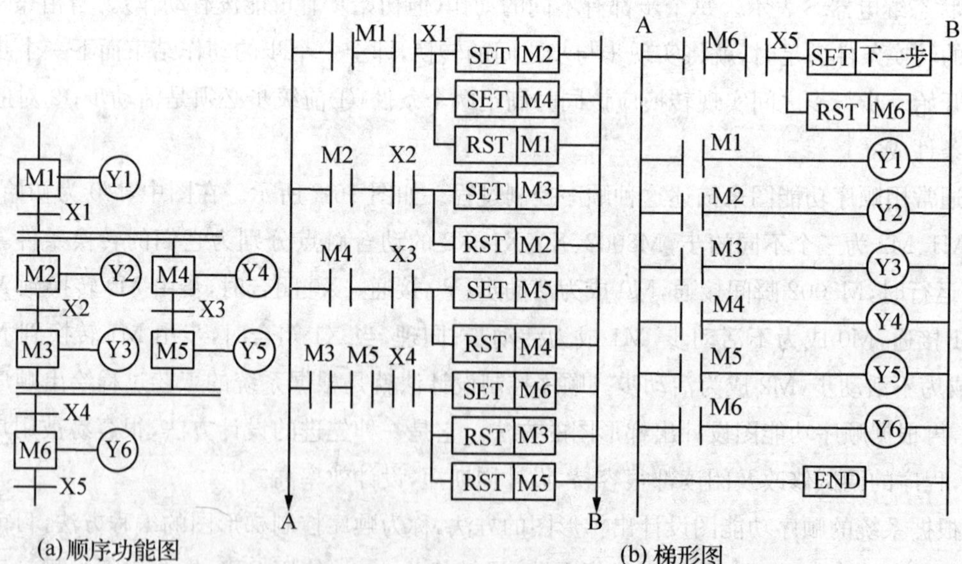

图16-4　并行序列顺序功能图与以转换为中心编制的梯形图

对于选择性序列的顺序功能图，其编程方法与单序列的编程方法完全相同。

对于并行序列的顺序功能图，如图16-4(a)，其编程方法如图16-4(b)所示。这里要注意并行序列的分支与合并的编程方法，如M1为活动步时，只要X1转换条件成立，则M2、M4

要同时变为 ON；M6 步前有一个并行序列的合并，该转换实现的条件是所有的前级步（M3、M5）都是活动步且 X4 转换条件满足，因此应将它们串联作为启动条件。最后可集中编写执行动作控制程序，用每个步号驱动对应的执行装置。如果某个动作必须持续到几个动作以后，则需要自锁。

对于选择性序列的顺序功能图，其编程方法与单序列的编程方法完全相同。

3. 采用启保停电路编制梯形图的方法

对于顺序控制，前面已经介绍了以转换中心的方法来编程，这里主要介绍采用启保停电路编制梯形图的方法。该方法可以按照一定的规律实现顺序控制，而且编制程序非常容易。启保停电路仅仅使用与触点和线圈有关的指令，任何一种 PLC 的指令系统都有这一类指令，因此它适用于任意一种 PLC 的通用编程方法。这里主要介绍并行序列的编程方法。

16.4 实训内容和步骤

1. 十字路口交通信号灯控制训练

(1) 实训内容和控制要求

十字路口交通信号灯受开关总体控制，按一下启动按钮，信号灯系统开始工作，并周而复始地循环动作；按一下停止按钮，所有信号灯熄灭。信号灯控制的具体要求如表 16-2 所示。

表 16-2　十字路口交通信号灯控制要求

东西	信号	绿灯亮	绿灯闪亮	黄灯亮	红灯亮	
	时间	25 s	3 s	2 s	30 s	
南北	信号	红灯亮			绿灯亮	绿灯闪亮	黄灯亮
	时间	30 s			25 s	3 s	2 s

(2) 实训步骤及要求

① I/O 地址分配如表 16-3 所示。

表 16-3　PLC 控制交通灯 I/O 分配

输入端		输出端	
输入元件	输入点编号	输出元件	输出点编号
启动按钮 SB1	X000	东西绿灯 HL1	Y000
停止按钮 SB2	X001	东西黄灯 HL2	Y001
白天/黑夜开关 S	X002	东西红灯 HL3	Y002
		南北绿灯 HL4	Y004
		南北绿灯 HL5	Y005
		南北绿灯 HL6	Y006

② PLC 外部接线图。

根据信号控制要求,I/O 分配及其 PLC 接线如图 16-5 所示。图中用一个输出点驱动两个信号灯,如果 PLC 输出点的电流不够,可以用一个输出点驱动一个信号灯,也可以在 PLC 输出端增设中间继电器,再通过中间继电器去驱动信号灯。

③控制时序。根据十字路口交通灯的控制要求,其控制时序图如图 16-6 所示。

④程序设计。

方法一:用基本逻辑指令编程。十字路口交通信号灯控制的时序图如图 16-6 所示。用基本逻辑指令设计的信号灯控制梯形图如图 16-7 所示。

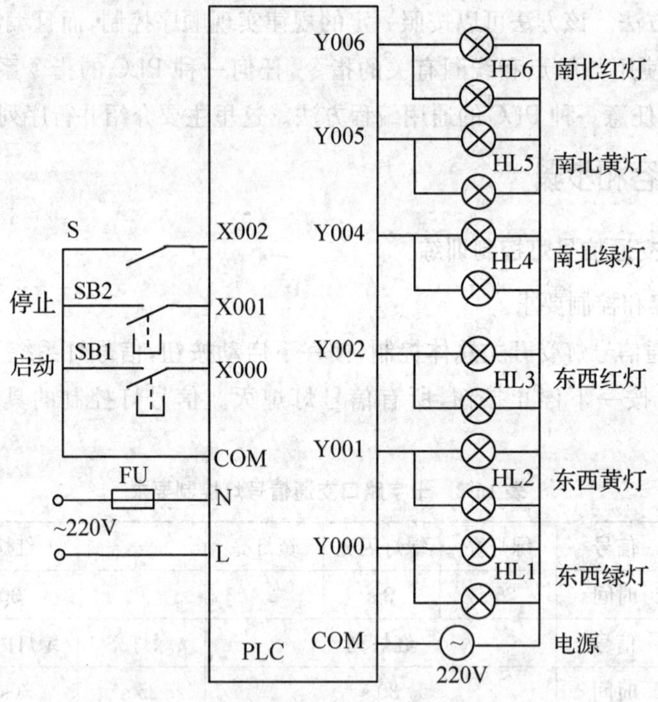

图 16-5　十字路口交通信号灯 PLC 接线图

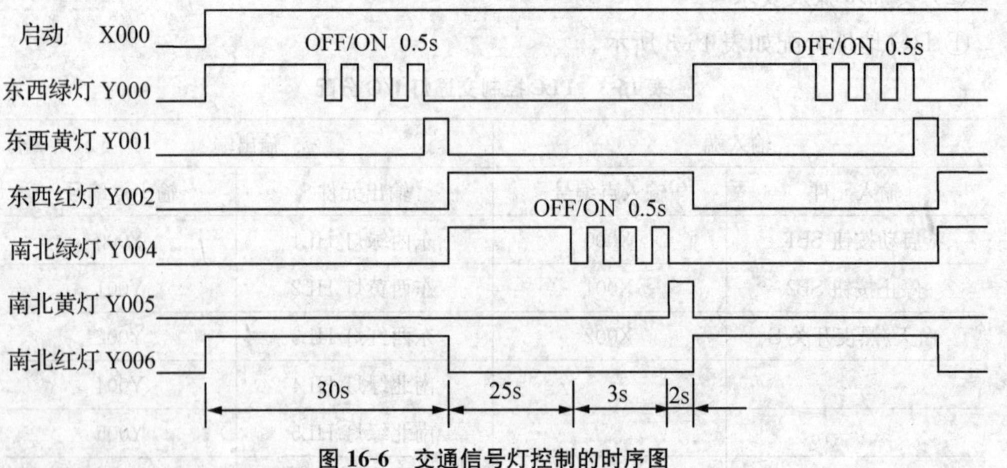

图 16-6　交通信号灯控制的时序图

根据控制时序图,供信号灯闪光控制是用特殊辅助继电器 M8013,它产生周期为 1 s(接通 0.5 s,断开 0.5 s)的时钟脉冲。梯形图如图 16-7 所示。

按照图 16-7 所示交通信号灯控制的梯形图，编写指令程序如表 16-4 所示，并写入 PLC 的 RAM 中，运行并调试程序。

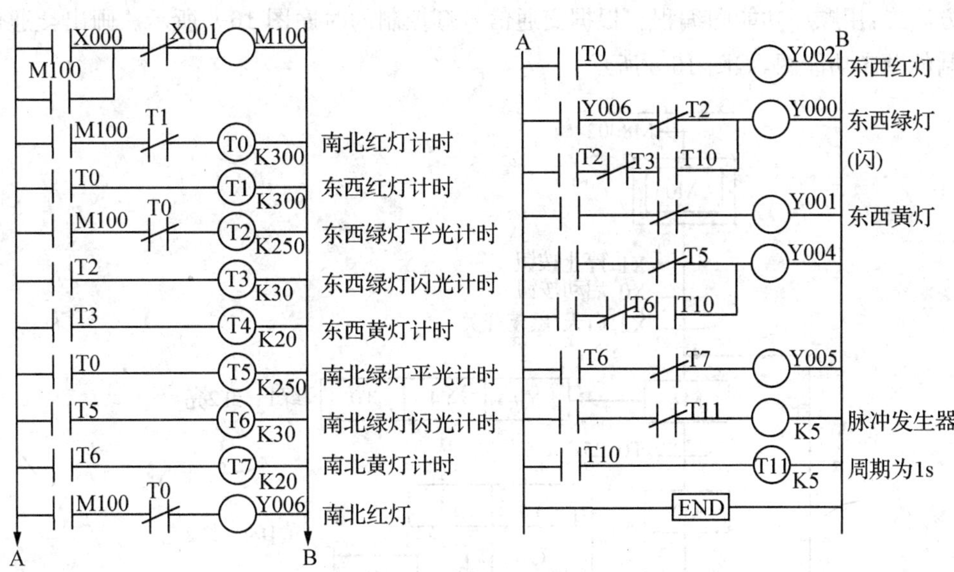

图 16-7　十字路口交通信号灯控制的梯形图

表 16-4　图 16-7 所示梯形图对应的指令程序表

指令程序	指令程序	指令程序	指令程序
0　LD　X011	25　MOV	K3	D1
1　MOV	K5	D1	D0
K1	D0	54　LD　X004	M0
D0	30　LD　X016	55　MOV	81　MRD
6　LD　X012	31　MOV	K4	82　AND　M0
7　MOV	K6	D1	83　OUT　M10
K2	D0	60　LD　X005	84　MPP
D0	36　LD　X001	61　MOV	85　AND　M2
12　LD　X013	37　MOV	K5	86　OUT　M11
13　MOV	K1	D1	87　LD　M10
K3	D1	66　LD　X006	88　ANI　Y001
D0	42　LD　X002	67　MOV	89　OUT　Y000
18　LD　X014	43　MOV	K6	90　LD　M11
19　MOV	K2	D1	91　ANI　Y000
K4	D1	72　LD　X000	92　OUT　Y001
D0	48　LD　X003	73　MPS	93　END
24　LD　X015	49　MOV	74　CMP	

按启动按钮 SB1，信号系统启动，东西、南北两侧信号灯周期性地工作；按停止按钮 SB2，信号系统中止运行，所有信号灯熄灭。

方法二：用顺序功能图编程。根据交通信号灯控制的时序图 16-6 所示。画出交通信号灯控制的顺序功能图，如图 16-8 所示。

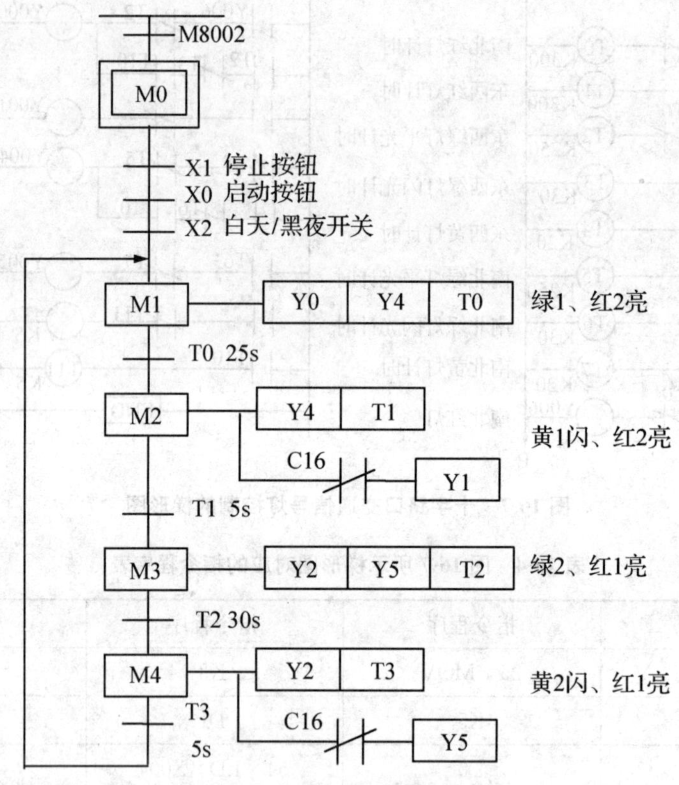

图 16-8　交通灯控制顺序功能图

当 PLC 进入 RUN 状态，M0 得电自锁。当白天/黑夜开关 S 断开，此时动断触点 X2 闭合，因此停止按钮是断开的，X1 动断触点闭合。此时按下启动按钮，动合触点 X0 闭合，因此状态由 M0 转到 M1，Y0、Y4 得电，红 2、绿 1 灯亮。延时 25 s 后，状态由 M1 转到 M2，红 2 亮、黄 1 闪(闪烁由图 16-8 中的 C16 实现)。又延时 5 s 后，状态由 M2 转到 M3，红 1、绿 2 灯亮。延时 30 s 后，状态由 M3 转到 M4，红 1 亮、黄 2 闪。再延时 5 s 后，状态由 M4 转回到 M0，执行下一循环。

当白天/黑夜开关 S 闭合时，只有黄灯的闪烁，问题是这样解决的：M8012(PLC 机内内部产生 100 ms 时钟脉冲的特殊辅助继电器)，其线圈由 PLC 自动驱动，即 PLC 通电后 M8002 保持 100 ms 的周期振荡，利用其动合触点驱动计数器线圈 C16，当 C16 累计到 10 个脉冲时(1 s 时间)，计数器 C16 动作，C16 动合触点驱动时间继电器 T4，T4 定时 1 s 后动作，T4 动合触点闭合将 C16 复位。其后周而复始，使 C16 线圈接通 1 s 后又断开 1 s，动断触点 C16 接到控制线圈 YI 和 Y4 回路，使 Y1 和 Y5 时而接通 1 s 时而断开 1 s，从而产生了在黑夜开关 S 闭合时黄灯闪烁的效果，其梯形图程序见图 16-9。

当按下停止按钮时，X1 闭合，其动断触点 X1 分别接到 Y0～Y5 的线圈回路，使 Y0～

Y5 断电，所有灯灭。同时使程序从 M0 后不再执行。

⑤运行与调试程序

将梯形图程序输入到计算机。

按图 16-5 所示连接 PLC 的输入与输出端，将 PLC 与计算机连接好。

对程序进行调试运行。将 S 闭合，按下启动按钮 SB1，观察 HL1～HL6 的指示状态。将 S 打开，按下启动按钮 SB1，观察 HL1～HL6 的指示状态。按下停止按钮，再观察 HL1～HL6 的指示状态。

调试运行记录。

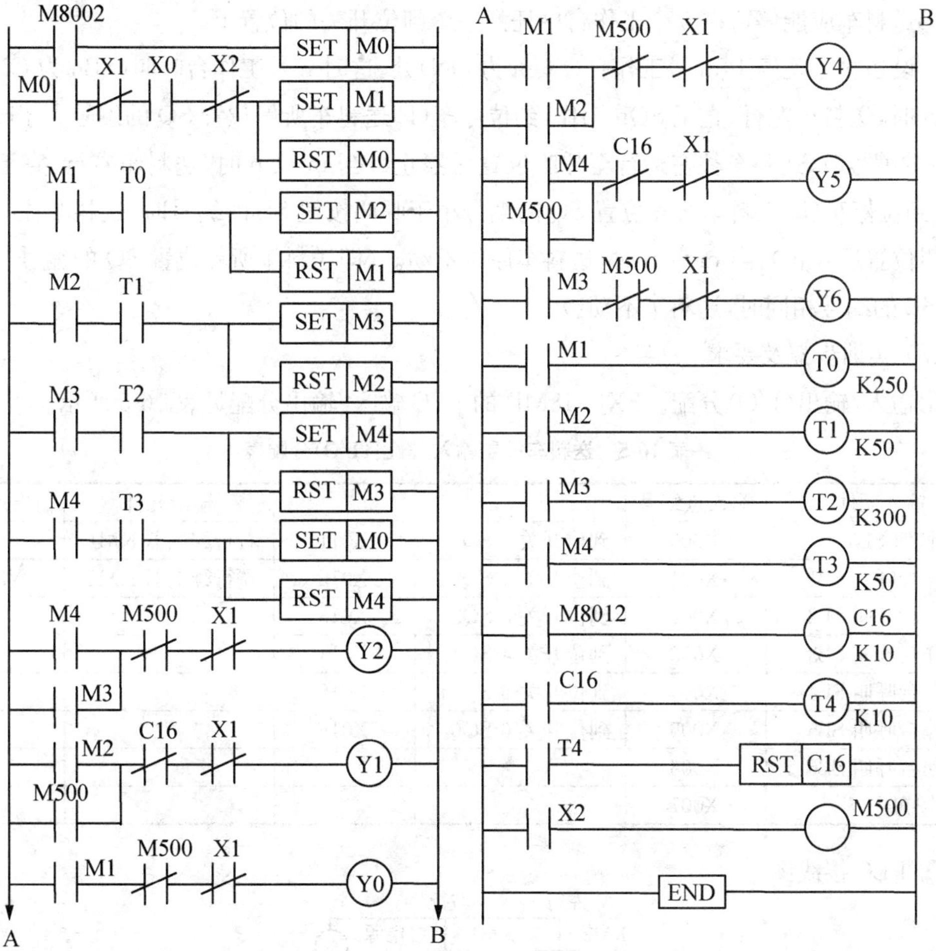

图 16-9　十字路口交通信号灯控制梯形图程序

2. 送料车控制训练

(1) 实训内容和控制要求

某车间有 6 个工作台，送料车往返于工作台之间送料，如图 16-10 所示。每个工作台设有一个到位开关(SQ)和一个呼叫按钮(SB)。具体控制要求如下：

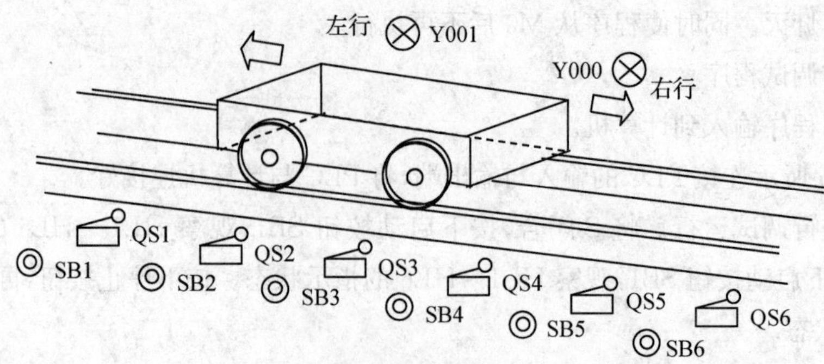

图 16-10　送料车控制实训模拟演示板

①送料车应能停留在 6 个工作台中任意一个到位开关的位置上。

②设送料车现停于 m 号工作台(SQm 为 ON)处，这时 n 号工作台呼叫(SBn 为 ON)，当 m ＞ n 时，送料车左行，直至 SQn 动作，到位停车(即送料车所停位置 SQ 的编号大于呼叫按钮 SB 的编号时，送料车往左运行至呼叫位置后停止)；当 m ＜ n 时，送料车右行，直至 SQn 动作，到位停车(即送料车所停位置 SQ 的编号小于呼叫按钮 SB 的编号时，送料车往右运行至呼叫位置后停止)；当 m ＝ n 时，送料车原位不动。(即送料车所停位置 SQ 的编号与呼叫按钮 SB 的编号相同时，送料车不动。)

(2) 实训步骤及要求

①输入/输出(I/O)分配。FX_{2N}-48MR 的 PLC 输入/输出分配见表 16-5 所示。

表 16-5　送料车控制输入/输出(I/O)分配表

输入元件	输入点编号			输出元件	输出点编号
启动按钮 SB0	X000	到位开关 1 SQ1	X011	右行继电器 KM1	Y000
1 工作台呼叫 SB1	X001	到位开关 2 SQ2	X012	左行继电器 KM2	Y001
2 工作台呼叫 SB2	X002	到位开关 3 SQ3	X013		
3 工作台呼叫 SB3	X003	到位开关 4 SQ4	X014		
4 工作台呼叫 SB4	X004	到位开关 5 SQ5	X015		
5 工作台呼叫 SB5	X005	到位开关 6 SQ6	X016		
6 工作台呼叫 SB6	X006				
停止按钮 SB7	X007				

② PLC 接线图

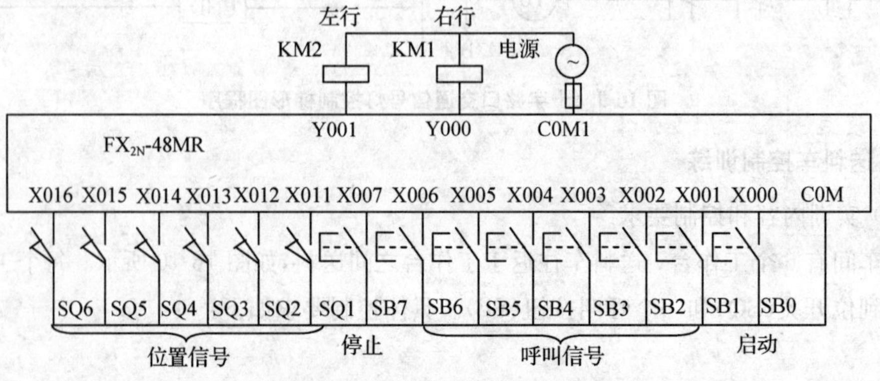

图 16-11　PLC(I/O)配置及接线图

(3) 程序设计

①用基本逻辑指令编程。用基本逻辑指令控制送料车的梯形图如图 16-12 所示。

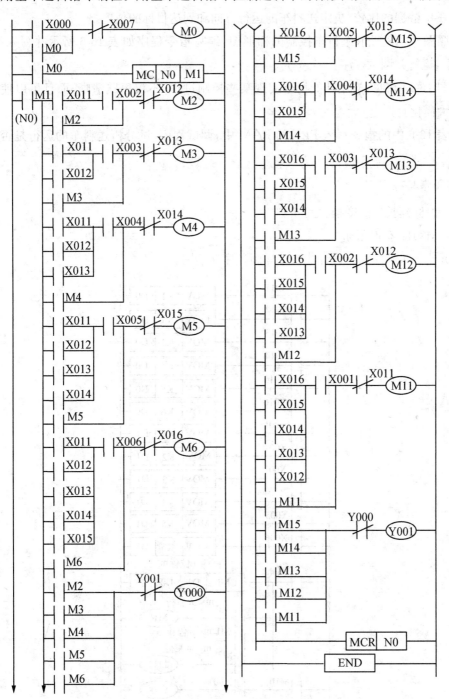

图 16-12　用基本逻辑指令实现送料车控制的梯形图

根据图 16-12 梯形图写出指令程序,写入 PLC 的 RAM 中,调试并运行程序,试分析送料车的运行是否符合控制要求。或自行设计送料车控制的梯形图,编写程序,并在机器上运行调试成功。

②用功能指令编程。用功能指令实现送料车控制的梯形图如图 16-13 所示。图中将送料车的当前位置送到数据寄存器 D0 中，将呼叫工作台号送到数据寄存器 D1 中，然后通过 D0 与 D1 中数据的比较，决定送料车的运行方向和到达目标的位置。

按照图 16-13 所示送料车控制的梯形图，编写指令程序如表 16-6 所示并写入 PLC 的 RAM 中，运行并调试程序。

由图 16-14 可见，应用功能指令实现某些控制过程，不仅思路清晰，而且可以使繁琐的程序大大简化。

将表 16-6 中的指令写入 PLC 的 RAM 中，调试程序，试分析送料车的运行是否符合控制要求。

3. **思考与练习**

(1) 怎样延长红灯变换时间？

(2) M8012 有何用途？

(3) 什么叫顺序控制设计法？怎样画顺序功能图？

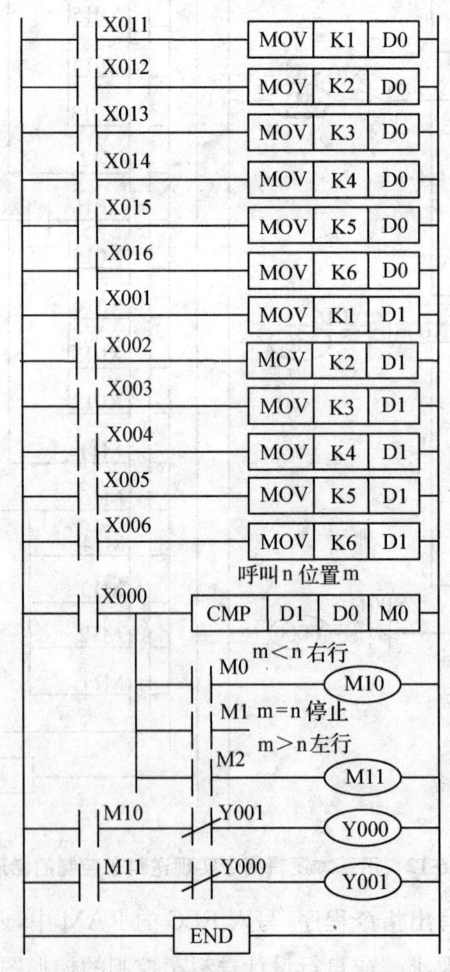

图 16-3　用功能指令实现送料车控制的梯形图

表 16-6　图 16-13 所示梯形图对应的指令程序表

指令程序	指令程序	指令程序	指令程序
0　LD　X011	25　MOV	K3	D1
1　MOV	K5	D1	D0
K1	D0	54　LD　X004	M0
D0	30　LD　X016	55　MOV	81　MRD
6　LD　X012	31　MOV	K4	82　AND　M0
7　MOV	K6	D1	83　OUT　M10
K2	D0	60　LD　X005	84　MPP
D0	36　LD　X001	61　MOV	85　AND　M2
12　LD　X013	37　MOV	K5	86　OUT　M11
13　MOV	K1	D1	87　LD　M10
K3	D1	66　LD　X006	88 ANI　Y001
D0	42　LD　X002	67　MOV	89 OUT　Y000
18　LD　X014	43　MOV	K6	90　LD　M11
19　MOV	K2	D1	91 ANI　Y000
K4	D1	72　LD　X000	92 OUT　Y001
D0	48　LD　X003	73　MPS	93　END
24　LD　X015	49　MOV	74　CMP	

16.5　任务考核

任务考核标准见表 16-7。

表 16-7　任务考核标准

考核项目	考核内容	配分	考核要求及评分标准	得分
工艺 程序输入	接线 布线工艺 程序写入	40 分	按电气原理图接线且正确 20 分 工艺符合标准 10 分 计数器和顺序控制程序写入正确 10 分	
系统程序设计 功能顺序控制	I/O 端子配置 程序编写 梯形图设计	20 分	I/O 端子配置合理 10 分 程序编写正确 5 分 梯形图设计能够实现控制要求 5 分	
基本指令控制 程序调试	程序编写 程序写入 程序调试及运行	20 分	基本指令控制程序调试 10 分 符合安全操作 5 分 运行符合预定要求 5 分	
实际总得分				

任务 17 机械手的顺序控制

17.1 任务目标

1. 掌握步进指令的编程方法。
2. 进一步掌握顺序控制设计的方法和技巧。
3. 掌握 IST 指令的使用。
4. 通过练习两种不同的编程方法，掌握最简单而有效的编制程序的方法。

17.2 实训设备

项目所需设备和元器件见表 17-1。

表 17-1 项目所需设备和元器件明细表

名称	型号或规格	数量	名称	型号或规格	数量
可编程控制器	FX_{1N}-40MR	1 台	限位开关	LX19-111	4 个
双线圈电磁阀	VF3230	2 只	转换开关	LW6-5	1 个
单线圈电磁阀	VF3130	1 只	熔断器	RC1A-30/15	1 只
按钮	LA10H-1H	9 个	连接导线		若干

17.3 相关知识

模块 1 步进指令

1. 步进指令

步进指令是专为顺序控制而设计的指令。在工业控制领域的许多控制过程都可用顺序控制的方式来实现，一个顺序控制过程可分为若干个阶段，也称为步或状态，每个状态都有不同的动作。使用步进指令实现顺序控制既方便实现又便于阅读修改。

FX_{2N}中有两条步进指令：STL 和 RET。STL 指令称为“步进接点”指令，其功能是将步进接点接到左母线；RET 指令称为“步进返回”指令，其功能是使临时左母线回到原来左母线的位置，具体如表 17-2 所示。

表 17-2　STL、RET 指令表

符号名称	功能	电路表示	操作元件	程序步
STL 步进接点	步进开始	(STL 接点电路图)	S	1 步
RET 步进返回	步进结束	RET	无	1 步

在 FX_{2N}系列 PLC 中共有 1000 个状态继电器(S0～S999)，其中：

初始状态继电器 10 个：S0～S9。

回零状态继电器 10 个：S10～S19。

一般状态继电器 480 个：S20～S499。

保持状态继电器 400 个：S500～S899。

报警状态继电器 100 个：S900～S999。

STL 和 RET 指令只有与状态器 S 配合才能具有步进功能，如 STL S200 表示 S200 状态的常开触点，称为 STL 触点，它没有常闭触点。

2. 状态转移图

顺序控制过程可分解为若干个不相同的状态，当相邻两状态之间的转换条件得到满足时，就将实现转换，即由上一个状态转换到下一个状态执行。我们常用状态转移图(功能表图)描述这种顺序控制过程。如图 17-1 所示，我们用每个状态器 S 记录一个状态，例如 STL S20 有效(为 ON)，则表示结束上一状态，进入状态 S20，执行本状态的工作(接通 Y0)，并判断进入下一状态的条件是否满足，一旦进入下一状态的条件 X1 为 ON，则关断状态 S20，进入下一状态 S21。RET 指令是用来复位 STL 指令的。执行 RET 后将重回母线，退出步进状态。

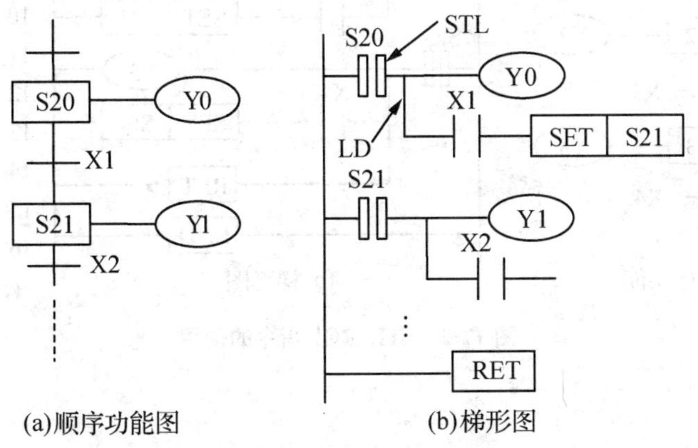

图 17-1　STL 指令的使用

3. 步进指令的使用说明

1) STL 触点是与左侧母线相连的常开触点,某 STL 触点接通,则对应的状态为活动步;

2) 与 STL 触点相连的触点应用 LD 或 LDI 指令,只有执行完 RET 后才返回左侧母线;

3) STL 触点可直接驱动或通过别的触点驱动 Y、M、S、T 等元件的线圈;

4)由于 PLC 只执行活动步对应的电路块,所以使用 STL 指令时允许双线圈输出(顺控程序在不同的步可多次驱动同一线圈);

5) STL 触点驱动的电路块中不能使用 MC 和 MCR 指令,但可以使用 CJ 指令;

6) 在中断程序和子程序内,不能使用 STL 指令。

4. 步进指令的编程技巧

运用步进指令编写顺序控制程序时,首先应确定整个控制系统的流程,然后将复杂的任务或过程分解成若干个工序(状态),最后弄清各工序成立的条件、工序转移的条件和转移的方向,这样就可画出顺序功能图。根据控制要求,采用 STL、RET 指令的步进顺序控制可以有多种方式。如图 17-2 所示是单流程顺序功能图。图中 M8002 是特殊辅助继电器,仅在运行开始时瞬间接通,产生初始脉冲。如图 17-3 所示是选择性分支与汇合状态转移方式。如图 17-4 所示是并行分支与汇合状态转移方式。

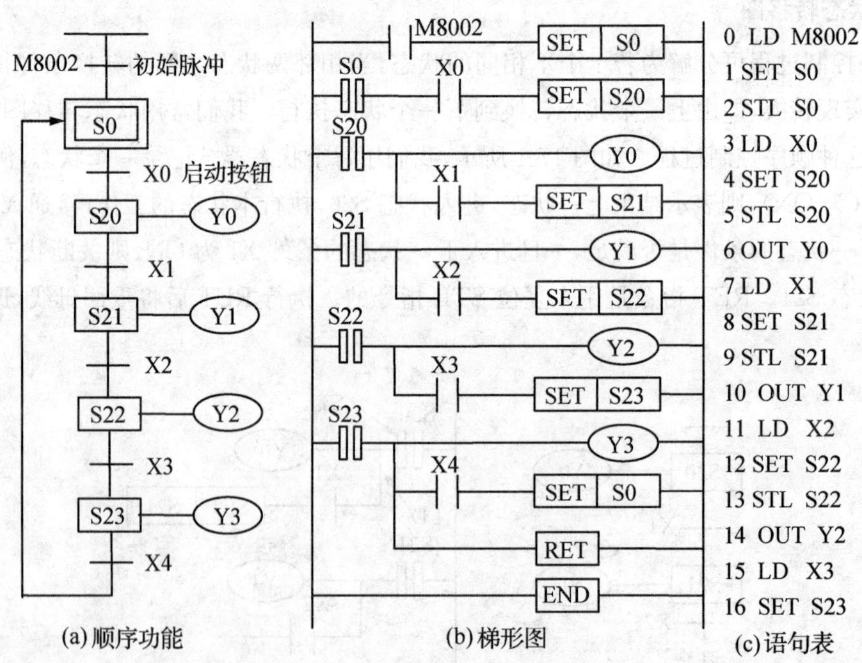

(a)顺序功能　　(b)梯形图　　(c)语句表

图 17-2　STL、RET 指令的使用

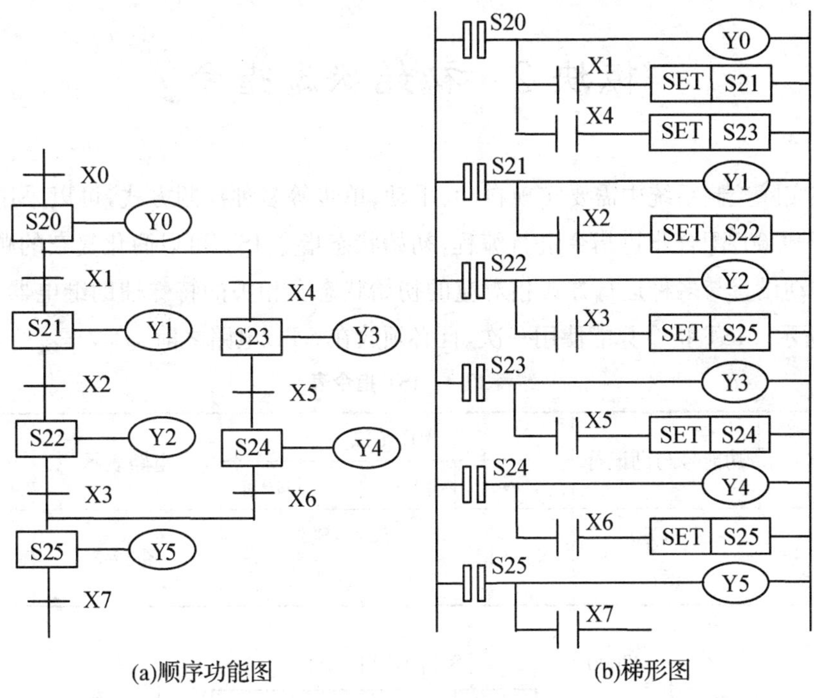

(a)顺序功能图　　(b)梯形图

图 17-3　可选择性分支与汇合状态

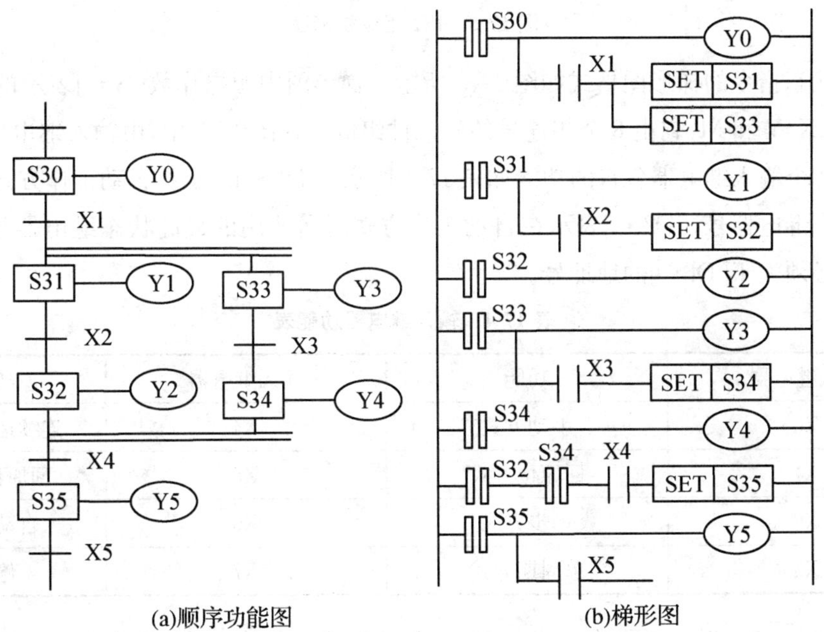

(a)顺序功能图　　(b)梯形图

图 17-4　并行分支与汇合状态

模块 2　初始状态指令

如果在实际控制系统中需要实现自动、手动、单步等多种控制方式，可以采用初始状态指令 IST(FNC60)配合步进指令进行编程，初始状态指令 IST 可以简化复杂的顺序控制程序。它能自动设置与多种运行方式相对应的初始状态和相关的特殊辅助继电器，其指令表如表 17-3 所示。IST 指令只能使用一次，且必须放在 STL 电路之前。

表 17-3　IST 指令表

指令名称	功能号与助记符	操作范围			电路表示	程序步
		[S·]	[D1·]	[D2·]		
脉冲输出指令	FNC60 IST	X、Y、M	S20～S899 [D1·]<[D2·]		图 17-5	7 步

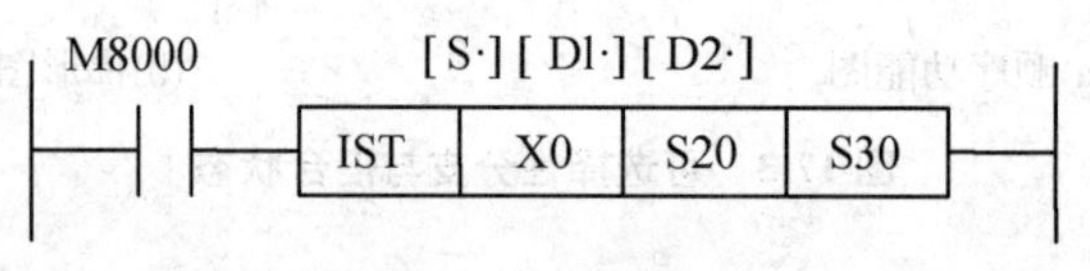

图 17-5　IST 指令梯形图

初始状态指令的梯形图格式如图 17-5 所示。梯形图中源操作数[S·]表示的是首地址号，可以取 X、Y 和 M，它由 8 个相连号的软元件组成。在图 17-5 中，由输入继电器 X0～X7 组成。这 8 个输入继电器各自的功能如表 17-4 所示。[D1·]表示在自动工作方式时所使用的最低状态继电器号，[D2·]表示在自动工作方式时所使用的最高状态继电器号，[D2·]的地址号必须大于[Dl·]的地址号。

表 17-4　输入继电器功能表

输入继电器	功能	输入继电器	功能
X0	手动方式	X4	连续运行方式
X1	回原位方式	X5	回原位启动
X2	单步方式	X6	自动启动
X3	单周期方式	X7	停止

注意：X0～X4 同时只能有一个接通，因此必须选用转换开关，以保证 5 个输入不同时为 ON。

IST 指令的执行条件满足时，初始状态继电器 S0～S2 被自动指定功能，S0 是手动操作的初始状态，Sl 是回原位方式的初始状态，S2 是自动运行的初始状态。与 IST 指令有关的特殊辅助继电器有 8 个，其功能如表 17-5 所示。根据 IST 指令自动设置的部分特殊辅助继电器的动作内容如图 17-6 所示，该梯形图不需要用户编制，只是等效相应特殊辅助继电器

的功能。M8000 是运行监视辅助继电器，在 PLC 运行时接通。

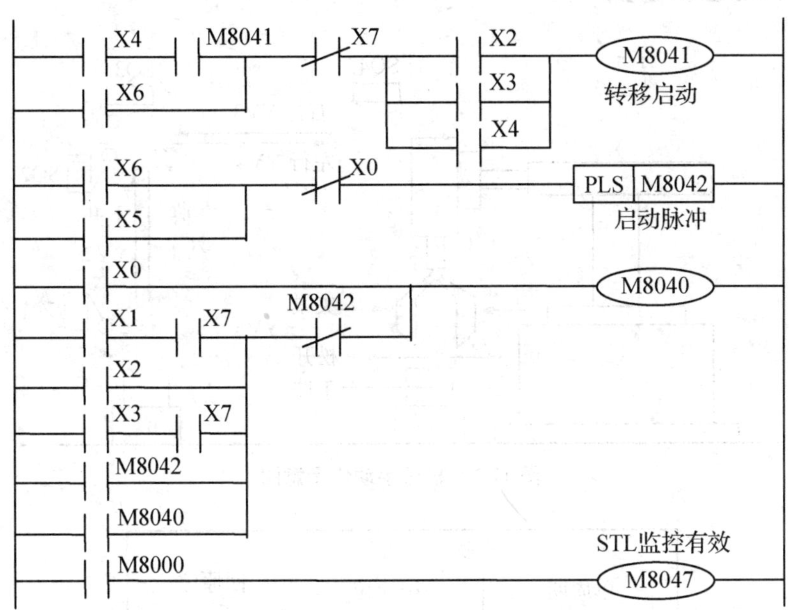

图 17-6　M8040～M8042、M8047 动作的等效梯形图

表 17-5　与 IST 指令有关的特殊辅助继电器及功能

序号	特殊辅助继电器	功能
1	M8040	为 ON 时，禁止状态转移；为 OFF 时，允许状态转移
2	M8041	为 ON 时，允许在自动工作方式下，从[D1·]所表示的最低位状态开始，进行状态转移；为 OFF 时，禁止从最低位状态开始进行状态转移
3	M8042	是脉冲继电器，与它串联的触点接通时，产生一个扫描周期的宽度的脉冲
4	M8043	为 ON 时，表示返回原位工作方式结束；为 OFF 时表示返回原位工作方式没有结束
5	M8044	表示原位的位置条件
6	M8045	为 ON 时，所有输出 Y 均不复位；为 OFF 时，所有输出 Y 允许复位
7	M8046	当 M8047 为 ON 时，只要状态继电器 S0～S999 中任何一个状态为 ON，M8046 就为 ON； 当 M8047 为 OFF 时，不论状态继电器 S0～S999 中有多少个状态为 ON，M8046 都为 OFF，且特殊数据寄存器 D8040～D8047 内的数据不变
8	M8047	为 ON 时，S0～S999 中正在动作的状态继电器号从最低号开始，按照顺序存入特殊数据寄存器 D8040～D8047，最多可存 8 个状态号，也称 STL 监控有效

17.4 实训内容和步骤

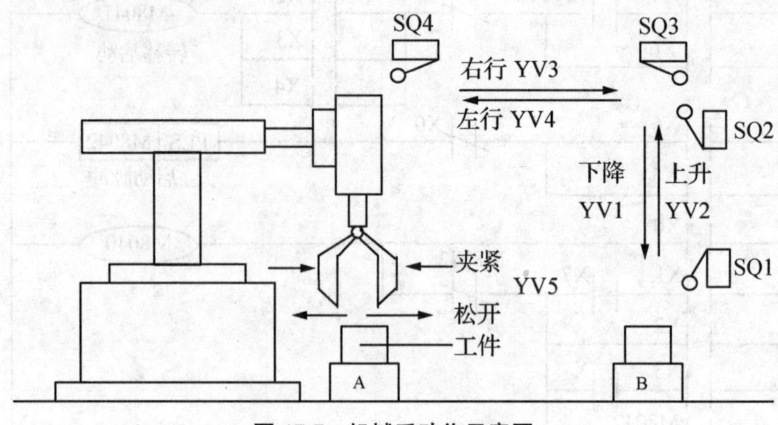

图 17-7 机械手动作示意图

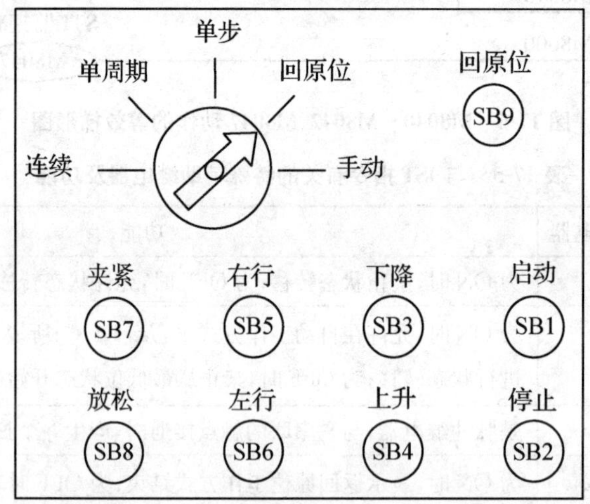

图 17-8 机械手操作面板示意图

1. 实训内容和控制要求

PLC 控制机械手传送工件运行模式如图 17-7 所示,其功能是将工件从 A 处传送到 B 处,在传送工件的过程中,机械手必须升到最高位置才能左右移动,以防止机械手在较低位置运行时碰到其他工件,具体过程为:按原点→下降→夹紧→上升→右行→下降→松开→上升→左行的顺序从左向右传送。位于原点的条件是:上限(X17=ON)、左限(X21=ON)及松开(Y4=OFF)成立。气动机械手的升降和左右移行分别使用了双线圈的电磁阀,在某方向的驱动线圈失电时能保持在原位,必须驱动反方向的线圈才能反向运动。上升、下降对应的电磁阀线圈分别是 YV2、YVl,右行、左行对应的电磁阀线圈分别是 YV3、YV4。机械手的夹钳使用单线圈电磁阀 YV5,线圈通电时夹紧工件,断电时松开工件。通过设置限位开关 SQl、SQ2、SQ3、SQ4 分别对机械手的下降、上升、右行、左行进行限位,而夹钳不带限位开关,它通过延时 1.7 s 来表示夹紧、松开动作的完成。其操作按钮如图 17-8 所示,本机械手的控制操作方式有下面五种:

(1) 手动:用单个按钮接通或切断各负载的模式;

(2) 回原点:按下回原点按钮时使机械手自动复归原点的模式;

(3) 单步运行:每次按启动按钮,前进一个工序;

(4) 单周期运行:在原点位置上按启动按钮时,进行一次循环的自动运行并在原点停止。途中按停止按钮,其工作停止,若再按启动按钮,在此继续动作至原点自动停止;

(5) 自动运行:在原点位置按启动按钮,开始连续运行。若按停止按钮,则运转至原点位置后停止。

在此任务中要求用基本指令配合步进指令和 IST 指令配合步进指令 2 种方法实现机械手的 5 种操作方式。

2. 实训步骤及要求

(1) 输入及输出点分配

根据机械手的工作过程及控制要求确定输入输出分配表如表 17-6 所示。

表 17-6　PLC 输入/输出点分配表

输入信号			输出信号		
名称	代号	输入点编号	名称	代号	输入点编号
手动挡	SA	X0	松开按钮	SB8	X15
回原位挡	SA	X1	下限位开关	SQ1	X16
单步挡	SA	X2	上限位开关	SQ2	X17
单周期挡	SA	X3	右限位开关	SQ3	X20
连续挡	SA	X4	左限位开关	SQ4	X21
回原位按钮	SB9	X5			
启动按钮	SB1	X6	输出信号		
停止按钮	SB2	X7	名称	代号	输出点编号
下降按钮	SB3	X10	下降电磁阀线圈	YV1	Y0
上升按钮	SB4	X11	上升电磁阀线圈	YV2	Y1
右行按钮	SB5	X12	右行电磁阀线圈	YV3	Y2
左行按钮	SB6	X13	左行电磁阀线圈	YV4	Y3
夹紧按钮	SB7	X14	松紧电磁阀线圈	YV5	Y4

(2) PLC 接线图

PLC 接线图如图 17-9 所示。

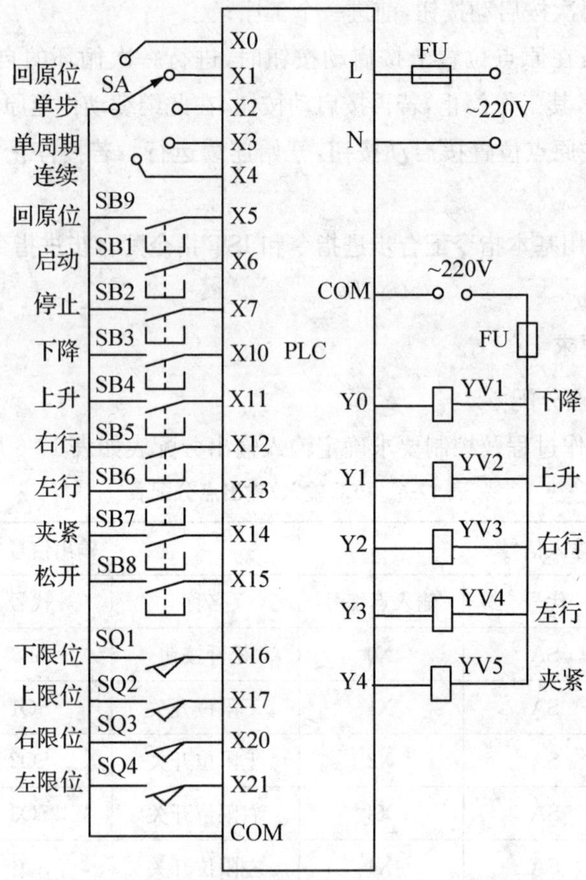

图 17-9　机械手控制系统 PLC 的 I/O 接线图

(3) 程序设计

方法一:基本指令配合步进指令的编程方法

运用步进指令编写机械手顺序控制的程序比用基本指令更容易、更直观。在机械手的控制系统中,手动和回原位工作方式用基本指令很容易实现,这里不重复,只介绍图 17-10 所示的顺序功能图,该图实现了机械手的自动连续运行。图中特殊辅助继电器 M8002 仅在运行开始时接通。S0 为初始状态,对应回原位的程序。在选定连续工作方式后,X4 为 ON,按下回原位按钮 X5,能保证机械手的初始状态在原位。当机械手在原位时,夹钳松开 Y4 为 OFF,上限位 X17、左限位 X21 都为 ON,这时按下启动按钮 X6,状态由 S0 转换到 S20,Y0 线圈得电,机械手下降。当机械手碰到下限位开关 X16 时,X16 变为 ON,状态由 S20 转换为 S21,Y0 线圈失电,机械手停止下降,Y4 被置位,夹钳开始夹持,定时器 T0 启动。经过 1.7 s 后,定时器的触头接通,状态由 S21 转换为 S22,机械手上升。系统如此一步一步按顺序运行。当机械手返回到原位时 X21 变为 ON,状态由 S27 转换为 S0,机械手自动进入新的一次运行过程。因此机械手能自动连续运行。从图 17-10 所示的顺序功能图中可以看出,

每一个状态继电器都对应机械手的一个工序，只要弄清工序之间的转换条件及转移方向就能很容易、很直观地画出顺序功能图。其对应的步进指令梯形图也很容易画出。

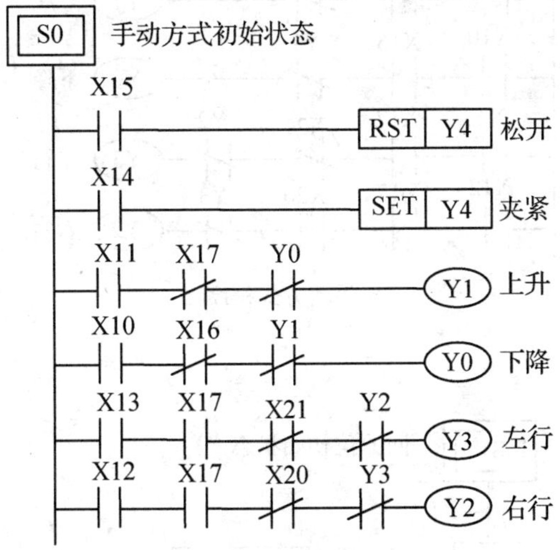

(b)手动方式程序

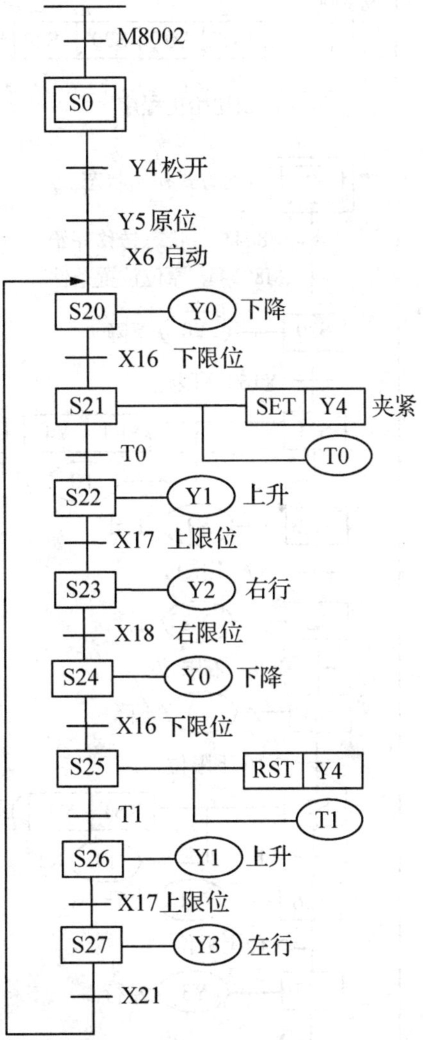

图 17-10　机械手自动连续运行的状态转移图

方法二：基本指令、初始状态指令和步进指令配合的编程方法

初始状态指令顺序控制的程序如图 17-11 所示。图 17-11(a)为初始化程序，它保证了机械手必须在原位才能进入自动工作方式。图 17-11(b)为手动方式程序，机械手的夹紧、放松及上下左右移行由相应的按钮完成。在图 17-11(c)回原位方式程序中，只需按下回原位按钮即可。图中除初始状态继电器外，其他状态继电器应使用回零状态继电器 S10～S19。图 17-11(d)为自动方式程序，M8041 和 M8044 都是在初始化程序中设定的，在程序运行中不再改变。

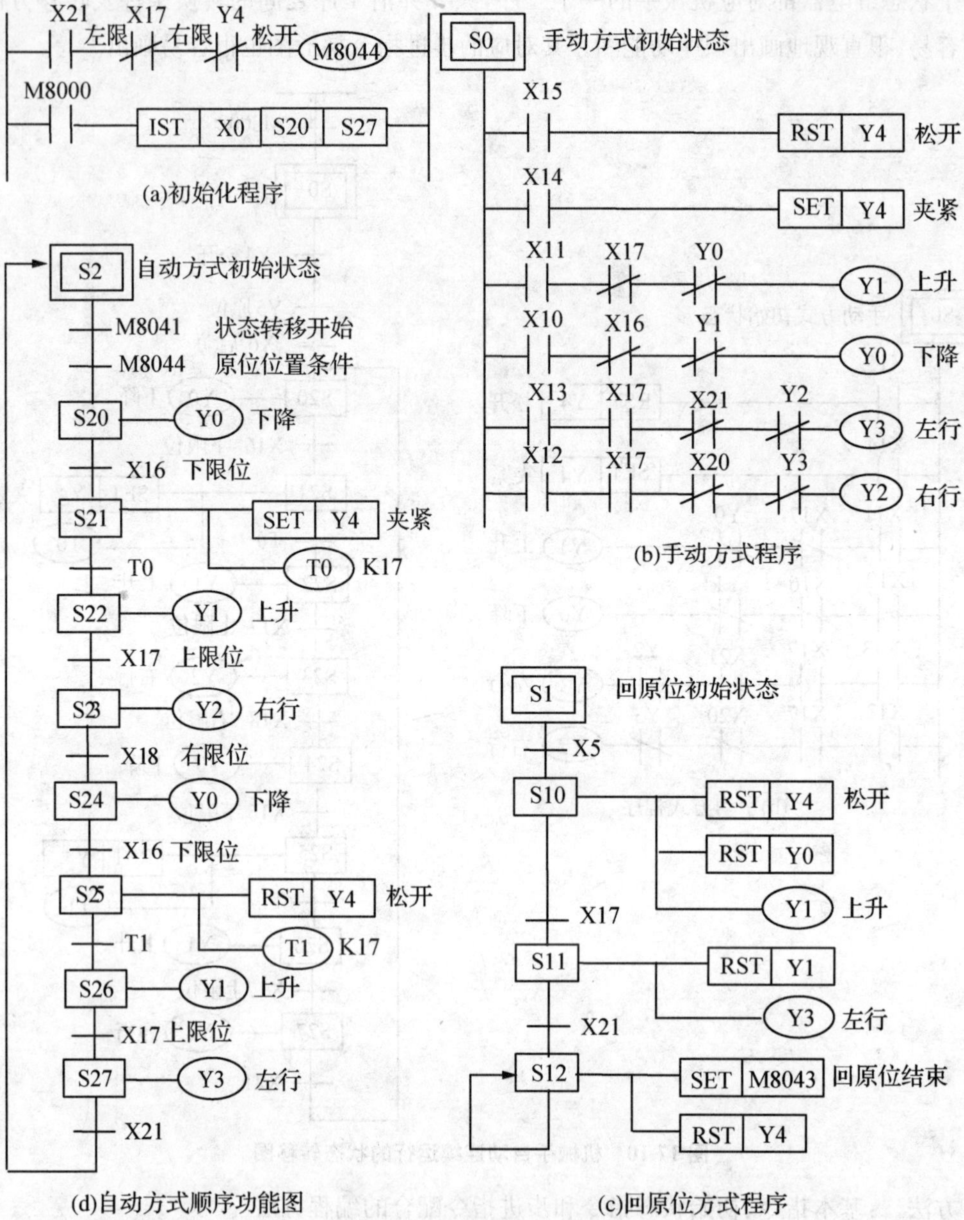

(a)初始化程序

(b)手动方式程序

(d)自动方式顺序功能图

(c)回原位方式程序

图 17-11　机械手的控制程序

用基本指令、IST 指令配合步进指令编程方法实现机械手的控制程序所对应的语句表程序如表 17-7 所示。

表 17-7 机械手的控制程序对应的语句表程序

指令程序	指令程序	指令程序	指令程序
0 LD X21	27 AND X17	53 STL S12	83 LD X18
1 AND X17	28 ANI X21	54 SET M8O43	84 SET S24
2 ANI Y4	29 ANI Y2	56 RST S12	86 STL S24
3 OUT M8044	30 OUT Y3	58 STL S2	87 OUT Y0
5 LD M8000	31 LD X12	59 LD M8041	88 LD X21
6 FNC 60	32 AND X17	60 AND M8044	89 SET S25
X0	33 ANI X20	61 SET S20	91 STL S25
S20	34 ANI Y3	63 STL S20	92 RST Y4
S27	35 OUT Y2	64 OUT Y0	93 OUT T1
13 STL S0	36 STL S1	65 LD X16	K17
14 LD X15	37 LD X5	66 SET S21	96 LD T1
15 RST Y4	38 SET S10	68 STL S21	97 SET S26
16 LD X14	40 STL S10	69 SET Y4	99 STL S26
17 SET Y4	41 RST Y4	70 OUT T0	100 OUT Y1
18 LD X11	42 RST Y0	K17	101 LD X17
19 ANI X17	43 OUT Y1	73 LD T0	102 SET S27
20 ANI Y0	44 LD X17	74 SET S22	104 STL S27
21 OUT Y1	45 SET S11	76 STL S22	105 OUT Y3
22 LD X10	47 STL S11	77 OUT Y1	106 LD X21
23 ANI X16	48 RST Y1	78 LD X17	107 OUT S2
24 ANI Y1	49 OUT Y3	79 SET S23	109 RET
25 OUT Y0	50 LD X21	81 STL S23	110 END
26 LD X13	51 SET S12	82 OUT Y2	

(4) 运行并调试程序

方法一的基本指令与步进指令控制程序运行与调试：

①将顺序功能图转换为梯形图输入到计算机。

②对程序进行调试运行。将转换开关 SA 旋至“连续”挡，先按回原位按钮，再按启动按钮，观察机械手是否连续运行。

③记录调试程序的结果。

方法二的基本指令、初始状态指令和步进指令顺序控制程序运行与调试：

①将控制程序输入到计算机。

②对程序进行调试运行与基本指令顺序控制程序的相同。

③记录调试程序的结果。

3. 思考与练习

简述运用步进指令设计顺序控制程序的步骤。

17.5 任务考核

任务考核标准见表 17-8。

表 17-8 任务考核标准

考核项目	考核内容	配分	考核要求及评分标准	得分
工艺 程序输入	接线 布线工艺	30 分	按电气原理图接线且正确 10 分 工艺符合标准 10 分 顺序控制程序写入正确 10 分	
系统程序设计 功能顺序控制	I/O 端子配置 梯形图设计 顺序功能图设计 IST 顺控程序设计 程序编写	50 分	I/O 端子配置合理 10 分 程序编写正确 15 分 梯形图设计能够实现控制要求 25 分	
调试与运行	程序调试及运行	20 分	符合安全操作 5 分 运行符合预定要求 15 分	
实际总得分				

任务 18 霓虹灯饰和数码管循环点亮的 PLC 控制

18.1 任务目标

1. 了解应用指令、数据传送指令、比较指令和加 1 指令、交替指令的应用。
2. 掌握条件跳转指令、移位寄存器指令和区间复位指令的理解和应用。
3. 学会用 PLC 解决实际问题的思路，进一步熟悉编程软件的使用方法。

18.2 实训设备

项目所需设备和元器件见表 18-1。

表 18-1 项目所需设备和元器件明细表

名称	型号或规格	数量	名称	型号或规格	数量
可编程控制器	FX_{1N}-40MR	1 台	启动按钮	LA10-3H	1 个
THPLC-C 型实验台	天塔之光	区域	停止按钮	LA10-3H	1 个
	LED 数码显示控制	区域	连接导线		若干

18.3 相关知识

模块 1 FX 系列可编程控制器功能指令概述

1. 功能指令表达形式

如图 18-1 所示。

(1) 指令助记符。FX 系列 PLC 用助记符表示功能指令，每条功能指令都有一个助记符。在图 18-1 中，“BMOV”和“MOV”为指令助记符，表示“数据块传送”和“数据传送”。每条功能指令都由功能编号指定，BMOV 的功能编号为 FNC15，MOV 的功能编号为 FNC12。

第 1 条指令 BMOV 处理的是 16 位指令数据。第 2 条指令 MOV 前面的“D”表示处理 32 位数据，这时相邻的两个数据寄存器组成数据寄存器对，图中指令表示将 D21、D20 中的数据传送至 D23、D22 中。

MOV 后面的“P”表示脉冲执行。即在 X1 由 OFF 变为 ON 时执行一次，若指令助记符后面没有“P”,则表示连续执行。

(2) 源操作数[S]。在可利用变址修改软元件编号的情况时,用带“·”符号的[S·]表示,有的应用指令无操作数,但多数应用指令有 1～4 个操作数,在图 18-1 中 BMOV 指令就有 3 个操作数,其中 D11 为源操作数。若源操作数不止 1 个时,可用[S1·]、[S2·]表示。

(3) 目标操作数[D]。在可利用变址修改软元件编号的情况时,用带“·”符号的[D·]表示,在图 18-1 中,D20 即为目标操作数。若目标操作数不止 1 个时,可用[Dl·]、[D2·]表示。

(4) 其他操作数 m、n。常用来表示常数或源操作数和目标操作数的补充说明。需要注释的项目较多时,可用 m1、m2 等表示。

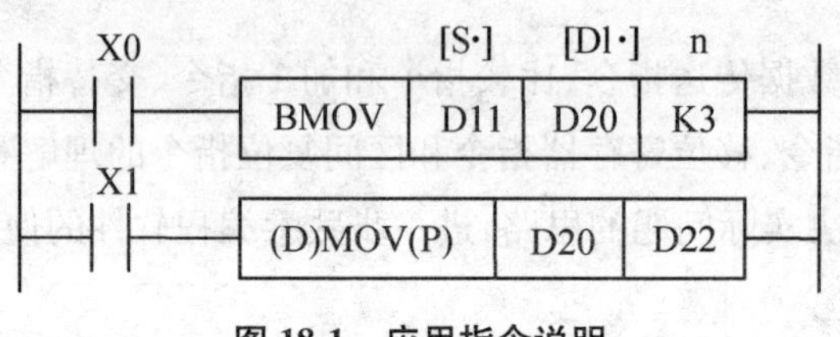

图 18-1 应用指令说明

2. 位元件

(1) 位元件和字元件。只处理 ON/OFF 状态的元件为位元件,如 X、Y、M、S。处理数据的元件为字元件,如 T、C、D 等。即使是位元件,通过组合也可以处理数值,由 Kn 加首元件号表示。

(2) 位元件的组合。以 4 个位元件为一个单位,记成“Kn 首元件号”形式,其中 n 是该元件组合的单位数。如 K4 表示 16 位数据操作,K8 表示 32 位数据操作,“K2M0”表示 M0～M7 组成的 8 位数据。

3. 变址寄存器 V、Z

在传送、比较指令中用来修改操作对象的元件号,在功能指令的说明中用 S 或 D 的后面加“·”表示可变址修饰的数。具体详见三菱 FX 系列 PLC 使用手册。

模块 2 几条功能指令

1. 条件跳转指令

条件跳转指令 CJ(Conditional Jump)。用于跳过顺序程序中的某一部分,以缩短运算周期、控制程序的流程。其指令的助记符为 CJ,指令代码是 FNC00,操作元件为 P0～P127,其程序步情况是,CJ 为 3 步、标号 P 为 1 步。

在图 18-2 中,当 X0 为 ON 时,则程序跳转到指针标号 P8 处,若 X0 为 OFF,则按顺序执行程序,不执行跳转。当 X0 为 ON 时,Y0、M0、S0 的状态不会随它们的驱动接点 X1、X2、

X3 的状态变化而变化。定时器和计数器如果被 CJ 指令跳过，跳步期间它们的当前值被冻结，如果在跳步开始时定时器和计数器正在工作，那么在跳步期间，它们将停止计时和计数，在 CJ 指令的条件变为不满足时继续工作。高速计数器的处理独立于主程序，其工作不受跳步影响。如果用 M8000 的动合触点驱动 CJ 指令，则条件跳转变为无条件跳转。

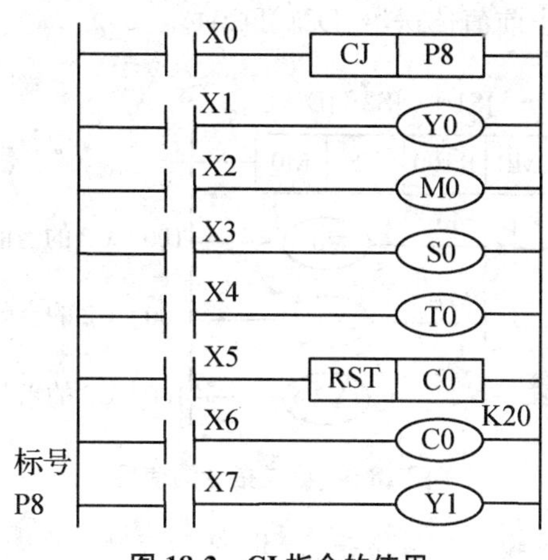

图 18-2　CJ 指令的使用

2. 数据传送指令

数据传送指令包括 MOV(传送)、SMOV(BCD 码移位传送)、CML(取反传送)、BMOV(数据块传送)、FMOV(多点传送)、XCH(数据交换)。这里主要介绍 MOV(传送)指令。

传送指令 MOV 将源操作数据传送到指定目标，其指令代码为 FNC12，源操作数[S·]可取所有的数据类型，即 K、H、KnX、KnY、KnM、KnS、T、C、D、V、Z，其目标操作数[D·]为 KnY、KnM、KnS、T、C、D、V、Z。

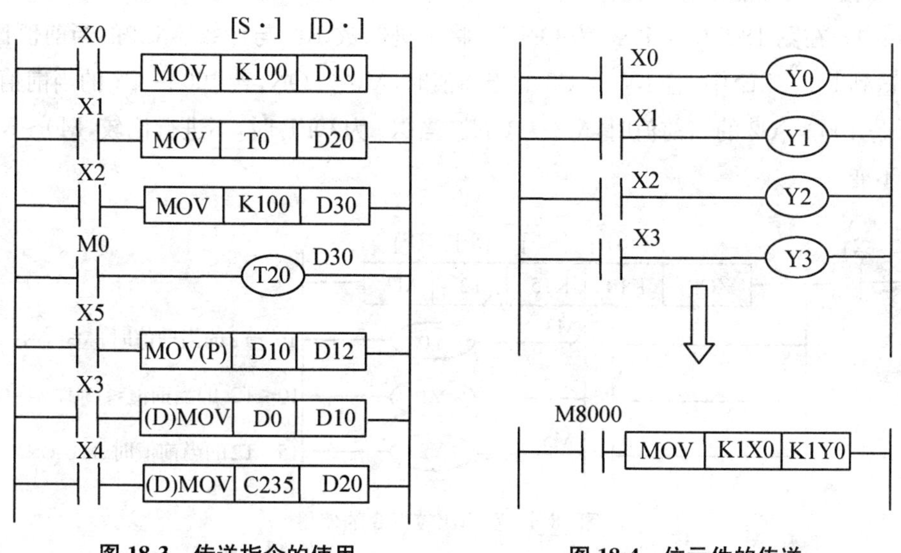

图 18-3　传送指令的使用　　图 18-4　位元件的传送

如图 18-3 所示，当 X0 为 ON 时，执行连续执行型指令，数据 100 被自动转换成二进制数且传送给 D10，当 X0 变为 OFF 时，不执行指令，但数据保持不变；当 X1 为 ON 时，T0 当前值被读出且传送给 D20；当 X2 为 ON 时，数据 100 传送给 D30，定时器 T20 的设定值被间接指定为 10 s，当 M0 闭合时，T20 开始计时；MOV(P)为脉冲执行型指令，当 X5 由 OFF 变为 ON 时指令执行一次，(D10)的数据传送给(D12)，其他时刻不执行，当 X5 变为 OFF 时，指令不执行，但数据也不会发生变化；X3 为 ON 时，(D1、D0)的数据传送给(D11、D10)，当 X4 为 ON 时，将(C235)的当前值传送给(D21、D20)。

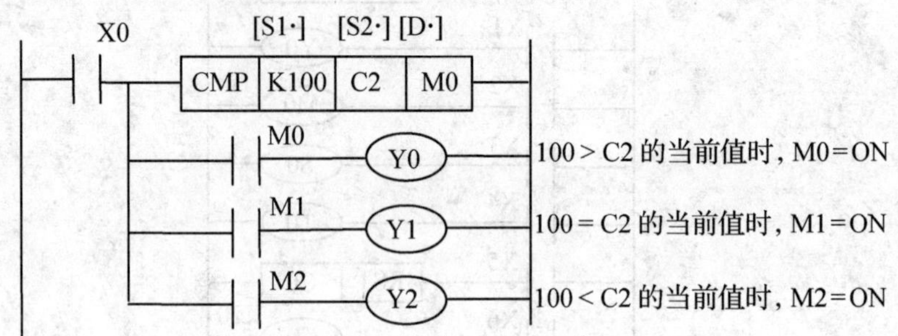

图 18-5　比较指令的使用

注意：运算结果以 32 位输出的应用指令、32 位二进制立即数及 32 位高速计数器当前值等数据的传送，必须使用(D)MOV 或(D)MOV(P)指令。

如图 24-4 所示，可用 MOV 指令等效实现由 X0～X3 对 Y0～Y3 的顺序控制。

3. 比较指令

比较指令有比较(CMP)、区域比较(ZCP)两种，CMP 的指令代码为 FNCl0，ZCP 的指令代码为 FNCl1，两者待比较的源操作数[S·]均为 K、H、KnX、KnY、KnM、KnS、T、C、D、V、Z，其目标操作数[D·]均为 Y、M、S。

CMP 指令的功能是将源操作数[S1·]和[S2·]的数据进行比较，结果送到目标操作元件[D·]中。在图 18-5 中，当 X0 为 ON 时，将十进制数 100 与计数器 C2 的当前值比较，比较结果送到 M0～M2 中，若 100 ＞ C2 的当前值时，M0 为 ON，若 100 ＝ C2 的当前值时，M1 为 ON，若 100 ＜ C2 的当前值时，M2 为 ON。当 X0 为 OFF 时，不进行比较，M0～M2 的状态保持不变。

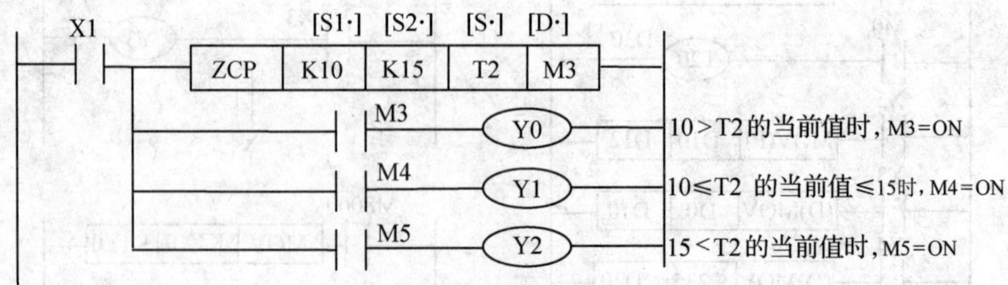

图 18-6　区间比较指令的使用

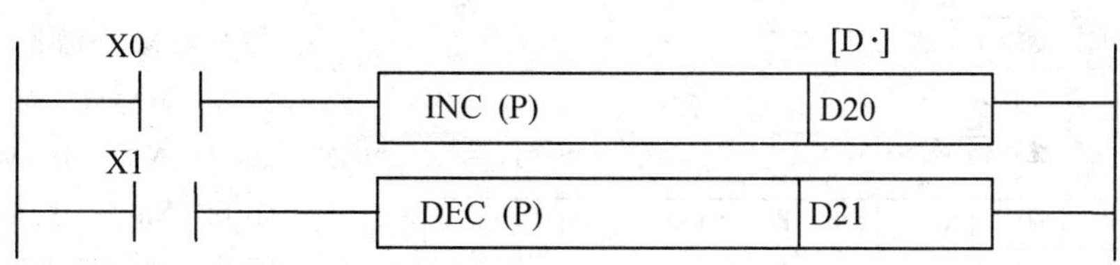

图 18-7　二进制加 1 减 1 运算

ZCP 指令的功能是将一个源操作数[S·]的数值与另两个源操作数[S1·]和[S2·]的数据进行比较，结果送到目标操作元件[D·]中，源数据[S1·]不能大于[S2·]。在图 18-6 中，当 X1 为 ON 时，执行 ZCP 指令，将 T2 的当前值与 10 和 15 比较，比较结果送到 M3～M5 中。若 10＞T2 的当前值时，M3 为 ON；若 10＜T2 的当前值≤15 时，M4 为 ON；若 15＜T2 的当前值时，M5 为 ON。当 X1 为 OFF 时，ZCP 指令不执行，M3～M5 的状态保持不变。

4. 加 1 指令和减 1 指令

加 1 指令 INC 和减 1 指令 DEC 的操作数均可取 KnY、KnM、KnS、T、C、D、V，它们不影响零标志、借位标志和进位标志。INC 的指令代码为 FNC24，DEC 的指令代码为 FNC25。INC 指令的功能是将指定的目标操作元件[D·]中二进制数自动加 1，DEC 指令的功能是将指定的目标操作元件[D·]中的二进制数自动减 1，如图 18-7 所示。当 X0 每次由 OFF 变为 ON 时，D20 中的数自动增加 1；当 X1 每次由 OFF 变为 ON 时，D21 中的数自动减 1。

若用连续执行型加 1 指令 INC 或连续执行型减 1 指令 DEC，当条件成立时，在每个扫描周期内指定的目标操作元件[D·]中数据要自动加 1 或自动减 1。16 位数据运算时，＋32767再加 1 就变为－32768，－32768 再减 1 就变为＋32767。32 位数据运算时，＋2147483647再加 1 就变为－2147483648，－247483648 再减 1 就变为＋2147483647。

5. 位元件左/右移位指令

移位寄存器指令包括 SFTR(位右移)、SFTL(位左移)、WSFR(字右移)、WSFL(字左移)、SF-WR(移位写入)、SFRD(移位读出)。这里主要介绍 SFTR(位右移)、SFTL(位左移)指令。

SFTR(位右移)指令，其指令代码为 FNC34。SFTL(位左移)指令，其指令代码为 FNC35。它们的源操作数和目标操作数均为 X、Y、M、S，操作元件 n1 指定目标操作元件[D·]的长度，操作元件 n2 指定移位位数和源操作元件[S·]的长度。n2 ≤ n1 ≤ 1024，其功能是对于 n1 位(移位寄存器的长度)的位元件进行 n2 位的右移或左移。指令执行的是 n2 位的移位。在图 18-8 中，当 X11 由 OFF 变为 ON 时，执行如图 18-9 所示的右移过程。在图 18-10中，当 X12 由 OFF 变为 ON 时，执行如图 18-11 所示的左移过程。

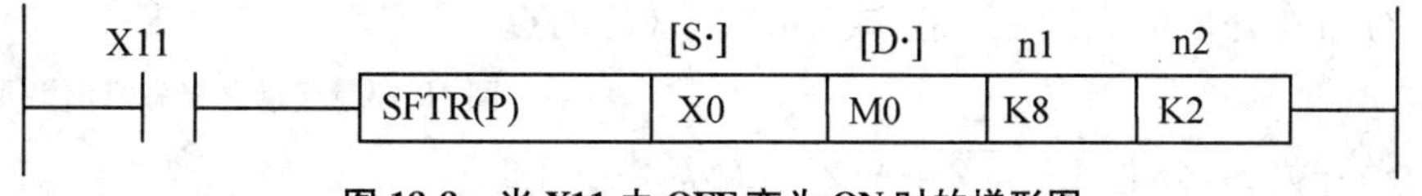

图 18-8　当 X11 由 OFF 变为 ON 时的梯形图

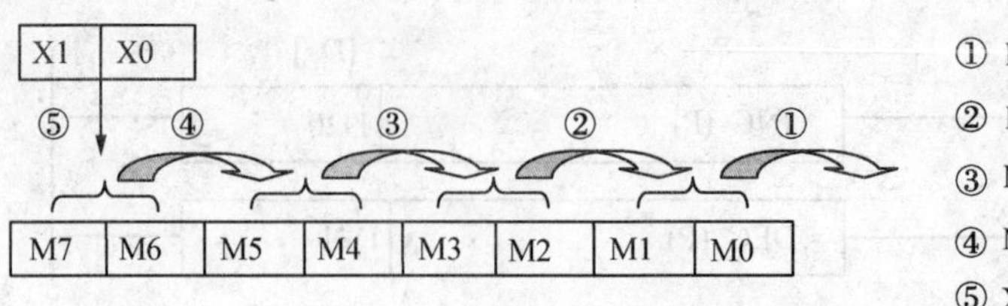

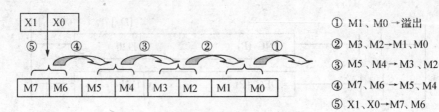

图 18-9　右移位过程示意图

6. 区间复位指令

区间复位指令 ZRST，指令代码为 FNC40，其功能是将[Dl・]、[D2・]指定的元件号范围内的同类元件成批复位，目标操作数可取 T、C、D 或 Y、M、S。[D1・]、[D2・]指定的元件应为同类元件，[Dl・]的元件号应小于[D2・]的元件号。若[Dl・]的元件号大于[D2・]的元件号，则只有[Dl・]指定的元件被复位。如图 18-12 所示，M8002 在 PLC 运行开始瞬间为 ON，M500～M599、C235～C255、S0～S127 均被复位。

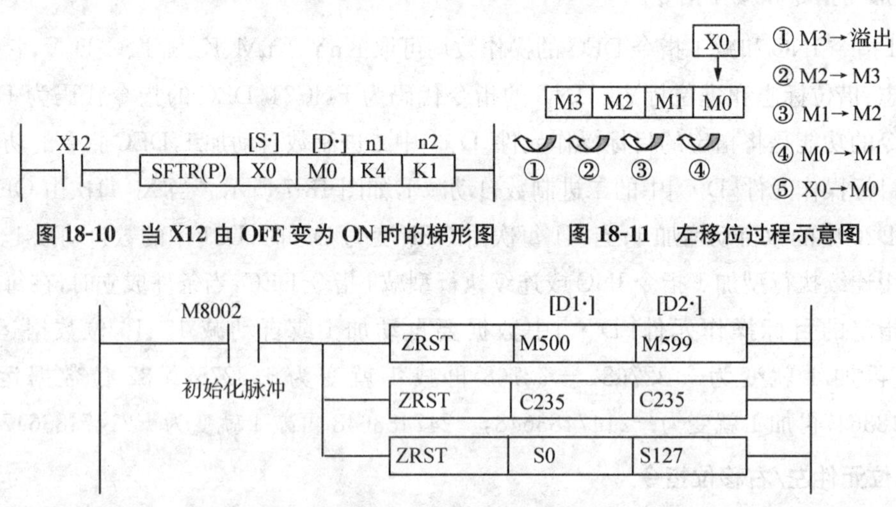

图 18-10　当 X12 由 OFF 变为 ON 时的梯形图　　**图 18-11　左移位过程示意图**

图 18-12　成批复位指令

18.4 实训内容和步骤

1. 天塔之光控制

(1) 实训内容和控制要求

本实训内容在天塔之光区域完成，如图 18-13 所示，图中 L1～L9 为九只彩灯，红灯 L1 在圆心位置，黄灯 L2～L5 呈环形均匀分布在中间小圆上，绿灯 L6～L9 也呈环形均匀分布在外面的大圆上。控制要求如下(灯的点亮顺序)：

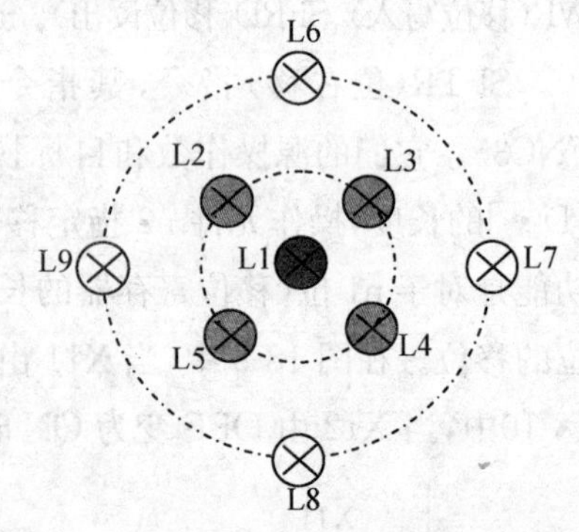

图 18-13　天塔之光彩灯造型平面布置图

将启动开关 S_D 合上，L1 亮 2 s→L2～L5 亮 2 s→L6～L9 亮 2 s→L2～L5 亮 2 s →L1 亮 2 s。然后按此顺序重复执行。按下停止开关 S_T，所有

灯灭。

(2) 实训步骤及要求

1) IO 分配如表 18-2 所示。

表 18-2　天塔之光输入和输出点分配表

输入信号			输出信号		
名称	代号	IO 编号	名称	代号	IO 编号
停止开关	S_T	X0	黄灯	L4	Y2
启动开关	S_D	X1	黄灯	L5	Y3
输出信号			绿灯	L6	Y4
名称	代号	IO 编号	绿灯	L7	Y5
红灯	L1	Y10	绿灯	L8	Y6
黄灯	L2	Y0	绿灯	L9	Y7
黄灯	L3	Y1			

2) PLC 接线图

按图 18-14 天塔之光输入和输出点将线接好。注意 COM1、COM2、COM3 相连接，因为都采用 24 V 直流电压供电。输入接启动开关 S_D 和停止开关 S_T。

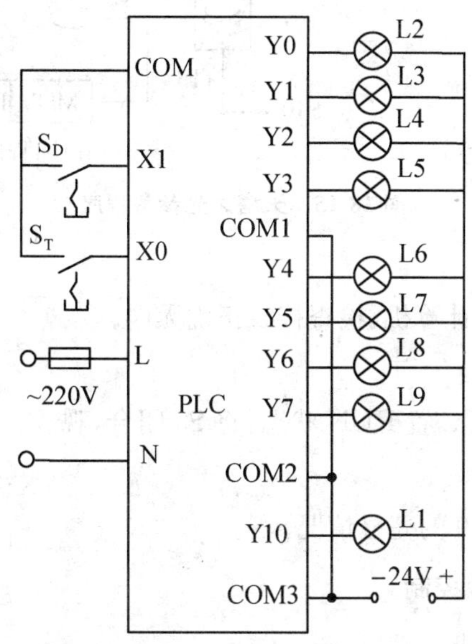

图 18-14　天塔之光 PLC 接线图

3) 程序设计。天塔之光参考程序如图 18-15 所示。参考程序采用 SFC 编程，该程序包含两个块，分别为块 0 和块 1。块 0 为梯形图块，主要完成初始化及按下停止开关 S_T 后的响应。块 1 为 SFC 块，它是程序的主体，完成灯的循环控制功能，共包含 S0、S10～S13 五个状态。S0 为初始态，它使用区域复位指令 ZRST 将所有灯的输出复位为 0。在 X1 按下后，即满足转移指令 LD X1 TRAN 后，状态转移到 S10。在 S10 状态中首先使用 T0 进行定时，然后使用传送功能指令 MOV 将第一个 2S 中 L1～L9 对应的输出进行设置(Y10 为 1,Y0～Y7 都为 0),即将十六进制数 H100 送到 Y0～Y13 中去。当 T0 定时 2 s 到后,满足 S10 到 S11 的转换条件,此时状态切换到 S11,S11～S13 状态的事务处理类似于 S10,因此不予赘述,留给读者自行分析。

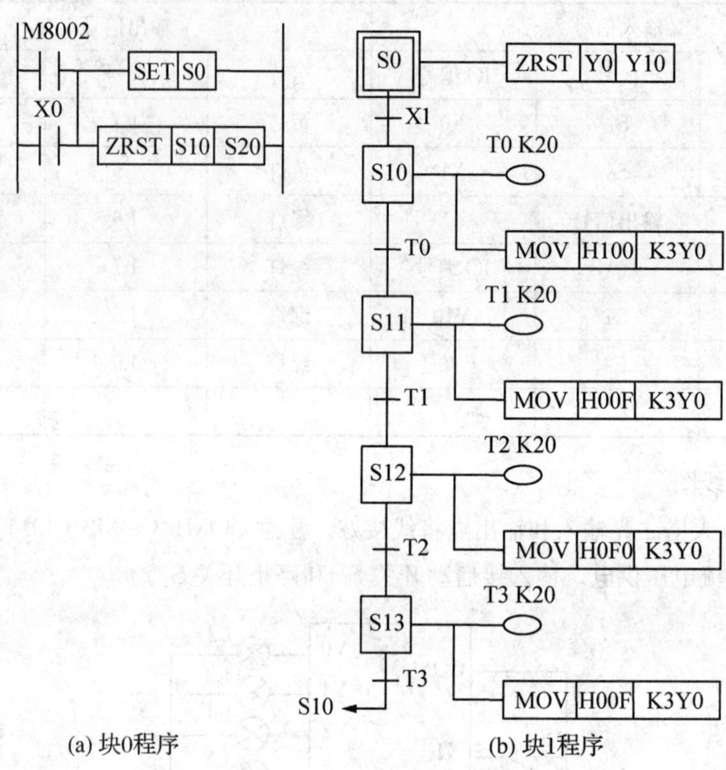

图 18-15　天塔之光参考程序

4) 运行与调试程序。

①将梯形图程序输入到计算机,检查接线正确无误。

②对程序进行调试运行。

接通 PLC 电源后,将 PLC 置 RUN 状态,将 S_D 闭合,观察 L1～L9 的亮显情况。

将 S_T 闭合,观察 L1～L9 的亮显情况。

2. LED 数码管循环计数控制

(1) 实训内容和控制要求

本实训内容在 LED 数码显示控制区域完成,如图 18-16 所示,图中一个数码管包含七个笔段和一个小数点,A～H 每一笔段都是由五个 LED 灯通过内部连接而成,控制时只需用一个输出端控制一个笔段的五个 LED 灯。控制要求如下:

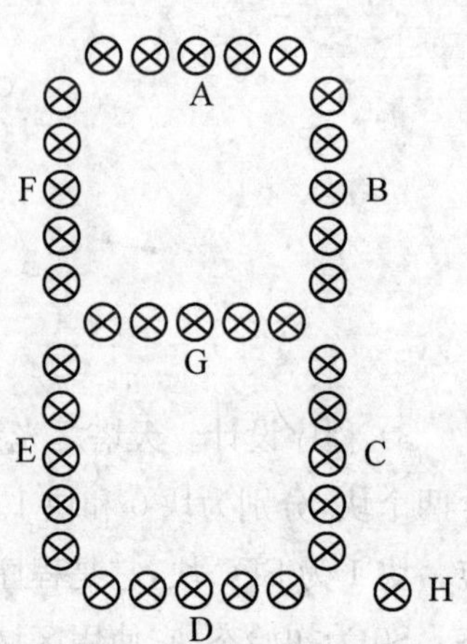

图 18-16　LED 数码管笔段布置图

将启动开关 S_D 合上,从 0 到 9 循环计数,间隔时间为

1 秒，即 0→1→2→3→4→5→6→7→8→8→0。然后按此顺序重复执行。按下停止开关 S_T，所有灯灭。

(2) 实训步骤及要求

1) IO 分配如表 18-3 所示。

表 18-3　天塔之光输入和输出点分配表

输入信号			输出信号		
名称	代号	IO 编号	名称	代号	IO 编号
停止开关	S_T	X0	笔段	C	Y2
启动开关	S_D	X1	笔段	D	Y3
输出信号			笔段	E	Y4
名称	代号	IO 编号	笔段	F	Y5
笔段	A	Y10	笔段	G	Y6
笔段	B	Y0	小数点	H	Y7

2) PLC 接线图。

按图 18-17 将 LED 数码管控制电路输入和输出点用线连好。注意 COM1、COM2 应相连，因为都采用 24 V 直流电压供电。输入接启动开关 S_D 和停止开关 S_T。

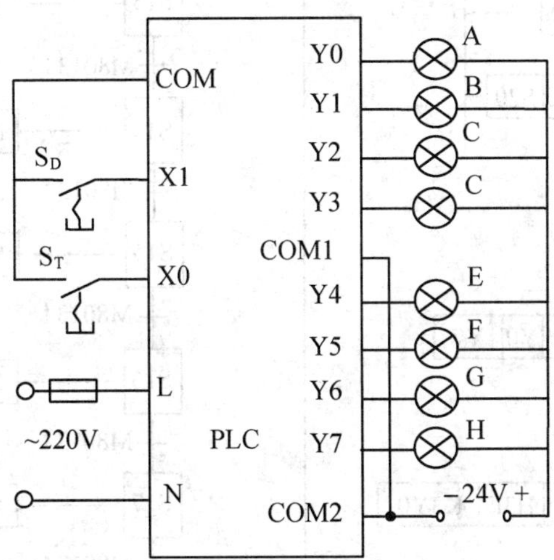

图 18-17　LED 数码管 PLC 接线图

3) 笔段编码。在数码管显示 0～9 某一数字的过程中，每一笔段都有一固定的输出状态 0 或 1，因此在程序设计前应找出此对应关系，这一过程称为编码。对应关系如表 18-4 所示。

表 18-4 LED 编码表

显示数字	输出值								编码值
	Y7(H)	Y6(G)	Y5(F)	Y4(E)	Y3(D)	Y2(C)	Y1(B)	Y0(A)	(16 进制)
0	0	0	1	1	1	1	1	1	H3F
1	0	0	0	0	0	1	1	0	H06
2	0	1	0	1	1	0	1	1	H5B
3	0	1	0	0	1	1	1	1	H4F
4	0	1	1	0	0	1	1	0	H66
5	0	1	1	0	1	1	0	1	H6D
6	0	1	1	1	1	1	0	1	H7D
7	0	0	1	0	0	1	1	1	H27
8	0	1	1	1	1	1	1	1	H7F
9	0	1	1	0	1	1	1	1	H6F

4）程序设计。LED 数码管循环计数参考程序如图 18-18 所示。参考程序采用 SFC 编程，该程序包含两个块，分别为块 0 和块 1。块 0 为梯形图块，主要完成初始化及按下停止开关 S_T

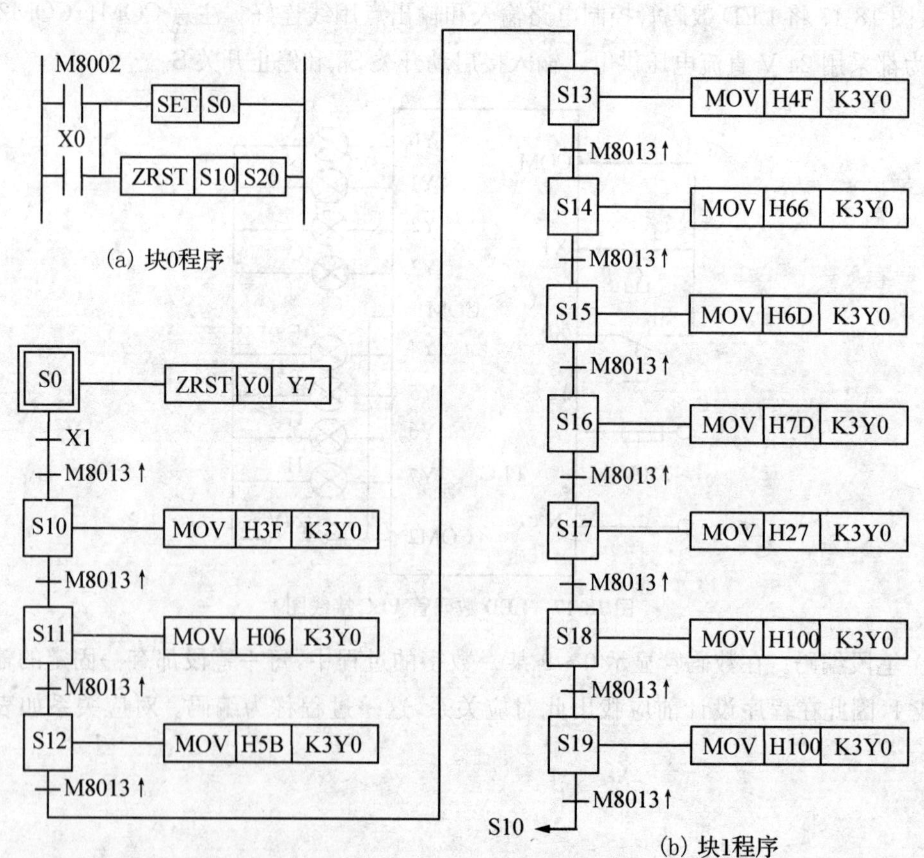

图 18-18 LED 数码管循环计数参考程序

后的响应。块 1 为 SFC 块，它是程序的主体，完成 LED 数码管子的循环计数功能，共包含 S0、S10～S19 共 11 个状态。S0 为初始态，它使用区域复位指令 ZRST 将所有灯的输出复位为 0。后面的 S10～S19 状态的状态转换可以参照天塔之光程序进行编写，但考虑到本案例中循环计数的时间间隔为 1 s。这里也可以妙用特殊功能继电器 M8013，以它为条件作状态的切换条件可以省去每一状态中定时器的设置。但是在 S0 切换到 S10 时考虑在 S10 中显示字符“0”的时间为 1 s，如果直接以 X1 常开点的闭合作为换步条件则不能满足要求。因此 S0 到 S10 的换步条件除上述 X1 常开点闭合外还应加上 M8001 的上升沿，转换程序为 LD X1 ANDP M8013 TRAN，即在启动自锁开关 S_D 拨到闭合位置，X1 常开点闭合，等到 1 s 特殊功能继电器 M8013 产生上升沿后，即满足转移指令状态转移到 S10。在 S10 状态中使用转送功能指令 MOV 将字符“0”对应编码 H3F 送到 Y0～Y7。当 M8013 的下一个上升沿到时，满足 S10 到 S11 的转换条件，此时状态切换到 S11，S11～S13状态的事务处理类似于 S10，因此不予赘述，留给读者自行分析。

5）运行与调试程序。

①将梯形图程序输入到计算机，检查接线正确无误。

②对程序进行调试运行。

接通 PLC 电源后，将 PLC 置 RUN 状态，将 S_D 闭合，观察 LED 数码管的亮显情况。

将 S_T 闭合，观察 LED 数码管的亮显情况。

3. 思考与练习

(1) 功能指令的表达形式是什么？

(2) 什么是区域复位指令，其作用是什么？

(3) 参照天塔之光的程序，编制计数时间间隔为 3 s 的 LED 数码管的循环计数程序。

18.5 任务考核

1. 整理实训操作结果，按标准写出实训报告。

2. 将天塔之光 SFC 程序改写成步进梯形程序，并进行验证。

任务考核标准见表 18-3。

表 18-3　任务考核标准

考核项目	考核内容	配分	考核要求及评分标准	得分
工艺 程序输入	接线 布线工艺	30 分	按电气原理图接线且正确 10 分 工艺符合标准 10 分 应用控制程序写入正确 10 分	
系统程序设计	I/O 端子配置 梯形图设计 程序编写	50 分	I/O 端子配置合理 10 分 程序编写正确 15 分 梯形图设计能够实现控制要求 25 分	
调试与运行	程序调试及运行	20 分	符合安全操作 5 分 运行符合预定要求 15 分	
实际总得分				

任务 19　三相步进电机的 PLC 控制

19.1　任务目标

1. 认识研究数据处理指令的功能，熟悉解码和编码指令。
2. 训练采用 PLC 技术控制三相步进电动机编程的思想和方法。
3. 掌握 PLC 的 I/O 配置，熟悉三相步进电动机的控制与运行。

19.2　实训设备

项目所需设备及元器件见表 19-1。

表 19-1　项目所需设备及元器件明细表

名称	型号或规格	数量	名称	型号或规格	数量
可编程控制器	FX_{1N}-40MR	1 台	启动开关	KN12	1 个
三相反应式步进电机	36BF02	1 块	停止开关	KN12	1 个
按钮（启动、停止）	LA19	2 个	钮子开关	KNX	6 个

19.3　相关知识

模块 1　解码和编码指令

1. 解码指令 DECO

解码指令 DECO(Decode)的指令格式为：FNC41 DECO [S·] [D·] n。

解码指令 DECO 的操作功能为：根据位的输入状态，解码后将 2n 个目标元件的指定位置 1，其余位置 0。

解码的规则与数字电路中的状态译码器（如 3/8 译码器等）相同。

图 19-1 为解码指令 DECO 的示例梯形图。

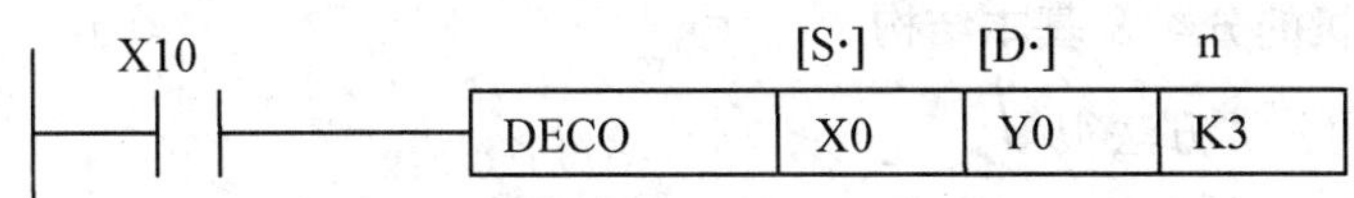

图 19-1　解码指令 DECO 的示例梯形图

在图 19-1 中，当 X10 为 ON 时，执行解码操作，K3 指定输入位数为 X2～X0，并根据其状态，解码后将 8 位(23)输出 Y7～Y0 的相应位置 1，其余位置 0。

若目标操作数是位元件时，要求源组件的位数 1≤n≤8。

若目标操作数是字元件时，由于 T、C、D 都是 16 位的，所以要求 1≤n≤4。

2. 编码指令 ENCO

编码指令 ENCO(Encode)的指令格式为：FNC42 ENCO [S・] [D・] n。

编码指令 ENCO 的操作功能为：根据 2^n 个输入位的状态进行编码，将结果存放到目标元件中。若指定的源元件中为 1 的位不止一个时，则只有最高位的 1 有效。

图 19-2 为解码指令 ENCO 的示例梯形图。

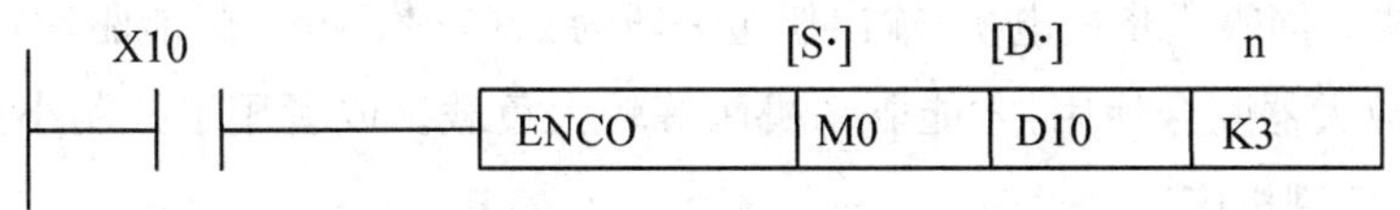

图 19-2　编码指令 ENCO 的示例梯形图

在图 19-2 中，当 X10 为 ON 时，执行编码操作，K3 指定源操作数为 M7～M0，共 8 位，编码后的结果存入 D10 中。

解码/编码指令使用时应注意以下几点：

(1) 指令的源操作数和目标操作数可以是位元件，也可以是字元件；

(2) 当 n=0 时，不处理；

(3) 当执行条件为 OFF 时，指令不执行。

模块 2　步进电动机

步进电动机伺服系统是典型的开环伺服系统。在这种开环伺服系统中，执行元件是步进电动机。步进电动机把进给脉冲转换为机械角位移，并由传动丝杠带动工作台移动。由于该系统为位置和速度检测环节，因此它的精度主要由步进电动机的步距角和与之相联系的丝杠等传动机构所决定。步进电动机的最高极限速度通常要比伺服电动机低，并且在低速时容易产生振动，影响加工精度。但步进电动机开环伺服系统的控制和结构简单，调整容易，在速度和精度要求不高的场合具有一定的使用价值。步进电动机细分技术的应用，使步进电动机开环伺服系统的定位精度明显提高；并且降低了低速振动，使其在中、低速场合的开环伺服系统中得到更广泛的应用。

1. 步进电动机的分类及基本结构

步进电动机的分类方法很多。

按力矩产生的原理分为反应式和励磁式。

(1) **反应式** 转子中无绕组,定子绕组励磁后产生反应力矩,使转子转动。这是我国主要发展的类型,已于上世纪 70 年代末形成完整的系列,有比较好的性能指标。反应式步进电动机有较高的力矩转动惯量比,步进频率较高,频率响应快,不通电时可以自由转动,具有结构简单、寿命长的特点。

(2) **励磁式** 电动机定子和转子均有励磁绕组,由它们之间的电磁力矩实现步进运动。

(3) **混合式(即永磁感应子式)** 它与反应式的主要区别是转子上置有磁钢。反应式电动机转子上无磁钢,输入能量全靠定子励磁电流供给,静态电流比永磁式大许多。永久感应子式具有步距角小,有较高的启动和运行频率,消耗功率小,效率高,不通电时有定位转矩,不能自由转动等特点,广泛应用于机床数控系统、打印机、软盘机、硬盘机和其他数控装置中。

按输出力矩大小可分为伺服式和功率式。

(1) **伺服式** 伺服式步进电机,输出扭矩一般为 0.07～4Nm。只能驱动较小的负载,一般与液压转矩放大器配合使用,才能驱动机床等较大负载。或者用于控制小型精密机床的工作台(例如线切割机床)。

(2) **功率式** 功率式步进电机,输出扭矩一般为 5～40Nm。可以直接驱动较大负载。

按励磁相数可分为三相、四相、五相、六相等。相数越多步距角越小,但结构越复杂。

按各相绕组分布型式分为径向式和轴向式。

(1) **径向式(单段式)** 径向式步进电机定子各相绕组按圆周依次排列。

(2) **轴向式(多段式)** 轴向式步进电机定子各相绕组按轴向依次排列。

2. 反应式步进电动机的工作原理

(1) 步进电动机的有关术语:

相数:电动机定子上有磁极,磁极对数称为相数。图 19-3(a)有 6 个磁极,则为三相,称该电动机为三相步进电动机。10 个磁极为五相,称该电动机为五相步进电动机。

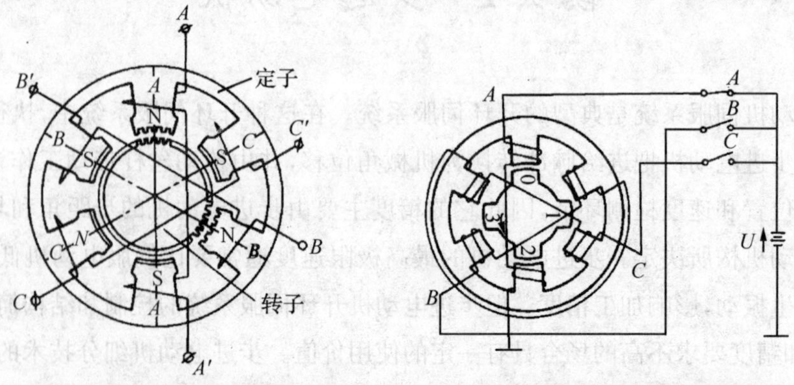

(a) 反应式步进电动结构原理　　(b) 步进电动机步进过程原理

图 19-3　反应式步进电动机结构与步进过程原理

拍数:电动机定子绕组每改变一次通电方式称为一拍。

步距角:转子经过一拍转过的空间角度用符号 α 表示。

齿距角:转子上齿距在空间的角度。如转子上有 N 个齿,齿距角 θ。

从图 19-3a 中可以看出,在定子上有六个大极,每个极上绕有绕组。每对对称的大极绕组形成一相控制绕组。这样形成 A、B、C 三相绕组。极间夹角为 60°。在每个大极上,面向转子的部分分布着多个小齿,这些小齿呈梳状排列,大小相同,间距相等。转子上均匀分布 40 个齿,大小和间距与大齿上相同。当某相(如 A 相)上的定子和转子上的小齿由于通电电磁力使之对齐时,另外两相(B 相,C 相)上的小齿分别向前或向后产生三分之一齿的错齿,这种错齿是实现步进旋转的根本原因。这时如果在 A 相断电的同时,另外某一相通电,则电动机的这个相由于电磁吸力的作用使之对齐,产生旋转。步进电动机每走一步,旋转的角度是错齿的角度。错齿的角度越小,所产生的步距角越小,步进精度越高,但步进电动机结构越复杂。现在步进电动机的步距角通常为 3°、1.8°、1.5°、0.9°、0.5°～0.09°等。

(2) 步进电动机的通电方式及步距角

由步进电动机的结构我们了解到,要使步进电动机能连续转动,必须按某种规律分别向各相通电。步进电动机的步进过程如图 19-3(b)所示。假设图中是一个三相反应式步进电动机,每个大极只有一个齿,转子有 4 个齿,分别称 0,1,2,3 齿。直流电源开关分别对 A、B、C 三相通电。整个步进循环过程,见表 19-2 。

表 19-2　步进电动机步进循环过程

通电相	对齐相	错齿相	转子转向
A 相(初始状态)	A 和 0、2	B、C 和 1、3	
B 相	B 和 1、3	A、C 和 0、2	逆转 1/2 齿
C 相	C 和 0、2	A、B 和 1、3	逆转 1 齿

①步进电动机的通电方式

步进电动机有单相轮流通电、双相轮流通电、单双相轮流通电几种通电方式。

三相单三拍。我们把对一相绕组一次通电的操作称为一拍,则对三相绕组 A、B、C 轮流通电三拍,才使转子转过一个齿,转一齿所需的拍数为工作拍数。对 A、B、C 三相轮流通电一次称为一个通电周期,步进电动机转动一个齿距。对于三相步进电动机,如果三拍转过一个齿,称为三相三拍工作方式。

由于按 $A \to B \to C \to A$ 相序顺序轮流通电,则磁场逆时针旋转,则转子也逆时针旋转,反之则顺时针转动。电压波形如图 19-4 所示。

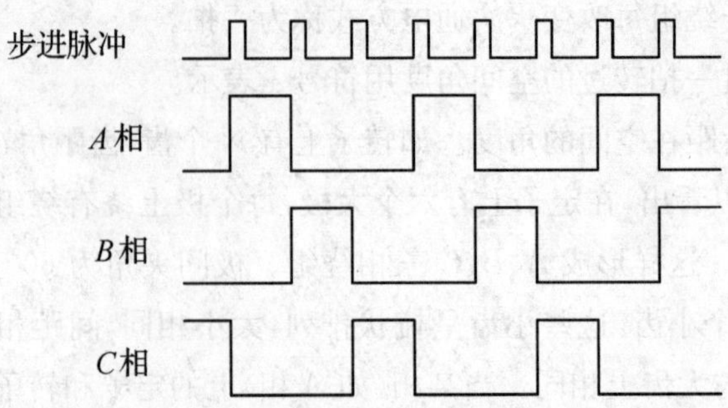

图 19-4　三相步进电动机单三拍工作电压波形图

这种通电方式只有一相通电，容易使转子在平衡位置上发生振荡，稳定性不好。而且在转换时，由于一相断电时，另一相刚开始通电，易失步(指不能严格地对应一个脉冲转一步)，因而不常采用这种通电方式。步距角系数 $c=1$。

双相双三拍。这种通电方式由于两相同时通电，其通电顺序为 $AB\to BC\to CA\to AB$，控制电流切换三次，磁场旋转一周，其电压波形如图 19-5 所示。双相双三拍转子受到的感应力矩大，静态误差小，定位精度高，而且转换时始终有一相通电，可以使工作稳定，不易失步。其步距角和单三拍相同，步距角系数 $c=1$。

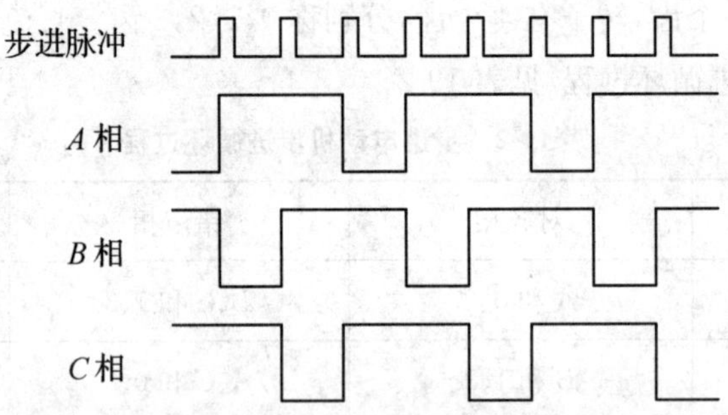

图 19-5　三相步进电动机双三拍工作电压波形图

三相六拍。如果我们把单三拍和双三拍的工作方式结合起来，就形成六拍工作方式，这时通电次序为：$A\to AB\to B\to BC\to C\to CA\to A$。在六拍工作方式中，控制电流切换六次，磁场旋转一周，转子转动一个齿距角。所以齿距角是单拍工作时的二分之一。每一相是连续三拍通电(如图 19-6 所示)，这时电流最大，且电磁转矩也最大。且由于通电状态数增加一倍，而使步距角减少一倍。步距角系数 $c=2$。

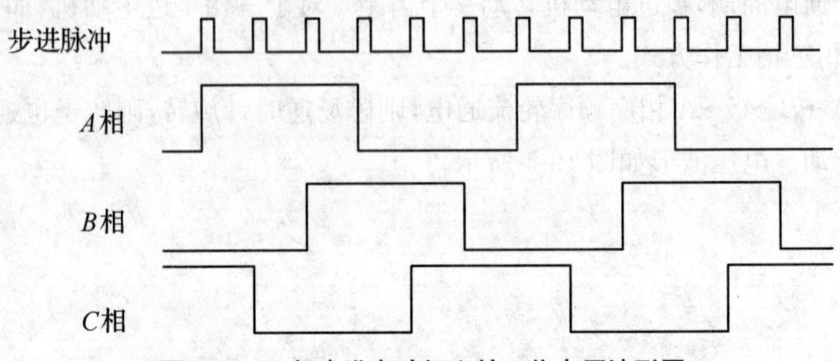

图 19-6　三相步进电动机六拍工作电压波形图

②步距角的计算

设步进电动机的转子齿数为 N，则它的齿距角为：

$$\theta_z = 2\pi/N \tag{20-1}$$

由于步进电动机运行 K 拍可使转子转动一个齿距角，所以每一拍的步距角可以表示为：

$$\theta_S = \theta_z \times K = 2\pi/N \times K = 360^\circ/N \times K \tag{20-2}$$

式中　K—步进电动机的工作拍数；

N—转子齿数。

$$\theta_S = \frac{360^\circ}{mzc}$$

式中　m—相数。

z—步进电动机转子齿数。

c—步距角系数。

如果按单相对于转子有 40 齿并且采用三拍工作的步进电动机，其步距角为：$\theta_S = 360^\circ/(N\times K) = 360^\circ/(40\times 3) = 3^\circ$；或 $\theta_S = 360^\circ/mzc = 360^\circ/(40\times 3\times 1) = 3^\circ$。

如果按单、双相通电方式运行，则三相步进电动机的转子齿数 $z=40$，步距角系数 $c=2$，其步距角为：$\theta_S = 360^\circ/mzc = 360^\circ/(40\times 3\times 2) = 1.5^\circ$。

19.4　实训内容和步骤

1. 用 DECO 等指令实现对步进电动机正、反转和调速控制

(1) 实训内容和控制要求

以三相六拍步进电动机为例，要求 PLC 产生脉冲列，作为步进电动机驱动电源功放电路的输入。脉冲正序列为：U→(U、V)→V→(V、W)→W→(W、U)；脉冲反序列为：(W、U)→W→(V、W)→V→(U、V)→U。

(2) 实训步骤及要求

1) 输入和输出点分配。对步进电动机正、反转和调速控制输入和输出点分配见表 19-3。

表 19-3　步进电动机正、反转和调速控制输入和输出点分配表

输入信号		输出信号	
名称	输入点编号	名称	输出点编号
启动开关 S1	X000	U 相功放电路 U	Y000
停止开关 S2	X001	V 相功放电路 V	Y001
启动按钮 SB1	X002	W 相功放电路 W	Y002
停止按钮 SB2	X003		

2）PLC 接线图

SB2
X002
X001
S1
Y002
Y001
Y000
COM3
W相
U相
FU
电源
L
N
~220V

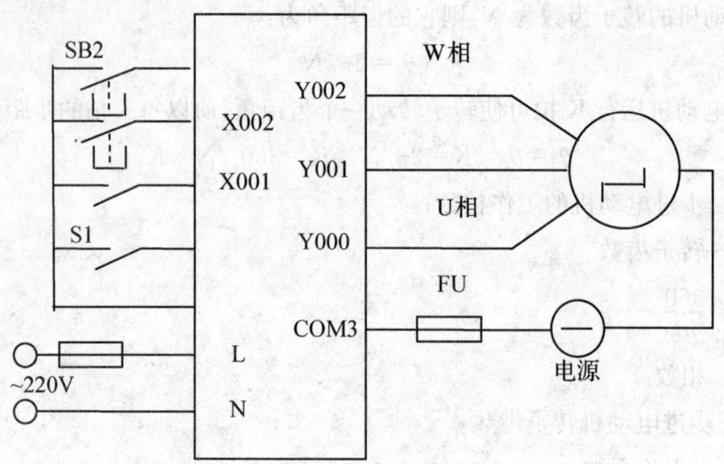

图 19-7　PLC/IO 配置接线图

3）程序设计

步进电动机正、反转和调速控制的梯形图如图 19-8 所示。

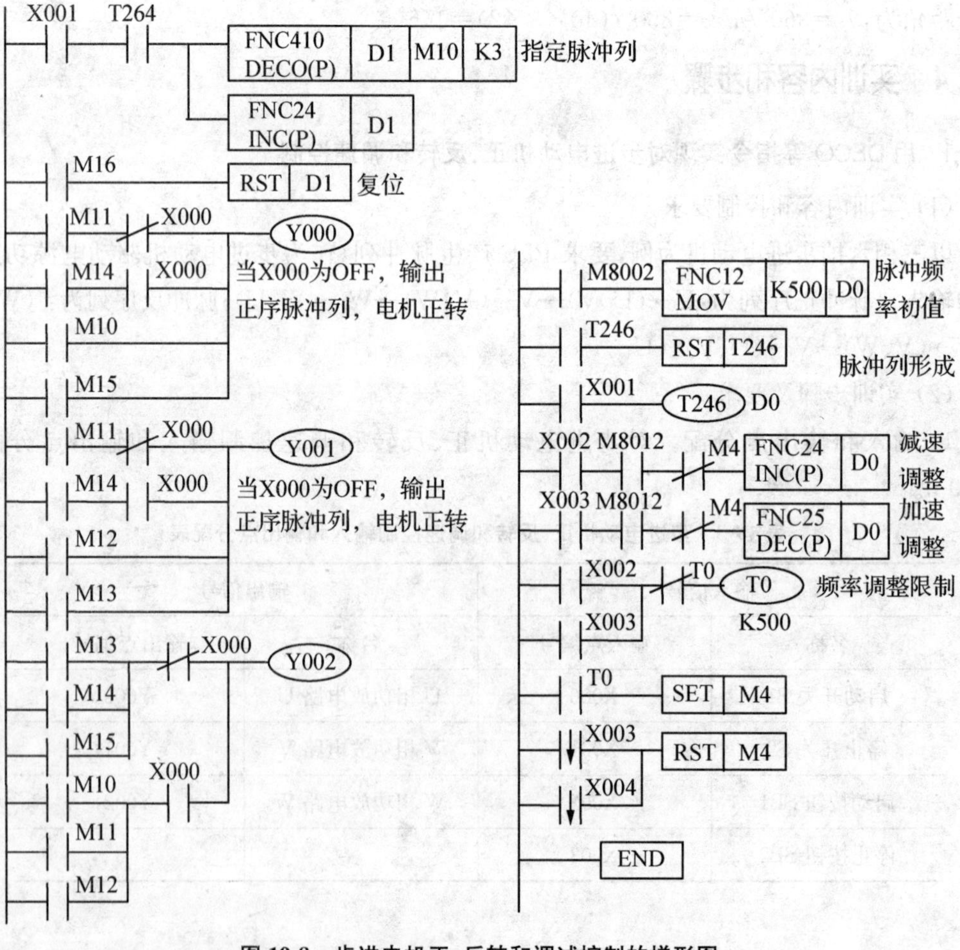

X001
T264
FNC410
DECO(P)
D1
M10
K3
指定脉冲列
FNC24
INC(P)
D1
M16
RST
D1
复位
M11
X000
Y000
M14
X000
当X000为OFF，输出
正序脉冲列，电机正转
M10
M15
M11
X000
Y001
M14
X000
当X000为OFF，输出
正序脉冲列，电机正转
M12
M13
M13
X000
Y002
M14
M15
M10
X000
M11
M12
M8002
FNC12
MOV
K500
D0
脉冲频
率初值
T246
RST
T246
脉冲列形成
X001
T246
D0
X002
M8012
M4
FNC24
INC(P)
D0
减速
调整
X003
M8012
M4
FNC25
DEC(P)
D0
加速
调整
X002
T0
T0
频率调整限制
X003
K500
T0
SET
M4
X003
RST
M4
X004
END

图 19-8　步进电机正、反转和调试控制的梯形图

程序中采用的积算定时器 T246 为脉冲发生器，设定值为 K2～K500，定时为 2～500 ms，则步进电机可获得(2～500)步/秒的变速范围。X000 为正反转切换开关(X000 为 OFF 时，正转；X000 为 ON 时，反转)。

X000 为 OFF 输出正脉冲序列，步进电机正转。X001 为 ON 时，T246 以 D0 值为预置值开始计时。时间到，T246 导通，执行 DECO 指令，根据 D1 数值(首次为 0)，指定 M10 输出，Y000 为 ON，步进电机 U 相通电；D1 加 1，然后，T246 马上自行复位，重新计时。时间到，T246 又导通，再执行 DECO 指令，根据 D1 数值(此次为 1)，指定 M11 输出，Y000、Y001 为 ON，步进电机 U、V 相通电；D1 再加 1，然后，T246 马上又自行复位，重新计时。时间到，T246 又导通，再执行 DECO 指令，根据 D1 数值(此次为 2)，指定 M12 输出，Y001 为 ON，步进电机 V 相通电……依此类推，完成正脉冲列输出要求。当 M16 为 ON，马上复位 D1，重新开始新一轮脉冲系列的产生。

X000 为 ON 输出反脉冲序列，步进电机反转。当 X001 为 ON 时，T246 以 D0 值为预置值开始计时。时间到，T246 导通，执行 DECO 指令，根据 D1 数值(首次为 0)，指定 M10 输出，Y000、Y002 为 ON，步进电机 W、U 相通电；D1 加 1……依此类推，完成反脉冲列的输出，当 M16 为 ON，马上又复位 D1，重新开始新一轮脉冲系列的产生。

在上述梯形图中，DECO 指令起着指定输出的功能。

4) 运行与调试程序

PLC 的输出信号如能作为步进电机的功放输入信号则最佳，如不能或没有步进电机，则可考虑用三个指示灯代替，将脉冲频率调低一点，通过观察亮灯次序和灯闪烁的频率来确定程序正确与否。

运行程序，观察输出信号的频率和变化的顺序，分析其动作是否与控制要求一致。

调速时，按 X003(减速)或 X004(增速)按钮，观察 D0 的变化，当变化值为所需速度值时释放。如动作情况与控制要求一致，表明程序正确，保存程序。如发现程序运行与控制要求不符，应仔细分析，找出原因，重新修改，直到程序运行与控制要求相符为止。

2. 用基本逻辑指令和常用指令实现对步进电动机正、反转和调速控制

(1) 实训内容和控制要求

能对三相步进电动机的转速控制；可实现对三相步进电动机的正、反转控制；能对三相步进电动机的步数进行控制。

(2) 实训步骤及要求

1) 输入和输出点分配。对步进电动机正、反转和调速、步数控制输入和输出点分配见表 19-4。

2) PLC 接线图。三相步进电动机的转速控制，分慢速、中速和快速三挡，分别通过开关 S1 、S2 和 S3 选择；正、反转控制由开关 S4 选择(X004 为 ON，正转；X004 为 OFF，反转)；步数控制分单步、10 步和 100 步三挡，分别通过按钮 SB1、开关 S6 和 S7 开关选择；停止用按钮 SB2 控制。

表 19-4　步进电动机正、反转和调速、步数控制输入和输出点分配表

输入信号			100 步开关	S7	X007
名称	代号	输入点编号	暂停开关	S8	X010
启动开关	S0	X000	停止按钮	SB2	X011
慢速开关	S1	X001	输出信号		
中速开关	S2	X002			
快速开关	S3	X003	名称	代号	输出点编号
正/反转	S4	X004	U 相功放电路	U	Y000
单步按钮	SB1	X005	V 相功放电路	V	Y001
10 步开关	S6	X006	W 相功放电路	W	Y002

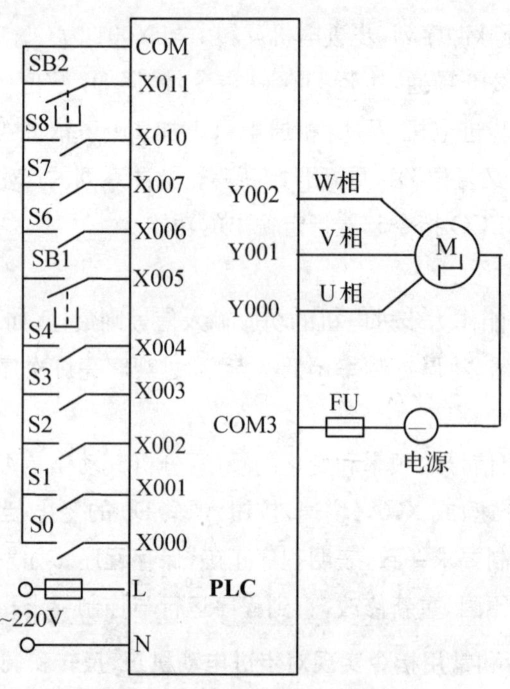

图 19-9　PLC I/O 配置及接线图

3）程序设计。三相步进电动机控制程序设计的梯形图如图 19-10 所示。

①转速控制。由脉冲发生器产生不同周期 T 的控制脉冲，通过脉冲控制器的选择，再通过三相六拍环形分配器使三个输出继电器 Y000、Y001 和 Y002 按照单双六拍的通电方式接通，其接通顺序为：

$$Y000 \xrightarrow{T} Y000、Y001 \xrightarrow{T} Y001 \xrightarrow{T} Y001、Y002 \xrightarrow{T} Y002 \xrightarrow{T} Y001、Y002$$

该过程对应于三相步进电动机的通电顺序是：

$$U \xrightarrow{T} U、V \xrightarrow{T} V \xrightarrow{T} V、W \xrightarrow{T} W \xrightarrow{T} W、U$$

选择不同的脉冲周期 T，以获得不同频率的控制脉冲，从而实现对步进电动机的调速。

②正、反转控制。通过正、反转驱动环节(调换相序),改变 Y000、Y001 和 Y002 接通的顺序,以实现步进电动机的正、反转控制。即

正转:

Y000⟶Y000、Y001⟶Y001⟶Y001、Y002⟶Y002⟶Y001、Y002

反转:

Y001⟶Y001、Y000⟶Y000⟶Y000、Y002⟶Y002⟶Y002、Y001

③步数控制。通过脉冲计数器,控制六拍时序脉冲数,以实现对步进电动机步数的控制。

4) 运行与调试程序。将图 19-10 的梯形图编写对应的指令程序,如表 19-5 所示。并将其写入 PLC 的 RAM,运行调试程序。

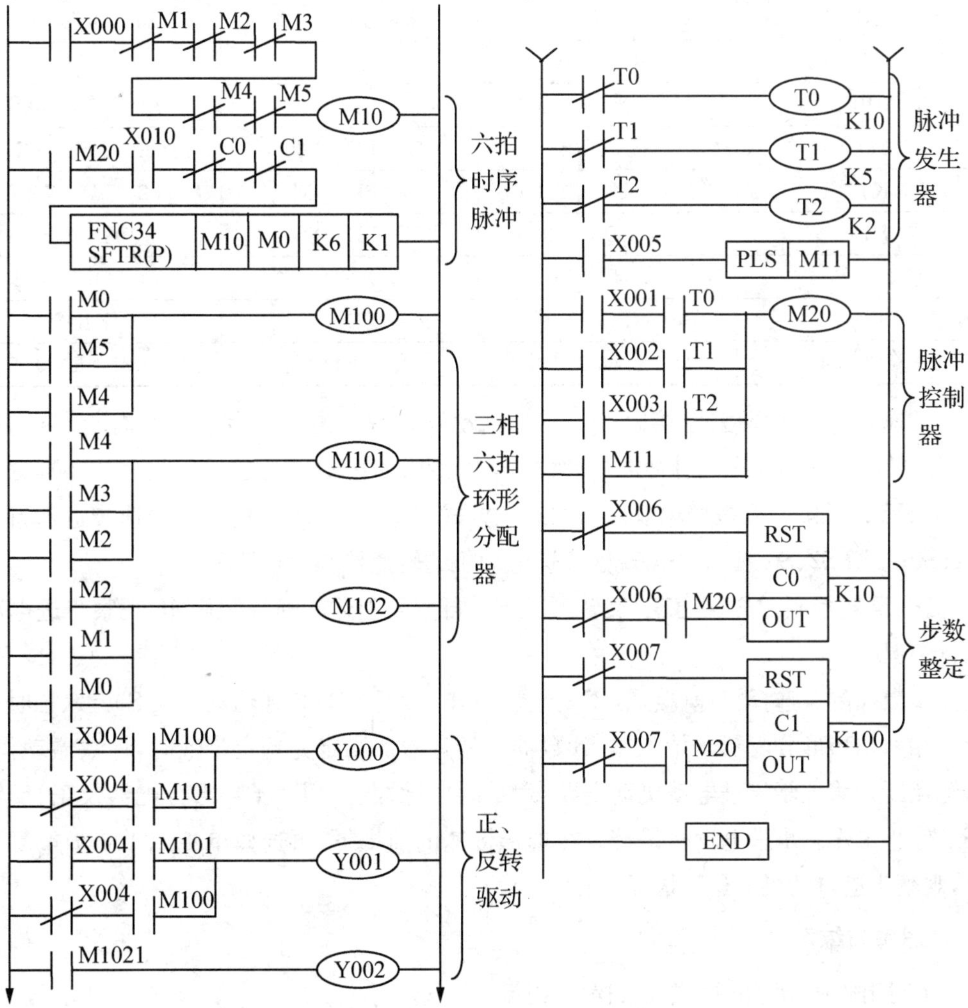

图 19-10　三相步进电动机控制的梯形图

表 19-5 图 19-10 的梯形图对应的指令程序

指令程序	指令程序	指令程序	指令程序
0 LD X000	23 OUT M100	42 ORB	ORB
1 ANI M1	24 LD M4	43 OUT Y001	66 LD X003
2 ANI M2	25 OR M3	44 LD M102	67 AND T2
3 ANI M3	26 OR M2	45 OUT Y002	68 ORB
4 ANI M4	27 OUT M101	46 LDI T0	69 OR M11
5 ANI M5	28 LD M2	47 OUT T0	70 OUT M20
6 OUT M10	29 OR M1	K10	71 LDI X006
7 LD M20	30 OR M0	50 LDI T2	72 RST C0
8 ANI X010	31 OUT M102	51 OUT T1	74 LD X006
9 ANI C0	32 LD X004	K5	75 AND M20
10 ANI C1	33 AND M100	54 LDI T2	76 OUT C0
11 SFTR(P)	34 LDI X004	55 OUT T2	K10
M10	35 AND M101	K2	79 LDI X007
M0	36 ORB	58 LD X005	80 RST C1
K6	37 OUT Y000	59 PLS M11	82 LD X007
K1	38 LD X004	61 LD X001	83 AND M20
20 LD M0	39 AND M101	62 AND T0	84 OUT C1
21 OR M5	40 LDI X004	63 LD X002	K100
22 OR M4	41 AND M100	64 AND T1	87 END

①转速控制。选择慢速(接通 S1),接通启动开关 S0。脉冲控制器产生周期为s 的控制脉冲,使 M0～M5 的状态随脉冲向右移位,产生六拍时序脉冲,并通过三相六拍环形分配器使 Y000、Y001 和 Y002 按照单双六拍的通电方式接通,步进电动机开始慢速步进运行。断开 S1、S0;接通 S2、S0 或 S3、S0,观察步进电动机的转速控制运行情况。

②正、反转控制。先接通正、反转开关 S4,再重复上述转速控制操作,观察步进电动机的运行情况。

③步数控制。选择慢速(接通 S1);选择 10 步(接通 S6);接通启动开关 S0。六拍时序脉冲及三相六拍环形分配器开始工作;计数器开始计数。当走完预定步数时,计数器动作,其常闭触点断开移位驱步进电动机动电路,六拍时序脉冲、三相六拍环形分配器及正、反转驱动环节停止工作。步进电动机停转。在选择慢速的前提下,再选择单步或 100 步重复上述操作,观察步进电动机的运行情况。

3. 思考与练习

(1) 写出解码指令的格式及其操作功能。

(2) 写出编码指令的格式及其操作功能。

(3) 解释三相步进电动机的相数、拍数、步距角、齿距角。

(4) 根据梯形图 19-8,写出对应的指令语句表。

19.5　任务考核

任务考核标准见表 19-6。

表 19-6　任务考核标准

考核项目	考核内容	配分	考核要求及评分标准	得分
工艺 程序输入	接线 布线工艺	30 分	按电气原理图接线且正确 10 分 工艺符合标准 10 分 应用控制程序写入正确 10 分	
系统程序设计	I/O 端子配置 梯形图设计 程序编写	50 分	I/O 端子配置合理 10 分 程序编写正确 15 分 梯形图设计能够实现控制要求 25 分	
调试与运行	程序调试及运行	20 分	符合安全操作 5 分 运行符合预定要求 15 分	
实际总得分				

任务 20　特殊功能模块的应用

20.1　任务目标

1. 了解 FX 系列 PLC 特殊功能模块的类型及用途、掌握模拟量模块的使用。

2. 掌握读特殊功能模块指令 FROM、写特殊功能模块指令 TO、比例积分微分控制指令 PID、触点比较指令的理解和应用。

3. 学会用 PLC 解决实际问题的思路，进一步熟悉编程软件的使用方法；通过训练，提高编程技巧。

20.2　实训设备

任务所需设备和元器件见表 20-1。

表 20-1　项目所需设备和元器件明细表

名称	型号或规格	数量	名称	型号或规格	数量
可编程控制器	FX_{2N}-40MR	1 台	开关	LAY3-22X/3	1 个
搅拌控制系统		1 套	模拟量输入模块	FX_{2N}-4AD	1 台
液位传送器		1 个	带屏蔽的补偿导线		适量
			连接导线		若干

20.3　相关知识

模块 1　特殊功能模块的类型和用途及模拟量模块的使用

1. 特殊功能模块的类型

(1) 模拟量输入模块

在工业控制中，某些输入量(如压力、温度、流量、转速等)属连续变化的模拟量，有些执行机构(如伺服电动机、调节阀、记录仪等)要求 PLC 输出模拟信号。而 PLC 只能处理数字量，模拟量首先被传感器和变送器转换为标准的电流或电压，如二通道模拟量输入模块可接收 0～10 V、DC(或 0～5 V、DC，输入电阻 200 kΩ)电压信号，或 4～20 mA 的电流信号，分辨率为 2.5mV(1.25mV)或 4μA。PLC 用 A/D 转换器将它们转换为数字量送给 CPU。模拟量输入模块的主要任务是完成 A/D 转换。

FX_{2N}常用的模拟量输入模块有 FX_{2N}-2AD、FX_{2N}-4AD、FX_{2N}-8AD、FX_{2N}-4AD-PT、FX_{2N}-4AD-TC 等，FX_{1N}系列 PLC 也可以使用这些特殊功能模块。

(2) 模拟量输出模块

D/A 转换器将 PLC 的数字输出量转换为模拟电压或电流，然后控制执行机构。模拟量输出模块主要任务就是完成 D/A 转换的。FX_{2N}常用的模拟量输出模块有 FX_{2N}-2DA、FX_{2N}-4DA、FX_{2N}-8DA，其中 FX_{2N}-2DA 为 2 通道 12 位 D/A 转换模块，是一种高精度的输出模块，通过简易的调整或根据 PLC 的指令可改变模拟量输出的范围，瞬时值和设定值等数据的读出和写入用 FROM/TO 指令进行。其技术指标如表 20-2 所示。

表 20-2 FX_{2N}-2D 技术指标

项目	输出电压	输出电流
模拟量输出范围	0～10 V 直流、0～5 V 直流 (外部负载电阻 2～1 kΩ)	4～20 mA (外部负载电阻不超过 500 Ω)
数字输出	12 位	
分辨率	2.5 mV(10 V/4000) 1.25 mV(5 V/4000)	4 μA{(20～4)/4000}
整体精度标定点	±1%(满量程 0～10 V)	±1%(满量程 4～20 mA)
转换速度	4 ms/通道(顺控程序和同步)	
隔离	在模拟和数字电路之间光电隔离，交流/直流转换器隔离主单元电源在模拟通道之间没有隔离	
电源规格	5 V、30 mA 直流(基本单元提供的内部电源) 24 V±10%、85 mA 直流(基本单元提供的内部电源)	
占用的 I/O 点	这个模块占用 8 个输入或输出点(输入或输出均可)	
适用的控制器	FX_{1N}/FX_{2N}/FX_{2NC}(需要 FX_{2NC}-CNV-IF)	
尺寸：宽×厚×高	43 mm×87 mm×90 mm[1.69 in×3.43 in×3.54 in(1in=0.0254 m)]	
重量	0.2 kg	

(3) 脉冲输出模块

脉冲输出模块可输出脉冲串，主要用于对步进电机或伺服电机的驱动控制，实现 1 点或多点定位控制。与 FX_{2N}系列可编程控制器配套使用的脉冲输出模块有 FX_{2N}-1PG、FX_{2N}-10GM、FX_{2N}-20GM。

(4) 高速计数模块

FX_{2N}系列可编程控制器内部设置有高速计数器，可以进行简易的定位控制。当需要更高精度的定位控制时，可使用高速计数模块 FX_{2N}-1HC。

高速计数模块 FX_{2N}-1HC 是适用于 FX_{2N}系列 PLC 的特殊功能模块，利用外部输入或

PLC 程序可以对 FX_{2N}-1HC 的计数器进行复位和启动运行控制。

(5) 可编程凸轮控制器

可编程凸轮控制器 FX_{2N}-1RM-SET，是通过旋转角度传感器 F_2-720-RSV 实现高精度角度、位置检测和控制的专用功能模块，可代替凸轮开关，实现角度控制。

2. 模拟量模块的使用

(1) 模块的连接与编号

当 PLC 与特殊功能模块连接时，数据通信是通过 FROM/TO 指令实现的。为了使 PLC 能够准确地查找到指定的功能模块，每个特殊功能模块都有一个确定的地址编号，编号的方法是从最靠近 PLC 基本单元的那一个模块开始顺序编号，最多可连接 8 台功能模块(对应的编号为 0～7 号)，注意其中的扩展单元不记录在内。

FX 2N-48MR	FX-8EX	FX-4AD	FX-8EYR	FX-8ER	FX-2AD	FX-2AD-TC
基本单元	不占编号	0 号	不占编号	不占编号	1 号	2 号

图 20-1 FX_{2N}特殊功能模块与基本单元的连接及模块编号的确定

(2) 缓冲寄存器(BFM)分配

PLC 基本单元与模拟量输入/输出模块之间的数据通信是由 FROM 指令和 TO 指令来执行的。FROM 指令是将特殊功能模块内的缓冲寄存器的数据读入 PLC，TO 指令是将基本单元中的数据写到特殊功能模块内的缓冲寄存器中。实际上读、写操作都是对模拟量输入或输出模块中的缓冲器 BFM 进行的。下面以 FX_{2N}-4AD 模块为例，其缓冲寄存器 BFM 分配见表 20-3。带 * 号的缓冲寄存器能够使用 TO 指令进行写操作，不带 * 号的缓冲寄存器内的数据能够使用 FROM 指令读入 PLC 中，#21～#27、#31 被保留，* #0 的默认值为“H0000”，4 个通道由 4 位数字控制，最低位数字控制通道 1，最高位数字控制通道 4，4 位数字可以分别设置为 0(K 型)、1(J 型)、3(关闭)，那么“H0000”的含义就是通道 1 到通道 4 均为 K 型，而“H3310”表示通道 1 为 K 型、通道 2 为 J 型、通道 3 和通道 4 均为关闭(不被使用)。#30 为识别码，FX-4AD-TC 模块的识别码为 K2030，FX-4AD 的识别码为 K2010，FX-2DA 的识别码为 K3010。

表 20-3 FX_{2N}-4AD 的 BFM 分配及定义

BMF 编号	内容	
# 0(*)	通道初始化，默认值＝H0000	
# 1(*)	通道 1	包含采样数(1～4096)，用于得出平均结果。默认值为 8(正常速度)，高速操作可选择 1
# 2(*)	通道 2	
# 3(*)	通道 3	
# 4(*)	通道 4	

续表

BMF 编号	内　　容	
# 5	通道 1	分别用于存放通道 CH1～CH4 的平均输入采样值
# 6	通道 2	
# 7	通道 3	
# 8	通道 4	
# 9	通道 1	用于存放每个输入通道读入的当前值
# 10	通道 2	
# 11	通道 3	
# 12	通道 4	
#13～#14	保留	
# 15(*)	AD 转换设置	设为 0 时:正常速度,15 ms/通道(默认值)
		设为 1 时:高速度,6 ms/通道
#16～#19	保留	
# 20(*)	复位到默认值和预设值:默认值为 0;设为 1 时,所有设置值将复位默认值	
# 21(*)	偏移/增益禁止调整,(1,0);默认值为(0,1),允许调整	
# 22(*)	指定通道的偏移、增益调整	G4 | O4 | G3 | O3 | G2 | O2 | G1 | O1
# 23(*)	偏移值设置,默认值为 0000,单位为 mV 或 μA	
# 24(*)	增益值设置,默认值为 5000,单位为 mV 或 μA	
#25～#28	保留	
# 29	错误信息,表示本模块的出错类型	
# 30	识别码(K2010),固定为 K2010,可用 FROM 读出识别码来确认此模块	
# 31	禁用	

在使用 FX_{2N}-4AD 模块时,各个缓冲寄存器 BFM 的分配应注意通道选择:

在 BFM 的#0 中写入 4 位十六进制数 H××××,4 位数字从右至左分别控制 1、2、3、4 四个通道,每位数字取值范围为 0～3,其含义如下:

0 表示输入范围为－10 V～＋10 V

1 表示输入范围为＋4 mA～＋20 mA

2 表示输入范围为－20 mA～＋20 mA

3 表示该通道关闭

例如 BFM#0＝H3312,则表示通道 CH1 设定输入电流范围为－20 mA～＋20 mA, CH2 通道设定输入电流范围为＋4 mA～＋20 mA, CH3 和 CH4 两通道关闭。

模块 2 读/写特殊功能模块指令和比例积分微分控制指令

1. 读特殊功能模块指令 FROM

1）特殊功能模块读指令 该指令的助词符、操作数如表 10-1 所示。

表 20-4 特殊功能模块读指令要素

指令名称	助词符	操作数			
		m1	m2	[D·]	n
读指令	FROM	K、H m1=0～7	K、H m2=0～31	KnY、KnM、KnS、T、C、D、V、Z	K、H n=1～32

图中指令将编号为 m1 的特殊功能模块中缓冲寄存器(BFM)编号从 m2 开始的 n 个数据读入到 PLC 中，并存储于 PLC 中以 D 开始的 n 个数据寄存器内。指令所涉及的存储单元说明如下：

m1 特殊功能模块号 m1=0～7；

m2 特殊功能模块的缓冲寄存器(BFM)首元件编号 m2=0～31；

[D·]指定存放在 PLC 中的数据寄存器首元件号；

n 指定特殊功能模块与 PLC 之间传送的字数，16 位操作时 n=1～32，32 位操作时 n=1～16。

在图 20-2 中，当 X0 闭合时，从特殊单元模块 No. 1 的缓冲寄存器 ♯29 中读出 16 位数据传送到 PLC 的 K4M0 中；X0 为 OFF 时，不执行传送，传送目标的数据不变化。接在 FX 系列 PLC 基本单元右边扩展总线上的功能模块，从最靠近基本单元的那个开始，其编号依次为 0～7，n 是待传递数据的点数，n=1～32767。在图 20-2 中，当 X0 闭合时，从特殊单元模块 NO. 1 的缓冲寄存器 ♯29 中读出 16 位数据传送到 PLC 的 K4M0 中；X0 为 OFF 时，不执行传送，传送目标的数据不变化。接在 FX 系列 PLC 基本单元右边扩展总线上的功能模块，从最靠近基本单元的那个开始，其编号依次为 0～7，n 是待传递数据的点数，n=1～32767。

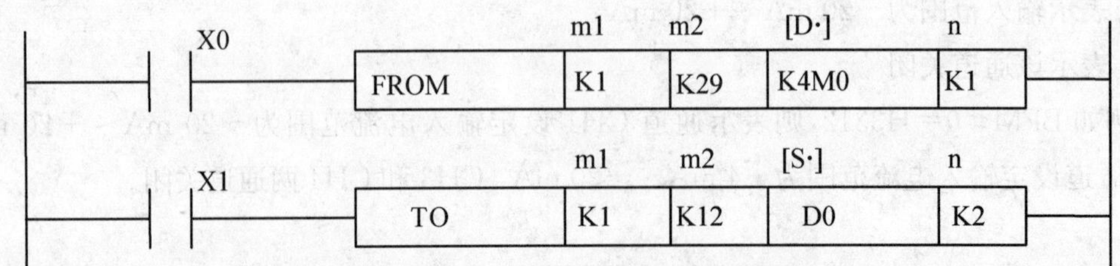

图 20-2 特殊功能模块的读/写指令使用说明

2. 写特殊功能模块指令 TO

写特殊功能模块指令 TO(FNC79)的源操作数可取所有的数据类型，m1、m2、n 的取值范围同 FROM 指令。当执行条件满足时，将 PLC 基本单元中从[S·]指定的元件开始的 1 个字的数据写到编号为 ml 的特殊功能模块中编号为 m2 开始的两个缓冲寄存器中。在图 20-2中，当 X1 为 ON 时，对特殊单元 NO. 1 中的缓冲寄存器＃13、＃12，写入 PLC 的 D1、DO 的 32 位数据。X1 为 OFF 时，不执行传送，传送目标的数据不变化。

M8028 为 OFF 时，在 FROM 和 TO 指令执行过程中，自动禁止中断，在此期间发生的中断要等 FROM 和 TO 指令执行后再立即执行；M8028 为 ON 时，在 FROM 和 TO 指令执行过程中，不禁止中断。

3. 比例积分微分控制指令 PID

比例积分微分控制指令 PID 用于模拟量闭环控制，[S1·][S2·]各用一个数据寄存器，[S1·]用于存放设定目标值，[S2·]用于设定测定当前值，[S3·]是用户为 PID 指令定义参数的首址，范围是 DO～D7975，需占有自[S3·]起的 25 个连续的数据寄存器，其中[S3·]～[S3·]+6 设定控制参数。[D·]是一个独立的数据寄存器，用于存放输出值，执行程序时，运算结果存于[D·]中，建议指定[D·]为非电池保持的数据寄存器。PID 指令的功能是接收一个输入数据后，根据 PID 算法计算调节值。在图 20-3 中，X0 闭合时，执行指令，目标值存入 D10 中，当前值从 D20 中读出，保留 D100～D124 作为用户定义参数的寄存器，输出值存入 D150。一个程序中可以使用多条 PID 指令，每条指令的数据寄存器都要独立，以避免混乱。PID 指令在定时器中断、子程序、步进梯形图、跳转指令中也可使用，在这种情况下，执行 PID 指令前需清除[S3·]+7 后才可使用，采样时间必须大于 PLC 的一个运算周期。控制用的参数的设定值(参数设定见表 20-4)必须预先通过 MOV 等指令写入。

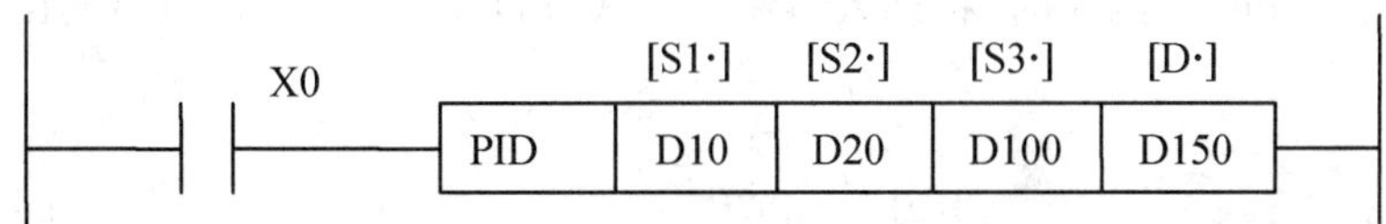

图 20-3　PID 指令使用说明

表 20-4　参数设定

参数	名称/功能	设定范围及说明
[S3·]+0	采样时间	1～32767(ms)
[S3·]+1	作用方向(ACT)	bit0:0 为正动作，1 为逆动作 bit1:0、1 分别为输入变化量报警无、有效 bit2: 0、1 分别为输出变化量报警无、有效 bit3:不可使用 bit4:0、1 分别为自动调谐不动作与执行 bit5:0、1 分别为输出值上下限无、有效 bit6～bit15:不可使用
[S3·]+2	输入滤波常数(a)	0～99%，为 0 时没有输入滤波

续表

参数	名称/功能	设定范围及说明	
[S3・]+3	比例增益(K_P)	1~32767%	
[S3・]+4	积分时间(T_I)	(0~32767)×100 ms,0 时无积分	
[S3・]+5	微分增益(K_D)	0~100%,0 时无微分增益	
[S3・]+6	微分时间(T_D)	(0~32767)×10 ms,0 时无微分	
[S3・]+20	输入变化量(增侧)报警设定值	0~32767([S3・]+1 的 bit1=1 时有效)	
[S3・]+21	输入变化量(减侧)报警设定值	0~32767([S3・]+1 的 bit1=1 时有效)	
[S3・]+22	输出变化量(增侧)报警设定值	0~32767([S3・]+1 的 bit2=1 bit5=0 时有效)	
[S3・]+23	输出变化量(减侧)报警设定值	0~32767([S3・]+1 的 bit2=1 bit5=0 时有效)	
[S3・]+24	报警输出	bit0:输入变化量(增侧)溢出 bit1:输入变化量(减侧)溢出 bit2:输出变化量(增侧)溢出 bit3:输出变化量(减侧)溢出	[S3・]+1 的 bit1=1 或 bit2=1 时有效

4. 触点比较指令

触点比较指令的源操作数可取所有的数据类型,以 LD 开始的触点比较指令接在左侧的母线上,以 AND 开始的触点比较指令与别的触点或电路串联,以 OR 开始的触点比较指令与别的触点或电路并联,下面介绍以 LD 开始的触点比较指令,其指令助记符和含义如表 20-5所示。其功能是对源数据内容进行 BIN 比较,对应其结果执行后阶段的计算,在图 26-4中,当计数器 C10 的当前值等于 100 时驱动 Y20,当 D200 的内容大于−30(即 D200 的内容为−29 以上)且 X10 处于 ON 时,将 Y21 置位。当源数据的最高位(16 位指令是 bitl5、32 位指令是 bit31)为 1 时,将该数值作为负数进行比较,32 位计数器的比较必须以 32 位指令进行。

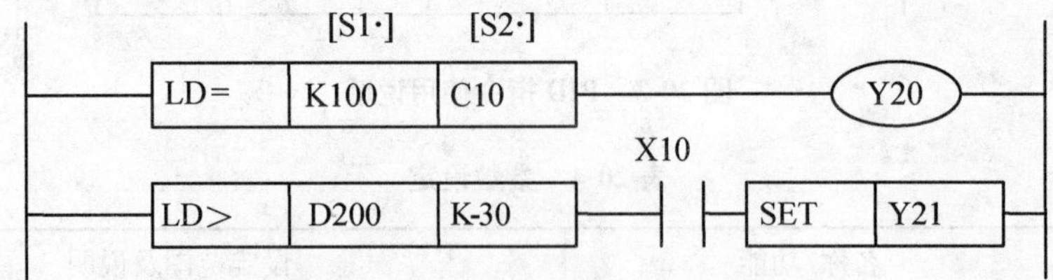

图 20-4 LD 触点比较指令使用说明

表 20-5 以 LD 开始的触点比较指令助记符和含义

功能号	指令助记符	导通条件	功能号	指令助记符	导通条件
224	LD=	[S1・]=[S2・]	228	LD<>	[S1・]≠[S2・]
225	LD>	[S1・]>[S2・]	229	LD≤	[S1・]≤[S2・]
226	LD<	[S1・]<[S2・]	230	LD≥	[S1・]≥[S2・]

模块 3　几个特殊辅助继电器

几个特殊辅助继电器，其编号范围为 M8000～M8255，共计 256 点。特殊辅助继电器是具有特定功能的辅助继电器，根据使用方式可分为两类。

一类是只能利用其触点的特殊辅助继电器，其线圈由 PLC 自行驱动，用户只能利用其触点。这类特殊辅助继电器常用作时基、状态标志，出现在程序中。

1. M8000、M8001 运行标志(RUN)，PLC 运行时监控接通

利用显示 PLC 运行状态的 RUN 监控(M8000、M8001)可作为指令的驱动条件及“正常运行中显示”的外部显示，如图 20-5 所示。M8000 在 RUN 正常时处于 ON 状态，Y0 导通；M8001 在 RUN 正常时处于 OFF 状态。

2. 初始脉冲 M8002、M8003

M8002 在 PLC 运行开始后，仅在一瞬间(一个运算周期)为 ON，其余时间均保持 OFF 状态。读脉冲在程序初始化和写入规定值等情况时作为程序初始设定信号使用。如图 20-6 所示，M8002 将 D200～D299 初始化。而 M8003 仅在 PLC 运行开始后一瞬间(一个运算周期)为 OFF，其余时间均保持 ON 状态。M8012 为 100 ms 时钟脉冲。

另一类是可驱动线圈型特殊辅助继电器，用户驱动线圈后，PLC 做特定动作；M8033 为 PLC 停止时，输出保持；M8034 为禁止全部输出；M8039 为定时扫描方式。

3. 运算错误标志辅助继电器 M8067

M8067 在运算中或 RUN 时进行错误检测，当 PLC 由 STOP 到 RUN 时清除。当 M8067 为 ON 时，将其中最小地址号保存在 D8004 中，M8004 动作。

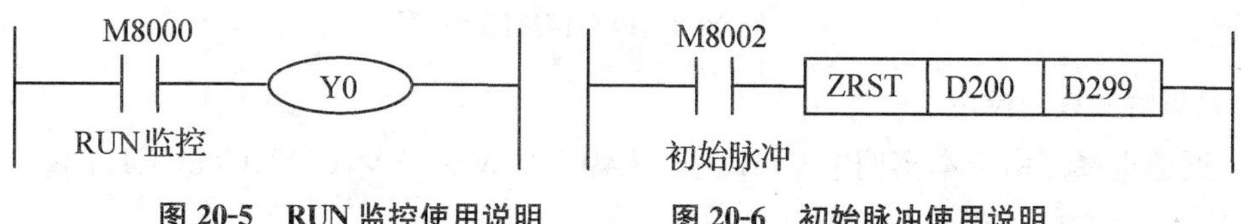

图 20-5　RUN 监控使用说明　　**图 20-6　初始脉冲使用说明**

20.4　实训内容和步骤

1. 实训内容和控制要求

(1) 搅拌控制系统示意图

图 20-7 为一搅拌控制系统示意图。由一模拟量液位变送器来检测液位的高低，要求对 A、B 两种液体原料按等比例混合，按启动按钮后系统自动运行，首先打开进料泵 1，开始加入液料 A 至液位达到 50%后，则关闭进料泵 1，打开进料泵 2。开始加入液料 B 至液位达到 100%后，则关闭进料泵 2，启动搅拌器搅拌 10 s 后，关闭搅拌器，开启放料泵至液体放空后，

延时 5 s 后关闭放料泵。按停止按钮，系统应立即停止运行。

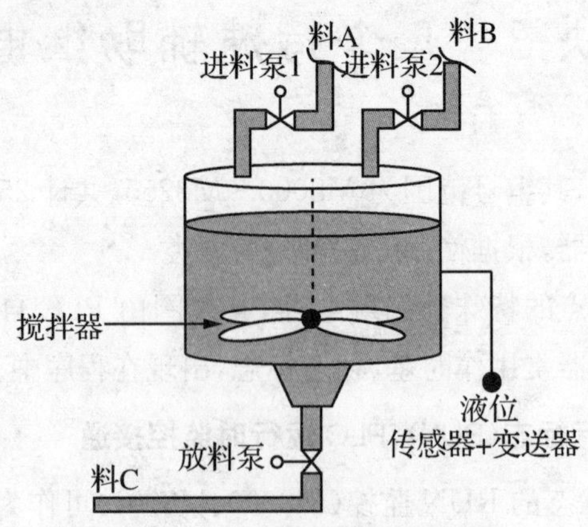

图 20-7 搅拌控制系统示意图

(2) PLC 接线图

液位传感器的输入信号用双绞线连接到特殊功能模块 4AD 的 CH1 相应端子上。按图 20-8 接好线，特殊功能模块编号为 0。

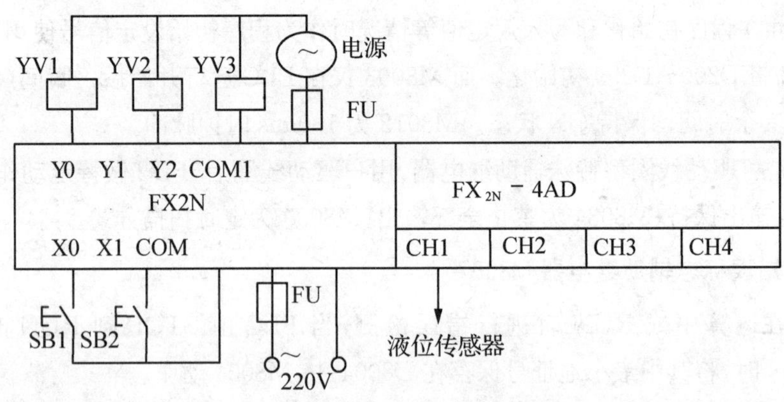

图 20-8 PLC 接线图

(3) 初始参数的设定

1) 通道选择。由于本实例中 CH1 的输入为－10 V～10 V，CH2、CH3、CH4 暂不使用，所以 BFM ＃0 单元的设置应为 H3000。

2) A/D 转换速度的选择。可以通过对 BFM ＃15 写入 0 或 1 来进行选择，输入 0 选择低速；输入 1 选择高速。本实例输入 1，即选择高速。

3) 调整增益和偏移量。本实例不需要调整偏移量，增益量设定为 K2500(2.5 V)。

(4) 程序设计

此程序由三部分组成。

1) 初始化程序，如图 20-9 所示。

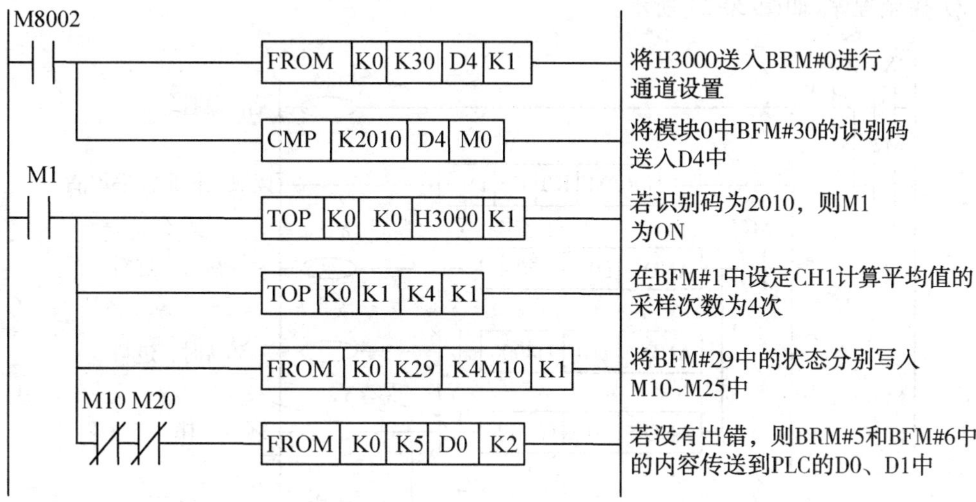

图 20-9　初始化

2）调整偏移和增益量，如图 20-10 所示。

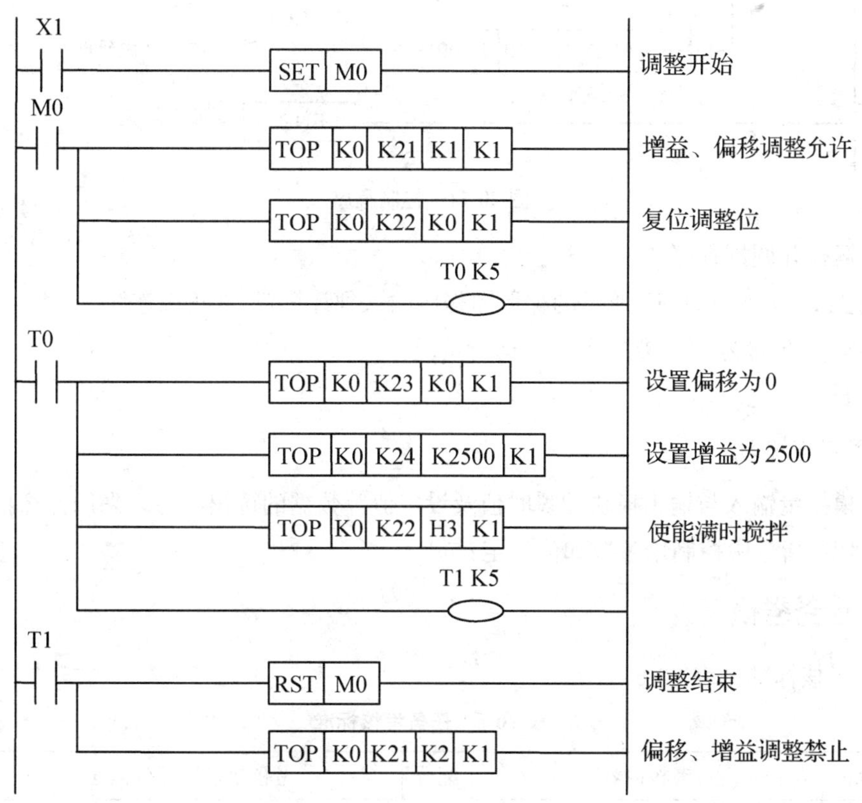

图 20-10　调整偏移和增益

3）控制程序，如图 20-11 所示。

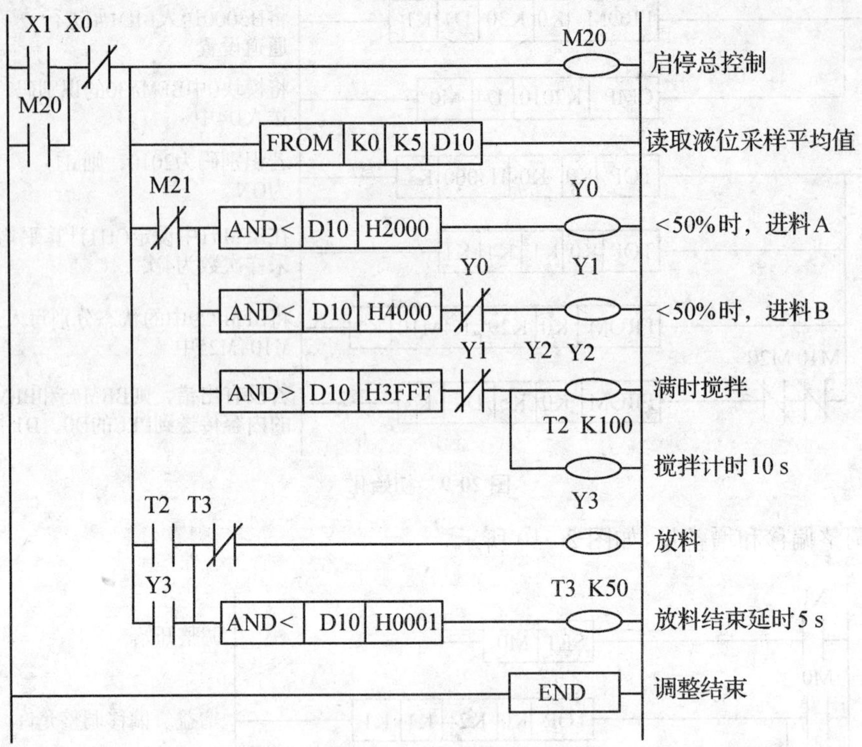

图 20-11　控制程序

（4）运行并调试程序

①将图 20-9 到图 20-11 所示的梯形图程序输入到计算机，并正确连线。

②将开关 S 置为 ON，观察程序的运行情况。

③调试运行记录。

3. 思考与练习

（1）模拟量输入与输出模块的瞬时值及设定值等数据的读出与写入采用什么指令？

（2）PID 指令中控制用参数如何设定？

20.5　任务考核

任务考核标准见表 20-6。

表 20-6　任务考核标准

考核项目	考核内容	配分	考核要求及评分标准	得分
工艺 程序输入	接线 布线工艺	30 分	按电气原理图接线且正确 10 分 工艺符合标准 10 分 应用控制程序写入正确 10 分	

续表

考核项目	考核内容	配分	考核要求及评分标准	得分
系统程序设计	I/O 端子配置 梯形图设计 程序编写	50 分	I/O 端子配置合理 10 分 程序编写正确 15 分 梯形图设计能够实现控制要求 25 分	
调试与运行	程序调试及运行	20 分	符合安全操作 5 分 运行符合预定要求 15 分	
实际总得分				

任务 21 电梯 PLC 控制系统的实训

21.1 任务目标

1. 学会综合利用 PLC 基本指令解决工程实际问题的方法。

2. 明确电梯运行控制原理，完成电梯运行控制程序设计，利用电梯模型或模板完成操作训练。

3. 通过本项目训练提高学生的逻辑能力，掌握 PLC 控制系统的一般设计、安装方法。

4. 熟悉指令的应用，学会分析指令的执行过程和运行调试方法。

21.2 实训设备

项目所需设备和元器件见表 21-1。

表 21-1 项目所需设备和元器件明细表

名称	型号或规格	数量
可编程控制器	FX_{1N}-40MR	1 台
电梯模型	THPLC-C	1 个
连接导线		若干

21.3 相关知识

模块 1 PLC 控制系统的一般设计方法

1. 确定控制对象和控制范围

即分析控制对象、控制过程和控制要求，了解工艺流程，确定控制系统应实现的所有功能和控制指针。控制对象确定后，需要进一步明确哪些操作应由 PLC 来控制，哪些操作适宜于手动控制。

2. PLC 机型选择

在选择机型前，应先对控制对象从以下几个方面进行估计：开关量输入的数目及其电压

大小；开关量输出的数目及其输出功率大小；模拟量 I/O 的数目；系统有无特殊要求，如远程 I/O、高速计数、实时性、网络通讯等。然后借助于各公司的 PLC 产品样本就可以选择相应的机型。

3. 硬件设计

根据所选用的 PLC 产品，了解其使用的性能。按随机提供的资料结合实际需求，同时考虑软件编程的情况进行外电路的设计，绘制电气控制系统原理接线图。

4. 软件设计

(1) 软件设计的主要任务是根据控制系统要求将顺序功能图转换为梯形图，在程序设计的时候最好将使用的软元件（如内部继电器、定时器、计数器等）列表，标明用途，以便于程序设计、调试和系统运行维护、检修时查阅。

(2) 模拟调试。将设计好的程序下载到 PLC 主单元中。由外接信号源加入测试信号，可用按钮或小开关模拟输入信号，用指示灯模拟负载，通过各种指示灯的亮暗情况了解程序运行的情况，观察输入/输出之间的变化关系及逻辑状态是否符合设计要求，并及时修改和调整程序，直到满足设计要求为止。

5. 现场调试

在模拟调试合格的前提下，将 PLC 与现场设备连接。现场调试前要全面检查整个 PLC 控制系统，包括电源、接地线、设备连接线、I/O 连线等。在保证整个硬件连接正确无误的情况下才可送电。将 PLC 的工作方式置为“RUN”。反复调试，消除可能出现的问题。当试运行一定时间且系统运行正常后，可将程序固化在具有长久记忆功能的存储器中，做好备份。

模块 2　PLC 应用中要注意的问题

PLC 是专门为工业生产服务的控制装置，通常不需要采取什么措施，就可以直接在工业环境中使用。但是，当生产环境过于恶劣，电磁干扰特别强烈，或安装使用不当，都不能保证 PLC 的正常运行，因此在使用中应注意以下问题：

1. 工作环境

(1) 温度：PLC 要求环境温度在 0～55℃，防止太阳光直接照射；如果周围环境超过 55℃，要安装电风扇强迫通风。

(2) 湿度：为了保证 PLC 的绝缘性能，空气的相对湿度应小于 85％（无凝露）。

(3) 避免震动：防止振动频率为 10～55 Hz 的频繁或连续振动。当使用环境不可避免震动时，必须采取减震措施，如采用减震胶等。

(4) 空气：避免有腐蚀和易燃的气体，例如氯化氢、硫化氢等。对于空气中有较多粉尘或腐蚀性气体的环境，可将 PLC 安装在封闭性较好的控制室或控制柜中，并安装空气净化装置。

(5) 电源：PLC 供电电源为 50 Hz、220(1±10％)V 的交流电。

2. 安装布线

PLC 在安装时要注意下列问题：

(1) 动力线、控制线以及 PLC 的电源线和 I/O 线应分别配线，隔离变压器与 PLC 和I/O 之间应采用双胶线连接。

(2) PLC 应远离强干扰源如电焊机、大功率硅整流装置和大型动力设备，不能与高压电器安装在同一个开关柜内。

(3) PLC 的输入与输出最好分开走线，开关量与模拟量也要分开敷设。模拟量信号的传送应采用屏蔽线，屏蔽层应一端或两端接地，接地电阻应小于屏蔽层电阻的 1/10。

(4) PLC 基本单元与扩展单元以及功能模块的连接线缆应单独敷设，以防止外界信号的干扰。

(5) 交流输出线和直流输出线不要用同一根电缆，输出线应尽量远离高压线和动力线，避免并行。

3. PLC 的维护与故障诊断

PLC 的可靠性很高，维护工作量极少，出现故障时可通过其发光二极管迅速查明原因，给予排除。但是要通过加强日常维护、定期检查和使用记录，以保证 PLC 安全、长周期、稳定运行。PLC 的故障诊断可参考其说明书，这里不详述。

4. 节省输入/输出点的技巧

在工程设计中常常会遇到控制系统信号太多而 PLC 输入点不够用的情况，而增加硬件则需要追加投资。如何利用现有设备处理尽可能多的数据点是一个值得探讨的问题。

(1) 减少所需输入点数的方法

①分组输入。自动程序与手动程序不会同时执行，可考虑把这两种信号叠加起来按照不同的控制状态要求分组输入 PLC。

②触点合并输入。如一个两地启动、三地停止的继电器——接触器控制。在该为 PLC 控制电路的时候，可将三地停止按钮串联接一个输入点，将两地启动按钮并联接一个输入点，这样所占用的输入点数大大减少，而实现的功能完全一样。

③充分利用 PLC 的内部功能。利用转移指令在一个输入端上接一开关，作为手动/自动方式转换开关。运用转移指令可将手动和自动操作加以区别。利用计数指令或者位移寄存器，也可利用交替输出指令实现单按钮的启动和停止。

(2) 减少所需输出点数的方法

①通断状态完全相同的负载，在 PLC 的输出点功率允许的情况下可并联于同一输出端点，即一个输出端点带多个负载。

②当有 m 个 BCD 码显示器显示 PLC 数据时候，可以使 BCD 显示器并联占用 4 个输出端点，即一个输出点带多个负载。

③某些控制逻辑简单，而又不参加工作循环，或在工作循环开始之前必须启动的电器可以不通过 PLC 控制。

④通过软件和硬件的结合可以设计出各种输入/输出点的控制方案，这里介绍的仅起抛砖引玉的作用。希望学员在实际工作中不断探索，积累更多的宝贵经验。

5. 外部安全电路

为了确保整个系统能在安全状态下可靠工作，避免由于外部电源发生故障、PLC 出现异常、误操作以及误输出造成的重大经济损失和人身伤亡事故，PLC 外部应安装必要的保护电路：急停电路、外部电器互锁电路、电源过负荷的防护电路、重大故障的报警及防护电路。

21.4　实训内容和步骤

1. 实训内容和控制要求

按照图 21-1 所示的模型示意图说明该项目的基本控制要求。电梯所停楼层由平层开关检测，对应层的开关闭合，表示电梯停在该层。在基本训练中，只要求电梯能够根据电梯厢外的呼楼要求，将电梯运行到该层楼。在该项目描述中，只考虑电梯轿厢外的呼楼号，且不考虑按钮表示要求电梯的方向。

当呼叫电梯的楼层大于电梯所停的楼层时，电梯上升到呼叫层，电梯停止运行；当呼叫电梯的楼层小于电梯所停的楼层时，电梯下降到呼叫层，电梯停止运行；当同时有多层呼梯信号时，电梯先按照同方向依次暂停。

图 21-1 中用▲表示电梯上升，▼表示电梯下降。

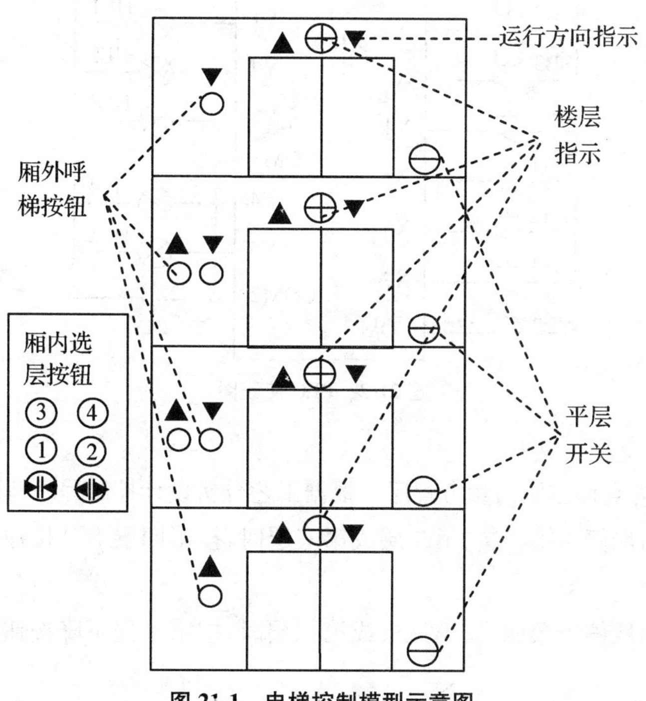

图 21-1　电梯控制模型示意图

2. 实训步骤及要求

(1) 输入与输出点分配

输入与输出点分配见表 21-2。

表 21-2　输入与输出点(I/O)分配表

输入元件及代号	输入点编号	输出元件及代号	输出点编号
四层呼梯按钮 SB1	X0	电梯下降指示灯 HL0	Y0
三层呼梯按钮 SB2	X1	电梯上升指示灯 HL5	Y5
二层呼梯按钮 SB3	X2	一层指示灯 HL1	Y1
一层呼梯按钮 SB4	X3	二层指示灯 HL2	Y2
四层平层开关 SA1	X4	三层指示灯 HL3	Y3
三层平层开关 SA2	X5	四层指示灯 HL4	Y4
二层平层开关 SA3	X6		
一层平层开关 SA4	X7		

(2) PLC 接线图

根据输入与输出点(I/O)分配表和控制要求，设计 PLC 的接线图如图 21-2 所示。同时选择 PLC 型号规格为 FX_{1N}-40MR。

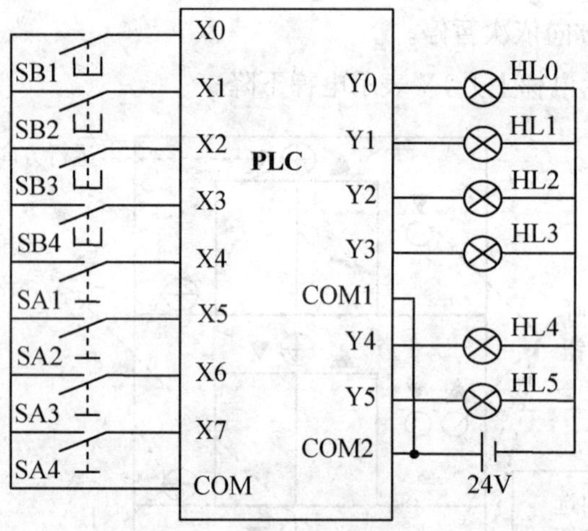

图 21-2　PLC 接线图

(3) 程序设计

图 21-3 所示为电梯控制的参考程序。根据工艺分析设计控制程序，其控制要求如下：

①当电梯的轿厢停于第一层、第二层或第三层时，按第四层上升按钮，则轿厢上升至第四层后停。

②当电梯的轿厢停于第四层、第三层或第二层时，按第一层下降按钮，则轿厢下降至第一层后停。

③当轿厢停在第一层，若按第二层呼梯按钮，则轿厢上升至第二层平层开关闭合后停，若再按第三层呼梯按钮，则继续上升至第三层平层开关闭合。

④当轿厢停在第四层，若按第三层呼梯按钮，则轿厢下降至第三层平层开关闭合后停，

若再按第二层呼梯按钮则继续上升至第二层平层开关闭合。

⑤当轿厢停在第一层，若第二层、第三层、第四层均有呼梯信号，则轿厢上升至第二层暂停后，继续上升至第三层，在第三层暂停后，继续上升至第四层。

⑥当轿厢停在第四层，若第三层、第二层、第一层均有呼梯信号，则轿厢下降至第三层暂停后，继续下降至第二层，在第二层暂停后，继续下降至第一层。

⑦轿厢在楼梯间运行时间超过 12 s，即电梯任一层楼的时间若超过 12 s 电梯停止运行。

⑧当轿厢上升(或下降)途中，任何反方向下降(或上升)的按钮呼梯均无效，但记忆。

呼楼指示、记忆条件是有呼楼信号，且电梯没有在呼叫层。

电梯上升控制条件分别为第四层呼而电梯在第三层；或电梯在第二层，在第四层或第三层呼梯；或电梯在第一层，在第四层、第三层或第二层呼梯。同时必须是电梯没有处于下降状态且时间定时器没有到时。

电梯下降控制与上升控制原理相同。

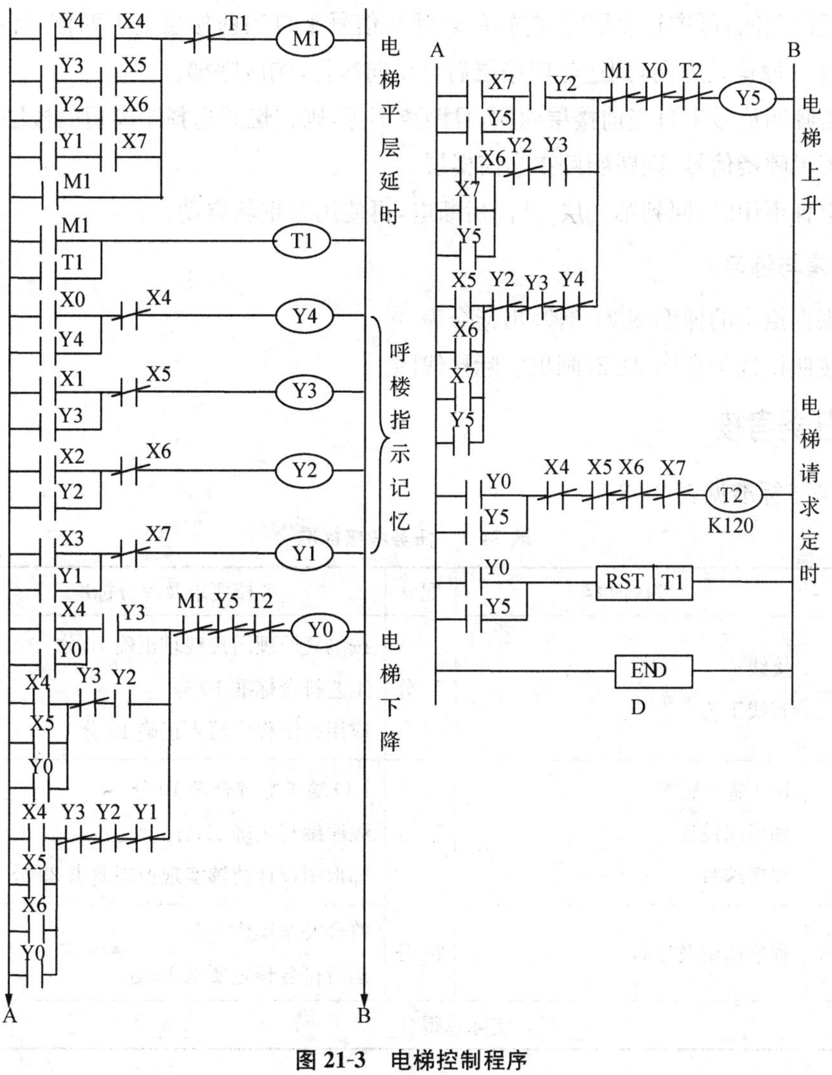

图 21-3　电梯控制程序

(4) 运行并调试程序

①将梯形图程序输入到计算机。

②下载程序到PLC,并对程序进行调试运行。观察电梯能否按照控制要求运行。注意平层开关当电梯运行到时闭合,一旦电梯离开,开关断开。

③调试运行并记录调试结果。

3. 编程练习

按照以下控制要求编制四层楼电梯控制程序,上机调试程序并运行。

(1) 电梯启动后,轿厢在一楼。若第一层有呼梯信号,则开门。

(2) 运行过程中可记忆并响应其他信号,内选优先。当呼梯信号大于当前楼层时上升,呼楼信号小于当前楼层时下降。

(3) 到达呼叫楼层,平层后,门开(停 2 s),消除记忆。当前楼层呼梯时可延时(2 s)关门。

(4) 开门期间,可进行多层呼楼选择,若呼叫信号来自当前楼层上下两侧,且距离相等,则记忆并保持原运动方向,到达呼叫楼层后再反向运行,响应呼梯。

(5) 若呼叫信号来自当前楼层两侧,且距离不等,则记忆并选择距离短的楼层先响应。

(6) 若无呼楼信号,则轿厢停在当前楼层。

(7) 电梯不用时,回到第一层,开门后断电,再使用时重新启动。

4. 思考与练习

(1) 根据给出的梯形图 21-3,写出指令表。

(2) 按照接线示意图 21-2,画出实际接线图。

21.5 任务考核

任务考核标准见表 21-3。

表 21-3 任务考核标准

考核项目	考核内容	配分	考核要求及评分标准	得分
工艺 程序输入	接线 布线工艺	30 分	按电气原理图接线且正确 10 分 工艺符合标准 10 分 应用控制程序写入正确 10 分	
系统程序 设计	I/O 端子配置 梯形图设计 程序编写	50 分	I/O 端子配置合理 10 分 程序编写正确 15 分 梯形图设计能够实现控制要求 25 分	
调试与运行	程序调试及运行	20 分	符合安全操作 5 分 运行符合预定要求 15 分	
实际总得分				

附录 A

常用电气图形符号和文字符号的新旧对照表

名称		新标准		旧标准	
		图形符号	文字符号	图形符号	文字符号
一般三极电源开关			QS	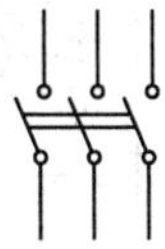	K
低压器路器		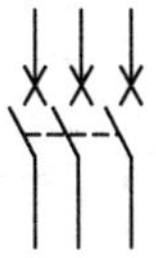	QF	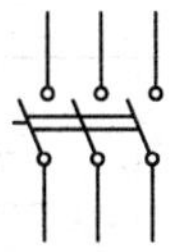	UZ
位置开关	常开触头		SQ	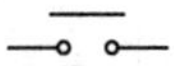	XK
	常闭触头				
	复合触头			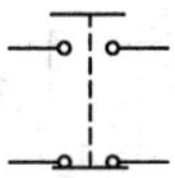	
熔断器			FU		RD
按钮	启动	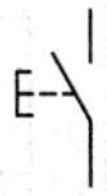	SB	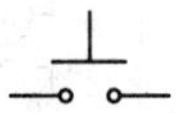	QA
	停止	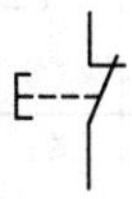		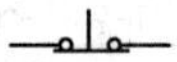	TA
	复合	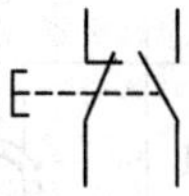		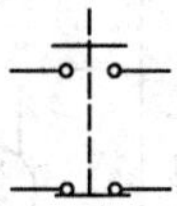	AN

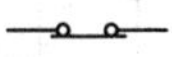

名称		新标准		旧标准	
		图形符号	文字符号	图形符号	文字符号
接触器	线圈	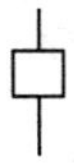	KM	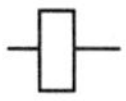	C
	主触头			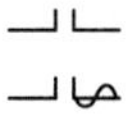	
	常开辅助触头			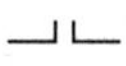	
	常闭辅助触头			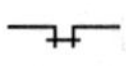	
速度继电器	常开触头	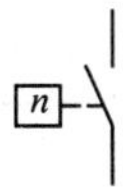	KS	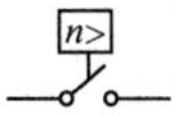	SDJ
	常闭触头	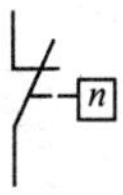			
时间继电器	线圈	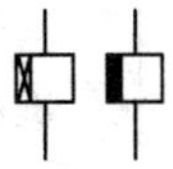	KT	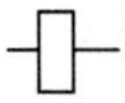	SJ
	常开延时闭合触头	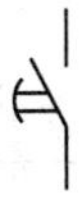			
	常闭延时打开触头				
	常闭延时闭合触头			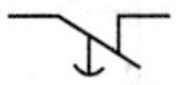	

名称		新标准		旧标准		名称	新标准		旧标准	
		图形符号	文字符号	图形符号	文字符号		图形符号	文字符号	图形符号	文字符号
时间继电器	常开延时打开触头		KT		SJ	桥式整流装置		VC		ZL
热继电器	热元件		FR		RJ	照明灯		EL		ZD
	常闭触头					信号灯		HL		XD
继电器	中间继电器线圈		KA		ZJ	电阻器		R		R
	欠电压继电器线圈		KV		QYJ	接插器		X		CZ
	过电流继电器线圈		KI		QLJ	电磁铁		YA		DT
	常开触头		相应继电器符号		相应继电器符号	电磁吸盘		YH		DX
	常闭触头					串励直流电动机		M		ZD
	欠电流继电器线圈		KI	与新标准相同	QLJ	并励直流电动机				
万能转换开关			SA	与新标准相同	HK	他励直流电动机				
制动电磁铁			YB		DT	复励直流电动机				
电磁离合器			YC		CH	直流发电机		G		ZF
电位器			RP	与新标准相同	W	三相鼠笼式异步电动机		M		D

附录 B

电工作业人员安全技术考核标准

1. 适用范围

本标准规定了电工作业人员的基本条件、安全技术理论考核和实际操作考核的内容和方法。

本标准适用于在中华人民共和国境内从事电工作业的人员（本标准不适用于煤矿电工）。

2. 引用标准

下列标准所包含的条文，通过在本标准中引用而构成为本标准的条文。本标准出版时，所示版本均为有效。所有标准都会被修订，使用本标准的各方应探讨使用下列标准最新版本的可能性。

GB/T 13869-2008　用电安全导则

DL 408-1991　电业安全工作规程

GB 8838-1988　电工作业人员安全技术考核标准

GB 4776-2008　电气安全名词术语

3. 定义

3.1　电工作业。从事电气装置的安装、运行、检修、试验等工作的作业。电工作业包括低压运行维修作业、高压运行维修作业、矿山电工作业等操作项目。

3.2　电工作业人员。直接从事电工作业的人员。

3.3　低压运行维修。在对地电压 250 V 及以下的电气设备上进行安装、运行、检修、试验等电工作业。

3.4　高压运行维修。在对地电压 250 V 以上的电气设备上进行安装、运行、检修、试验等电工作业。

3.5　矿山电工作业。在矿山井下从事电气设备安装、运行、检修、试验等电工作业。

4. 电工作业人员的基本条件

4.1　年龄满 18 周岁。

4.2　无妨碍从事电工作业的病症和生理缺陷。

4.3　初中以上文化程度。

5. 考核方法

5.1　考核分安全技术理论和实际操作两部分，经安全技术理论考核合格后，方可进行实际操作考核。

5.2 安全技术理论考核方式为笔试,时间为 2 小时。

5.3 实际操作考核方式包括模拟操作、口试等方式,考核题目不少于 4 题。

5.4 安全技术理论考核和实际操作考核均采用百分制,各 60 分为及格。考试不及格者,允许补考 2 次,补考仍不及格者需重新培训。

6. 考核内容

6.1 通用部分。指所有电工作业人员都应考核的内容。

6.1.1 安全技术理论。

6.1.1.1 了解电工岗位职责和应该遵守的有关电气安全法规、标准。

6.1.1.2 了解电工原理的基本内容。

6.1.1.3 掌握常用的电气图形符号的绘制要求。

6.1.1.4 熟练掌握常用电工仪器、仪表(即电压表、电流表、万用表、电能表、兆欧表、接地电阻测试仪、单臂电桥等)的使用要求。

6.1.1.5 掌握绝缘、屏护、间距等防止直接电击的措施以及保护接地、保护接零、加强绝缘等防止间接电击的措施。

6.1.1.6 熟练掌握漏电保护装置的类型、原理和特性参数。

6.1.1.7 熟练掌握电气安全用具的种类、性能及用途和熟练掌握安全技术措施和组织措施的具体内容。

6.1.1.8 了解低压带电作业的理论知识、操作技术,熟练掌握其安全要求。

6.1.1.9 熟练掌握各种安全标志的使用规定。

6.1.1.10 了解电气事故的种类、危险性和电气安全的特点。

6.1.1.11 掌握电伤害的原因和触电事故发生的规律,掌握人身触电的急救方法。

6.1.1.12 熟练掌握电气火灾发生的原因、预防措施、灭火原理及扑救方法。

6.1.1.13 掌握杆上作业的安全要求。

6.1.2 实际操作。

6.1.2.1 熟练掌握现场触电急救方法和保证安全的技术措施、组织措施。

6.1.2.2 熟练正确使用常用电工仪器、仪表。

6.1.2.3 掌握安全用具的检查内容并正确使用。

6.1.2.4 会正确选择和使用灭火器材。

6.2 低压运行维修作业。

6.2.1 安全技术理论。

6.2.1.1 熟练掌握低压电器的选用和接线要求。

6.2.1.2 熟练掌握低压配电装置的控制电器、保护电器、二次回路的安全运行技术。

6.2.1.3 熟练掌握异步电动机的启动、制动和调速方法。

6.2.1.4 熟练掌握异步电动机的检查、安装及维修的安全技术。

6.2.1.5 了解电气线路的种类、敷设方式。

6.2.1.6 掌握导线的种类和选择要求。

6.2.1.7 掌握电气线路的运行维护要求以及过载、短路、失压、断相等保护基本原理。

6.2.1.8 掌握雷电的危害及防雷措施。

6.2.1.9 掌握照明装置安装和维修要求。

6.2.1.10 了解并联电容器的作用及运行、维修和安装规定。

6.2.1.11 熟练掌握常用的手持式和移动式电动工具的使用要求。

6.2.2 实际操作。

6.2.2.1 熟练掌握异步电动机的控制接线(单方向运行、可逆运行等)。

6.2.2.2 熟练掌握异步电动机启动方法及接线(自耦减压启动、Y-△启动等)。

6.2.2.3 能够安装使用漏电保护装置。

6.2.2.4 熟练进行常用灯具的接线、安装和拆卸。

6.2.2.5 能够正确选择导线截面、连接导线。

6.3 高压运行维修部分。

6.3.1 安全技术理论。

6.3.1.1 了解电力系统和电力网的组成。

6.3.1.2 熟练掌握高低压变配电装置调度操作编号的编制原则。

6.3.1.3 熟练掌握变配电所的主接线及主要设备的型号规格。

6.3.1.4 掌握配电变压器的原理、安装、分接开关切换、运行等方面的基本要求。

6.3.1.5 了解仪用互感器的接线和运行安全要求。

6.3.1.6 了解高压电器种类及用途。

6.3.1.7 掌握高压断路器运行和操作注意事项。

6.3.1.8 了解箱式变电站及室外变台的运行要求。

6.3.1.9 了解继电保护装置的任务和基本要求以及 10 kV 变配电所常用的保护继电器类型和接线要求。

6.3.1.10 了解变配电所运行管理内容。

6.3.1.11 熟练掌握填写倒闸操作票的技术要求。

6.3.2 实际操作。

6.3.1.1 熟练掌握变压器巡视检查内容和常见故障的分析方法。

6.3.1.2 熟练掌握少油断路器的巡视检查项目并能处理一般故障。

6.3.1.3 能够进行仪用互感器运行要求、巡视检查和维护作业。

6.3.1.4 能正确进行户外变压器安装作业。

6.3.1.5 能安装、操作高压隔离开关和高压负荷开关,并能够进行巡视检查和一般故障处理。

6.3.1.6 熟练掌握高压断路器的停、送电操作顺序。

6.3.1.7 能分析与处理继电保护动作、断路器跳闸故障。

6.3.1.8　能安装阀型避雷器并进行巡视检查。

6.3.1.9　熟练掌握本岗位电力系统接线图、调度编号、运行方式。

6.3.1.10　能正确填写倒闸操作票。

6.3.1.11　能熟练执行停、送电倒闸操作。

6.4　矿山电工作业。

6.4.1　安全技术理论。按6.1.1、6.2.1、6.3.1进行考核，并侧重以下内容：

6.4.1.1　了解矿山工作条件对电气设备的要求。

6.4.1.2　掌握矿山用电气设备的运行要求。

6.4.1.3　了解矿井建(构)筑物的防雷标准、雷电的危害和防雷措施。

6.4.1.4　掌握矿山电气设备的接地和接零保护的具体要求。

6.4.1.5　掌握矿山电气设备绝缘要求。

6.4.1.6　了解电力牵引及供电有关规定。

6.4.1.7　掌握矿山常见供电线路故障及预防措施。

6.4.1.8　掌握矿山常见的电气短路事故及预防措施。

6.4.1.9　了解矿山电气设备的管理措施及安全规定。

6.4.2　实际操作。按6.1.2、6.2.2、6.3.2进行考核，并侧重矿山电工作业特点。

7. 复审考核内容

7.1　检索违章情况，没有严重违章记录。

7.2　体检合格。

7.3　安全技术理论及实际操作考核合格。除了考核与准操作项目有关的基本安全技术理论知识和实际操作能力外，还应考核以下内容：

7.3.1　了解典型电气事故发生的原因，掌握避免同类事故发生的安全措施和方法。

7.3.2　了解有关电工作业方面的新标准、规范、法律和法规。

7.3.3　了解有关的新产品、新技术、新工艺。

附录 C

FX 系列 PLC 功能指令一览表

分类	FNC No.	指令助记符	功能说明	对应不同型号的 PLC				
				FX_{0S}	FX_{0N}	FX_{1S}	FX_{1N}	FX_{2N} FX_{2NC}
程序流程	00	CJ	条件跳转	√	√	√	√	√
	01	CALL	子程序调用	×	×	√	√	√
	02	SRET	子程序返回	×	×	√	√	√
	03	IRET	中断返回	√	√	√	√	√
	04	EI	开中断	√	√	√	√	√
	05	DI	关中断	√	√	√	√	√
	06	FEND	主程序结束	√	√	√	√	√
	07	WDT	监视定时器刷新	√	√	√	√	√
	08	FOR	循环的起点与次数	√	√	√	√	√
	09	NEXT	循环的终点	√	√	√	√	√
传送与比较	10	CMP	比较	√	√	√	√	√
	11	ZCP	区间比较	√	√	√	√	√
	12	MOV	传送	√	√	√	√	√
	13	SMOV	位传送	×	×	×	×	√
	14	CML	取反传送	×	×	×	×	√
	15	BMOV	成批传送	×	√	√	√	√
	16	FMOV	多点传送	×	×	×	×	√
	17	XCH	交换	×	×	×	×	√
	18	BCD	二进制转换成 BCD 码	√	√	√	√	√
	19	BIN	BCD 码转换成二进制	√	√	√	√	√
算术与逻辑运算	20	ADD	二进制加法运算	√	√	√	√	√
	21	SUB	二进制减法运算	√	√	√	√	√
	22	MUL	二进制乘法运算	√	√	√	√	√
	23	DIV	二进制除法运算	√	√	√	√	√
	24	INC	二进制加 1 运算	√	√	√	√	√
	25	DEC	二进制减 1 运算	√	√	√	√	√
	26	WAND	字逻辑与	√	√	√	√	√
	27	WOR	字逻辑或	√	√	√	√	√
	28	WXOR	字逻辑异或	√	√	√	√	√
	29	NEG	求二进制补码	×	×	×	×	√

续表

分类	FNC No.	指令助记符	功能说明	对应不同型号的 PLC				
				FX_{0S}	FX_{0N}	FX_{1S}	FX_{1N}	FX_{2N} FX_{2NC}
循环与移位	30	ROR	循环右移	×	×	×	×	√
	31	ROL	循环左移	×	×	×	×	√
	32	RCR	带进位右移	×	×	×	×	√
	33	RCL	带进位左移	×	×	×	×	√
	34	SFTR	位右移	√	√	√	√	√
	35	SFTL	位左移	√	√	√	√	√
	36	WSFR	字右移	×	×	×	×	√
	37	WSFL	字左移	×	×	×	×	√
	38	SFWR	FIFO(先入先出)写入	×	×	√	√	√
	39	SFRD	FIFO(先入先出)读出	×	×	√	√	√
数据处理	40	ZRST	区间复位	√	√	√	√	√
	41	DECO	解码	√	√	√	√	√
	42	ENCO	编码	√	√	√	√	√
	43	SUM	统计 ON 位数	×	×	×	×	√
	44	BON	查询位某状态	×	×	×	×	√
	45	MEAN	求平均值	×	×	×	×	√
	46	ANS	报警器置位	×	×	×	×	√
	47	ANR	报警器复位	×	×	×	×	√
	48	SQR	求平方根	×	×	×	×	√
	49	FLT	整数与浮点数转换	×	×	×	×	√
高速处理	50	REF	输入输出刷新	√	√	√	√	√
	51	REFF	输入滤波时间调整	×	×	×	×	√
	52	MTR	矩阵输入	×	×	√	√	√
	53	HSCS	比较置位(高速计数用)	×	√	√	√	√
	54	HSCR	比较复位(高速计数用)	×	√	√	√	√
	55	HSZ	区间比较(高速计数用)	×	×	×	×	√
	56	SPD	脉冲密度	×	×	√	√	√
	57	PLSY	指定频率脉冲输出	√	√	√	√	√
	58	PWM	脉宽调制输出	√	√	√	√	√
	59	PLSR	带加减速脉冲输出	×	×	√	√	√
方便指令	60	IST	状态初始化	√	√	√	√	√
	61	SER	数据查找	×	×	×	×	√
	62	ABSD	凸轮控制(绝对式)	×	×	√	√	√
	63	INCD	凸轮控制(增量式)	×	×	√	√	√
	64	TTMR	示教定时器	×	×	×	×	√
	65	STMR	特殊定时器	×	×	×	×	√
	66	ALT	交替输出	√	√	√	√	√
	67	RAMP	斜波信号	√	√	√	√	√
	68	ROTC	旋转工作台控制	×	×	×	×	√
	69	SORT	列表数据排序	×	×	×	×	√

续表

分类	FNC No.	指令助记符	功能说明	对应不同型号的 PLC				
				FX_{0S}	FX_{0N}	FX_{1S}	FX_{1N}	FX_{2N} FX_{2NC}
外部I/O设备	70	TKY	10 键输入	×	×	×	×	√
	71	HKY	16 键输入	×	×	×	×	√
	72	DSW	BCD 数字开关输入	×	×	√	√	√
	73	SEGD	七段码译码	×	×	×	×	√
	74	SEGL	七段码分时显示	×	×	√	√	√
	75	ARWS	方向开关	×	×	×	×	√
	76	ASC	ASCI 码转换	×	×	×	×	√
	77	PR	ASCI 码打印输出	×	×	×	×	√
	78	FROM	BFM 读出	×	√	×	√	√
	79	TO	BFM 写入	×	√	×	√	√
外围设备	80	RS	串行数据传送	×	√	√	√	√
	81	PRUN	八进制位传送(#)	×	×	√	√	√
	82	ASCI	16 进制数转换成 ASCI 码	×	√	√	√	√
	83	HEX	ASCI 码转换成 16 进制数	×	√	√	√	√
	84	CCD	校验	×	√	√	√	√
	85	VRRD	电位器变量输入	×	×	√	√	√
	86	VRSC	电位器变量区间	×	×	√	√	√
	87	—	—					
	88	PID	PID 运算	×	×	√	√	√
	89	—	—					
浮点数运算	110	ECMP	二进制浮点数比较	×	×	×	×	√
	111	EZCP	二进制浮点数区间比较	×	×	×	×	√
	118	EBCD	二进制浮点数→十进制浮点数	×	×	×	×	√
	119	EBIN	十进制浮点数→二进制浮点数	×	×	×	×	√
	120	EADD	二进制浮点数加法	×	×	×	×	√
	121	EUSB	二进制浮点数减法	×	×	×	×	√
	122	EMUL	二进制浮点数乘法	×	×	×	×	√
	123	EDIV	二进制浮点数除法	×	×	×	×	√
	127	ESQR	二进制浮点数开平方	×	×	×	×	√
	129	INT	二进制浮点数→二进制整数	×	×	×	×	√
	130	SIN	二进制浮点数 Sin 运算	×	×	×	×	√
	131	COS	二进制浮点数 Cos 运算	×	×	×	×	√
	132	TAN	二进制浮点数 Tan 运算	×	×	×	×	√
定位	147	SWAP	高低字节交换	×	×	×	×	√
	155	ABS	ABS 当前值读取	×	×	√	√	×
	156	ZRN	原点回归	×	×	√	√	×
	157	PLSY	可变速的脉冲输出	×	×	√	√	×
	158	DRVI	相对位置控制	×	×	√	√	×
	159	DRVA	绝对位置控制	×	×	√	√	×

续表

分类	FNC No.	指令助记符	功能说明	对应不同型号的PLC				
				FX_{0S}	FX_{0N}	FX_{1S}	FX_{1N}	FX_{2N} FX_{2NC}
时钟运算	160	TCMP	时钟数据比较	×	×	✓	✓	✓
	161	TZCP	时钟数据区间比较	×	×	✓	✓	✓
	162	TADD	时钟数据加法	×	×	✓	✓	✓
	163	TSUB	时钟数据减法	×	×	✓	✓	✓
	166	TRD	时钟数据读出	×	×	✓	✓	✓
	167	TWR	时钟数据写入	×	×	✓	✓	✓
	169	HOUR	计时仪	×	×	✓	✓	✓
外围设备	170	GRY	二进制数→格雷码	×	×	×	×	✓
	171	GBIN	格雷码→二进制数	×	×	×	×	✓
	176	RD3A	模拟量模块(FX_{0N}-3A)读出	×	✓	×	✓	×
	177	WR3A	模拟量模块(FX_{0N}-3A)写入	×	✓	×	✓	×
触点比较	224	LD＝	(S1)＝(S2)时起始触点接通	×	×	✓	✓	✓
	225	LD＞	(S1)＞(S2)时起始触点接通	×	×	✓	✓	✓
	226	LD＜	(S1)＜(S2)时起始触点接通	×	×	✓	✓	✓
	228	LD＜＞	(S1)＜＞(S2)时起始触点接通	×	×	✓	✓	✓
	229	LD≦	(S1)≦(S2)时起始触点接通	×	×	✓	✓	✓
	230	LD≧	(S1)≧(S2)时起始触点接通	×	×	✓	✓	✓
	232	AND＝	(S1)＝(S2)时串联触点接通	×	×	✓	✓	✓
	233	AND＞	(S1)＞(S2)时串联触点接通	×	×	✓	✓	✓
	234	AND＜	(S1)＜(S2)时串联触点接通	×	×	✓	✓	✓
	236	AND＜＞	(S1)＜＞(S2)时串联触点接通	×	×	✓	✓	✓
	237	AND≦	(S1)≦(S2)时串联触点接通	×	×	✓	✓	✓
	238	AND≧	(S1)≧(S2)时串联触点接通	×	×	✓	✓	✓
	240	OR＝	(S1)＝(S2)时并联触点接通	×	×	✓	✓	✓
	241	OR＞	(S1)＞(S2)时并联触点接通	×	×	✓	✓	✓
	242	OR＜	(S1)＜(S2)时并联触点接通	×	×	✓	✓	✓
	244	OR＜＞	(S1)＜＞(S2)时并联触点接通	×	×	✓	✓	✓
	245	OR≦	(S1)≦(S2)时并联触点接通	×	×	✓	✓	✓
	246	OR≧	(S1)≧(S2)时并联触点接通	×	×	✓	✓	✓

附录 D

三菱 FX 系列 PLC 的性能指标与编程元件

项目		FX_{2N},FX_{2NC}
运算控制方式		存储程序、反复运算
输入输出控制方式		批处理方式(在执行 END 指令时),可以使用输入输出刷新指令
运算处理速度	基本指令	0.08 微秒/指令
	运用指令	1.52～数百微秒/指令
程序语言		逻辑梯形图和指令表,可以用步进梯形图指令来生成顺序控制指令
程序容量		内置 8000 步 EEPROM,使用附加存储器可以扩展到 16000 步
指令数	基本、步进指令	基本(顺控)指令 27 条,步进指令 2 条
	运用指令	128 条
I/O 设置		硬件配置最多 256 点,与用户选择有关,软件可设输入输出各 256 点
辅助继电器	通用辅助继电器	500 点,M0～M499
	锁存辅助继电器	2572 点,M500～M3071
	特殊辅助继电器	256 点,M8000～M8255
状态继电器	初始化状态继电器	10 点,S0～S9
	通用状态继电器	490 点,S10～S499
	信号报警器	100 点,S900～S999
	锁存状态继电器	400 点,S500～S899
定时器	100 ms 定时器	200 点,T0～T199
	10 ms 定时器	46 点,T200～T245
	1 ms 定时器	4 点,T246～T249
	100 ms 积算定时器	6 点,T250～T255
计数器	16 位通用加计数器	100 点,16 位,加计数器,C0～C99
	16 位锁存加计数器	100 点,16 位,加计数器,C100～C199
	32 位通用加减计数器	20 点,32 位,双向,C200～C219
	32 位锁存加减计数器	15 点,32 位,双向,C220～C234
高数计数器	1 相无启动复位输入	6 点,C235～C240
	1 相带启动复位输入	5 点,C241～C245
	2 相双向高数计数器	5 点,C246～C250
	A/B 相高数计数器	5 点,C251～C255
数据存储器	通用数据存储器	16 位,200 点,D0～D199(相邻的两个寄存器可以组成 32 位的寄存器)
	锁存数据存储器	16 位,7800 点,D200～D7999
	文件寄存器	16 位,7000 点,D1000～D7999
	特殊寄存器	16 位,256 点,D8000～D8255
	变址寄存器	16 位,16 点,V0～V7,Z0～Z7
跳步指针	跳步和子程序调用	128 点,P0～P127
	中断用	6 点,I00x～I50x(上升沿触发 x=1,下降沿触发 x=0),3 点定时中断(I6xx～I8xx,xx 为 ms),6 点计数中断
使用 MC 和 MCRae 嵌套层数		8 点,N0～N7
常数	十进制	K16 位:－32768～32767,32 位:－2147483648～2147483647
	十六进制	16 位:0～FFFF,32 位:0～FFFFFFFF
	浮点数	32 位

参 考 文 献

[1] 安徽省安全生产宣传教育中心组织编写. 电工安全技术[M]. 合肥:安徽人民出版社,2010

[2] 阮友德. 电气控制与 PLC 实训教程[M]. 北京:人民邮电出版社,2010

[3] 张桂金. 电气控制线路故障分析与处理[M]. 西安:西安电子科技大学出版社,2009

[4] 赵俊生. 电气控制与 PLC 技术项目化理论与实训[M]. 北京:电子工业出版社,2012

[5] 阮友德. 电气控制与 PLC[M]. 北京:人民邮电出版社,2010